"十四五"职业教育国家规划教材

"十三五"职业教育国家规划教材
"十二五"职业教育国家规划教材
经全国职业教育教材审定委员会审定

高等职业教育示范专业系列教材

机 械 基 础

（少学时）

第 2 版

主　编　曾德江　朱中仕
参　编　鲍仲辅　龙　贞
主　审　彭丽英

机械工业出版社

本书是广东省第一批品牌专业机械设计与制造专业建设成果。

本书采用模块化方式构建课程内容体系，主要知识点分为5个模块，共16个单元。第一模块是机械基础概论，主要介绍机械基础课程的研究对象，研究内容，性质及任务，学习方法。第二模块是机械工程材料的分析与应用，主要介绍常用机械工程材料的性能特点、牌号表示及应用，常用金属材料的热处理方法及应用。第三模块是工程构件的受力分析与承载能力分析，主要介绍静力学的基本知识，工程构件的受力分析及构件的平衡计算，工程构件在外力作用下产生变形的受力特点和变形特点，构件的强度计算。第四模块是常用机构和机械传动的分析与应用，主要介绍常用机构的工作原理、运动特点、应用及基本知识，通用零件的工作原理、结构特点、标准及其选用，以及机械润滑与密封的基本知识。第五模块是联接与轴系零部件，主要介绍键联接、花键联接、销联接、螺纹联接、轴和轴承、联轴器、离合器的结构、特点、标准及其选用。

本书内容丰富，案例取材新颖，重点突出，重视知识的应用、实践技能提升以及职业素养、爱国情怀、工程思维的培养，可作为高职高专院校机械类专业及其相关专业的教材，也可供相关工程技术人员参考。

扫描书中二维码，可以查看相关知识点的动画资源。另外，为方便教学，本书配有免费电子课件、习题解答及模拟试卷等，凡选用本书作为授课教材的教师，均可来电索取。咨询电话：010-88379375，或登录机械工业出版社教育服务网 www.cmpedu.com 下载。

图书在版编目（CIP）数据

机械基础：少学时/曾德江，朱中仕主编. —2版. —北京：机械工业出版社，2017.11（2024.9重印）

"十二五"职业教育国家规划教材　经全国职业教育教材审定委员会审定　高等职业教育示范专业系列教材

ISBN 978-7-111-58515-2

Ⅰ.①机… Ⅱ.①曾… ②朱… Ⅲ.①机械学－高等职业教育－教材 Ⅳ.①TH11

中国版本图书馆CIP数据核字（2017）第283207号

机械工业出版社（北京市百万庄大街22号　邮政编码100037）
策划编辑：于　宁　责任编辑：于　宁　王宗锋
责任校对：潘　蕊　封面设计：马精明
责任印制：郜　敏
三河市宏达印刷有限公司印刷
2024年9月第2版第29次印刷
184mm×260mm・16.25印张・379千字
标准书号：ISBN 978-7-111-58515-2
定价：50.00元

电话服务　　　　　　　　　网络服务
客服电话：010-88361066　　机　工　官　网：www.cmpbook.com
　　　　　010-88379833　　机　工　官　博：weibo.com/cmp1952
　　　　　010-68326294　　金　书　网：www.golden-book.com
封底无防伪标均为盗版　　　机工教育服务网：www.cmpedu.com

关于"十四五"职业教育国家规划教材的出版说明

为贯彻落实《中共中央关于认真学习宣传贯彻党的二十大精神的决定》《习近平新时代中国特色社会主义思想进课程教材指南》《职业院校教材管理办法》等文件精神，机械工业出版社与教材编写团队一道，认真执行思政内容进教材、进课堂、进头脑要求，尊重教育规律，遵循学科特点，对教材内容进行了更新，着力落实以下要求：

1. 提升教材铸魂育人功能，培育、践行社会主义核心价值观，教育引导学生树立共产主义远大理想和中国特色社会主义共同理想，坚定"四个自信"，厚植爱国主义情怀，把爱国情、强国志、报国行自觉融入建设社会主义现代化强国、实现中华民族伟大复兴的奋斗之中。同时，弘扬中华优秀传统文化，深入开展宪法法治教育。

2. 注重科学思维方法训练和科学伦理教育，培养学生探索未知、追求真理、勇攀科学高峰的责任感和使命感；强化学生工程伦理教育，培养学生精益求精的大国工匠精神，激发学生科技报国的家国情怀和使命担当。加快构建中国特色哲学社会科学学科体系、学术体系、话语体系。帮助学生了解相关专业和行业领域的国家战略、法律法规和相关政策，引导学生深入社会实践、关注现实问题，培育学生经世济民、诚信服务、德法兼修的职业素养。

3. 教育引导学生深刻理解并自觉实践各行业的职业精神、职业规范，增强职业责任感，培养遵纪守法、爱岗敬业、无私奉献、诚实守信、公道办事、开拓创新的职业品格和行为习惯。

在此基础上，及时更新教材知识内容，体现产业发展的新技术、新工艺、新规范、新标准。加强教材数字化建设，丰富配套资源，形成可听、可视、可练、可互动的融媒体教材。

教材建设需要各方的共同努力，也欢迎相关教材使用院校的师生及时反馈意见和建议，我们将认真组织力量进行研究，在后续重印及再版时吸纳改进，不断推动高质量教材出版。

机械工业出版社

前言
Preface

本书是广东省第一批品牌专业机械设计与制造专业、数控技术国家高水平专业群建设成果。本书按照高等职业教育教学和改革要求，以生产实际所需的基本知识、基本理论和基本技能为基础，打破了"机械工程材料""工程力学""机械设计基础"课程的界限，以培养学生的机械系统分析能力、创新能力和综合知识应用能力为主线，将"机械工程材料""工程力学""机械设计基础"三门课程的教学内容课进行有机整合、精炼、充实，并辅以创新思维法则等内容，突出了实用性和综合性。注重对学生的动手能力、工程实践能力等的训练和综合能力的培养。

1. 按照能力模块和能力进阶的方式构建教材框架体系，体现教材的应用性和实践性

按照"机械基础概论""机械工程材料的分析与应用""工程构件的受力分析与承载能力分析""常用机构和机械传动的分析与应用""联接与轴系零部件"5大能力模块和16个项目构建教材体系。内容编写遵循能力形成由低级到高级、由简单到综合、由经验到决策的技术技能人才能力培养规律，体现较强的应用性和实践性。

2. 突出近机类专业对机械基础课的需求特点，具有鲜明的职业性

本书为近机类专业使用教材，依据近机类专业对于机械基础的知识要求主要体现在宽而浅的层级上，教材内容涵盖汽车领域、工业设计领域以及电气制造业等职业岗位相关知识、能力和素养的要求，具有鲜明的职业性。

3. 以项目任务驱动教学，促进学生综合分析与解决问题能力

融通职业能力的要求，将每个能力模块的知识点和能力以企业生产实际项目驱动的方式展开，每个单元按【能力目标】-【学习目标】-【学习重点和难点】-【项目背景】-【项目要求】-【知识准备】-【综合项目分析】-【归纳总结】-【思考与练习】层次结构组织内容，以更好突出职业教育改革的特点。通过项目实施，促进学生培养高度的责任心、良好的合作精神和创新意识、较强的综合分析和解决问题的能力。

4. 融入行业主流新技术，体现内容的先进性

新技术的融入是本书特色之一。积极将当前汽车领域、工业设计领域以及电气制造业等近机类专业相关岗位的领域内相关新知识纳入教材，体现教材内容的先进性，实现从学习到岗位的良好衔接。

5. 以润物无声方式将素质教育融入教学内容

同时将素质教育融入教学内容，以润物无声方式培养学生的工程思维、科技报国的爱国情怀及民族文化自信。

为便于读者理解相关知识点，书中植入了二维码，读者通过扫描二维码，可以观看动画，增强感性认识。

本书由广东机电职业技术学院曾德江和朱中仕担任主编，广东机电职业技术学院鲍仲辅、龙贞参编。任务分工如下：第 4、5、6、11 单元由曾德江编写，第 1、9、12、14、15 单元由朱中仕编写，第 2、3、10 单元由鲍仲辅编写，第 7、8、13、16 单元由龙贞编写。本书配套课件部分动画由广东机电职业技术学院陈平制作。

广东机电职业技术学院彭丽英担任本书主审，她对全书进行了认真细致的审阅并提出了许多宝贵意见，在此表示衷心感谢。

由于编者水平有限，书中难免有疏漏及不当之处，恳请广大读者批评指正。

编　者

目 录
Contents

前 言

第一模块 机械基础概论

第 1 单元 机械的认知……………………1
  能力目标……………………………………1
  学习目标……………………………………1
  学习重点和难点……………………………1
  项目背景……………………………………1
  项目要求……………………………………1
  知识准备……………………………………1
  1.1 本课程的研究对象………………………1
  1.2 本课程的研究内容、性质及任务………4
    1.2.1 本课程的研究内容…………………4
    1.2.2 本课程的性质与任务………………4
  1.3 本课程的学习方法………………………4
  归纳总结……………………………………5
  思考与练习 1………………………………5

第二模块 机械工程材料的分析与应用

第 2 单元 机械工程材料……………………6
  能力目标……………………………………6
  学习目标……………………………………6
  学习重点和难点……………………………6
  项目背景……………………………………6
  项目要求……………………………………7
  知识准备……………………………………7
  2.1 金属材料的性能…………………………7
    2.1.1 金属材料的力学性能………………8
    2.1.2 金属材料的工艺性能………………12
  2.2 钢铁材料及应用…………………………14
    2.2.1 工业用钢……………………………14
    2.2.2 铸铁…………………………………18
  2.3 非铁金属和粉末冶金材料………………19
    2.3.1 铝和铝合金…………………………19
    2.3.2 铜和铜合金…………………………21
    2.3.3 轴承合金……………………………22
    2.3.4 粉末冶金材料………………………22
  2.4 金属材料的热处理及应用………………23
    2.4.1 金属材料整体热处理………………24
    2.4.2 金属材料表面热处理………………25
  2.5 常用非金属材料…………………………25
    2.5.1 高分子材料…………………………25
    2.5.2 陶瓷材料……………………………27
    2.5.3 复合材料……………………………28
  ☆ 综合项目分析……………………………29
  归纳总结……………………………………31
  思考与练习 2………………………………31

第三模块 工程构件的受力分析与承载能力分析

第 3 单元 工程构件的受力分析……………32
  能力目标……………………………………32
  学习目标……………………………………32
  学习重点和难点……………………………32
  项目背景……………………………………32
  项目要求……………………………………32
  知识准备……………………………………33
  3.1 静力学基本概念及其公理………………33
    3.1.1 静力学基本概念……………………33
    3.1.2 静力学公理…………………………33
  3.2 工程中常见的约束………………………35
    3.2.1 约束与约束反力……………………35
    3.2.2 工程中常见约束的分析与比较……35
  3.3 受力分析与受力图………………………37
  3.4 平面力系…………………………………38
    3.4.1 平面汇交力系………………………39
    3.4.2 力矩与平面力偶系…………………42
    3.4.3 平面任意力系………………………46

☆ 综合项目分析……………………48
　　归纳总结……………………………49
　　思考与练习　3……………………49
第4单元　工程构件的承载能力分析………52
　　能力目标……………………………52
　　学习目标……………………………52
　　学习重点和难点……………………52
　　项目背景……………………………52
　　项目要求……………………………52
　　知识准备……………………………53
　　4.1　构件承载能力认知………………53
　　　　4.1.1　构件的承载能力…………53
　　　　4.1.2　杆件变形的基本形式……53
　　4.2　轴向拉伸与压缩…………………54
　　　　4.2.1　轴向拉伸与压缩的概念…54
　　　　4.2.2　拉（压）杆的内力与应力…55
　　　　4.2.3　拉（压）杆的变形及胡克定律…57
　　　　4.2.4　拉伸和压缩时材料的力学性能…58
　　　　4.2.5　拉（压）杆的强度计算…60

　　　　4.2.6　应力集中……………………61
　　4.3　剪切与挤压………………………62
　　　　4.3.1　剪切与挤压的概念………63
　　　　4.3.2　抗剪强度与抗压强度计算…64
　　4.4　圆轴扭转…………………………66
　　　　4.4.1　圆轴扭转的概念…………66
　　　　4.4.2　扭矩和扭矩图……………67
　　　　4.4.3　圆轴扭转的强度计算……69
　　4.5　平面弯曲…………………………71
　　　　4.5.1　平面弯曲的概念…………72
　　　　4.5.2　平面弯曲的内力——剪力和
　　　　　　　弯矩…………………………73
　　　　4.5.3　平面弯曲的强度计算……79
　　4.6　组合变形…………………………82
　　　　4.6.1　组合变形的概念…………82
　　　　4.6.2　组合变形的分析与应用…83
　　☆ 综合项目分析………………………84
　　归纳总结……………………………85
　　思考与练习　4……………………86

第四模块　常用机构和机械传动的分析与应用

第5单元　平面机构的结构分析………89
　　能力目标……………………………89
　　学习目标……………………………89
　　学习重点和难点……………………89
　　项目背景……………………………89
　　项目要求……………………………90
　　知识准备……………………………90
　　5.1　构件和运动副……………………90
　　　　5.1.1　构件的自由度………………90
　　　　5.1.2　运动副和约束………………90
　　　　5.1.3　运动副的分类………………90
　　　　5.1.4　构件的分类…………………92
　　5.2　平面机构运动简图………………92
　　5.3　机构具有确定相对运动的条件…94
　　　　5.3.1　平面机构具有确定相对运动
　　　　　　　的条件………………………95
　　　　5.3.2　几种特殊情况的处理……96
　　☆ 综合项目分析………………………99
　　归纳总结……………………………100
　　思考与练习　5……………………100
第6单元　平面连杆机构………………102

　　能力目标……………………………102
　　学习目标……………………………102
　　学习重点和难点……………………102
　　项目背景……………………………102
　　项目要求……………………………102
　　知识准备……………………………103
　　6.1　铰链四杆机构的认知……………103
　　　　6.1.1　铰链四杆机构的类型……103
　　　　6.1.2　铰链四杆机构类型的判别…105
　　6.2　平面四杆机构的演化……………106
　　6.3　平面四杆机构的工作特性………109
　　　　6.3.1　急回特性…………………109
　　　　6.3.2　压力角与传动角…………110
　　　　6.3.3　死点位置…………………111
　　☆ 综合项目分析………………………112
　　归纳总结……………………………112
　　思考与练习　6……………………113
第7单元　凸轮机构……………………114
　　能力目标……………………………114
　　学习目标……………………………114
　　学习重点和难点……………………114

项目背景 ……………………………… 114
项目要求 ……………………………… 114
知识准备 ……………………………… 114
7.1 凸轮机构的特点、应用和分类 …… 114
　　7.1.1 凸轮机构的应用及特点 …… 115
　　7.1.2 凸轮机构的分类 …………… 116
7.2 凸轮机构的运动过程及从动件常用
　　的运动规律 ……………………… 116
　　7.2.1 凸轮机构的运动过程及
　　　　　有关名称 ………………… 116
　　7.2.2 从动件常用的运动规律 …… 117
7.3 凸轮轮廓曲线的设计 …………… 119
　　7.3.1 图解法设计凸轮的原理 …… 119
　　7.3.2 对心直动从动件盘形凸轮
　　　　　轮廓设计 ………………… 119
7.4 凸轮工作轮廓的校核 …………… 121
　　7.4.1 凸轮机构的压力角 ………… 121
　　7.4.2 运动失真 ………………… 121
7.5 凸轮机构的结构与材料 ………… 122
　　7.5.1 凸轮机构的结构 ………… 122
　　7.5.2 凸轮和从动件的材料选择 … 122
☆ 综合项目分析 ……………………… 123
归纳总结 ……………………………… 123
思考与练习 7 ………………………… 124

第8单元　间歇机构 ……………… 125
能力目标 ……………………………… 125
学习目标 ……………………………… 125
学习重点和难点 ……………………… 125
项目背景 ……………………………… 125
项目要求 ……………………………… 125
知识准备 ……………………………… 125
8.1 棘轮机构 ………………………… 125
　　8.1.1 棘轮机构的工作原理和类型 · 126
　　8.1.2 棘轮机构的特点及应用 …… 127
8.2 槽轮机构 ………………………… 128
　　8.2.1 槽轮机构的工作原理和类型 · 128
　　8.2.2 槽轮机构的特点及应用 …… 129
8.3 不完全齿轮机构 ………………… 130
　　8.3.1 不完全齿轮机构的工作原理 · 130
　　8.3.2 不完全齿轮机构的特点
　　　　　及应用 …………………… 131
☆ 综合项目分析 ……………………… 131
归纳总结 ……………………………… 131

思考与练习 8 ………………………… 131

第9单元　螺旋机构 ……………… 132
能力目标 ……………………………… 132
学习目标 ……………………………… 132
学习重点和难点 ……………………… 132
项目背景 ……………………………… 132
项目要求 ……………………………… 132
知识准备 ……………………………… 133
9.1 螺纹的基本知识 ………………… 133
　　9.1.1 螺纹的形成及分类 ………… 133
　　9.1.2 螺纹的主要参数 ………… 134
9.2 螺旋机构及其运动分析 ………… 134
　　9.2.1 滑动螺旋机构 …………… 135
　　9.2.2 滚动螺旋机构 …………… 137
☆ 综合项目分析 ……………………… 138
归纳总结 ……………………………… 139
思考与练习 9 ………………………… 139

第10单元　齿轮传动 …………… 140
能力目标 ……………………………… 140
学习目标 ……………………………… 140
学习重点和难点 ……………………… 140
项目背景 ……………………………… 140
项目要求 ……………………………… 140
知识准备 ……………………………… 140
10.1 齿轮传动基础知识 …………… 140
　　10.1.1 齿轮传动的特点、类型和
　　　　　 基本要求 ………………… 140
　　10.1.2 渐开线的形成及其性质 …… 141
　　10.1.3 渐开线齿廓啮合特性 …… 142
10.2 渐开线标准直齿圆柱齿轮的基本
　　 参数和几何尺寸 ……………… 143
　　10.2.1 齿轮各部分的名称和
　　　　　 基本参数 ………………… 143
　　10.2.2 渐开线标准齿轮 ………… 144
10.3 渐开线标准直齿圆柱齿轮的
　　 啮合传动 ……………………… 145
　　10.3.1 正确啮合条件 …………… 145
　　10.3.2 无侧隙传动条件 ………… 145
　　10.3.3 连续传动条件 …………… 146
10.4 齿轮的切削加工和变位齿轮 …… 146
　　10.4.1 齿轮的切削加工原理 …… 146
　　10.4.2 根切与变位齿轮 ………… 147
　　10.4.3 渐开线齿轮的测量尺寸 …… 148

10.4.4 齿轮传动的精度……………149
10.5 斜齿圆柱齿轮传动………………150
　10.5.1 斜齿圆柱齿轮齿廓曲面的
　　　　 形成和啮合特点…………150
　10.5.2 斜齿圆柱齿轮的基本参数
　　　　 和几何尺寸………………150
　10.5.3 斜齿圆柱齿轮的啮合传动和
　　　　 当量齿数…………………151
10.6 直齿锥齿轮传动…………………152
　10.6.1 直齿锥齿轮齿廓曲面与
　　　　 当量齿数…………………152
　10.6.2 直齿锥齿轮的基本参数和
　　　　 几何尺寸…………………153
10.7 蜗杆传动…………………………154
　10.7.1 蜗杆传动的类型和特点……154
　10.7.2 蜗杆传动的基本参数和
　　　　 几何尺寸…………………155
10.8 齿轮的结构形式…………………157
10.9 齿轮传动的失效分析与选材……159
　10.9.1 齿轮传动的失效形式及设计
　　　　 准则………………………159
　10.9.2 齿轮材料及热处理……………160
10.10 各种类型齿轮传动的受力分析与
　　　比较………………………………162
☆ 综合项目分析………………………163
归纳总结………………………………165
思考与练习 10…………………………165

第11单元 轮系………………………166
能力目标…………………………………166
学习目标…………………………………166
学习重点和难点…………………………166
项目背景…………………………………166
项目要求…………………………………166
知识准备…………………………………166
11.1 轮系的类型………………………166
11.2 定轴轮系的传动比………………168
　11.2.1 定轴轮系传动比的计算……168
　11.2.2 首末轮转向关系的确定……169
11.3 周转轮系的传动比………………170
11.4 混合轮系…………………………173
11.5 轮系的功用………………………173
☆ 综合项目分析………………………175
归纳总结………………………………176
思考与练习 11…………………………176

第12单元 带传动……………………178
能力目标…………………………………178
学习目标…………………………………178
学习重点和难点…………………………178
项目背景…………………………………178
项目要求…………………………………178
知识准备…………………………………178
12.1 带传动的认知……………………178
　12.1.1 带传动的类型………………178
　12.1.2 带传动的特点和应用………179
12.2 V带与V带轮……………………180
　12.2.1 V带传动的运动和几何关系…180
　12.2.2 V带构造及其截面尺寸……182
　12.2.3 V带轮的轮槽结构及其
　　　　 截面尺寸…………………183
　12.2.4 带轮的结构和尺寸…………183
　12.2.5 V带轮的制造工艺和材料…184
12.3 带传动工作性能分析……………185
　12.3.1 带传动中带的受力分析……185
　12.3.2 带传动中带的应力分析……185
　12.3.3 V带传动的失效形式及设计
　　　　 准则………………………186
12.4 带传动的运行与维护……………187
　12.4.1 带传动的张紧与调整………187
　12.4.2 带传动的安装与维护………187
☆ 综合项目分析………………………188
归纳总结………………………………189
思考与练习 12…………………………189

第五模块 联接与轴系零部件

第13单元 联接………………………191
能力目标…………………………………191
学习目标…………………………………191
学习重点和难点…………………………191
项目背景…………………………………191
项目要求…………………………………191
知识准备…………………………………192
13.1 键联接……………………………192

13.1.1 键联接的类型和应用 ……… 192
13.1.2 平键联接的尺寸选择和验算 · 194
13.2 花键联接 ……………………… 196
13.3 销联接 …………………………… 197
13.4 螺纹联接的类型和应用 ……… 198
13.5 螺纹联接的预紧与防松 ……… 200
13.5.1 螺纹联接的预紧 ………… 200
13.5.2 螺纹联接的防松方法 …… 200
☆ 综合项目分析 ……………………… 202
归纳总结 ……………………………… 202
思考与练习 13 ……………………… 202

第 14 单元 轴 ……………………… 203
能力目标 ……………………………… 203
学习目标 ……………………………… 203
学习重点和难点 ……………………… 203
项目背景 ……………………………… 203
项目要求 ……………………………… 203
知识准备 ……………………………… 203
14.1 轴的认知 ……………………… 203
14.1.1 轴的分类 ………………… 203
14.1.2 轴的材料选择 …………… 205
14.1.3 轴的失效形式和计算准则 · 206
14.2 轴的结构设计 ………………… 206
14.2.1 轴的结构组成 …………… 206
14.2.2 轴结构设计的基本要求 … 206
14.2.3 轴径的初步确定 ………… 206
14.2.4 轴上零件的固定 ………… 207
14.2.5 轴的结构工艺性 ………… 209
14.2.6 轴的疲劳强度 …………… 210
14.2.7 轴的直径和长度 ………… 210
☆ 综合项目分析 ……………………… 211
归纳总结 ……………………………… 212
思考与练习 14 ……………………… 213

第 15 单元 轴承 …………………… 214
能力目标 ……………………………… 214
学习目标 ……………………………… 214
学习重点和难点 ……………………… 214
项目背景 ……………………………… 214

项目要求 ……………………………… 214
知识准备 ……………………………… 215
15.1 滑动轴承的类型与结构 ……… 215
15.1.1 滑动轴承的类型 ………… 215
15.1.2 轴瓦的结构 ……………… 216
15.1.3 轴承的材料 ……………… 217
15.1.4 滑动轴承的润滑 ………… 218
15.2 滚动轴承的类型、性能与代号 … 219
15.2.1 滚动轴承的类型和性能 … 219
15.2.2 滚动轴承的代号及其组成 … 221
15.2.3 滚动轴承的失效形式 …… 224
15.3 滚动轴承的组合设计 ………… 225
15.3.1 滚动轴承组合的轴向固定 … 225
15.3.2 滚动轴承组合的调整 …… 226
15.3.3 滚动轴承的配合 ………… 228
15.3.4 支承部位的刚度和同轴度 … 228
15.3.5 滚动轴承的装拆 ………… 228
15.4 滚动轴承的润滑 ……………… 228
15.5 轴承的密封与维护 …………… 229
☆ 综合项目分析 ……………………… 230
归纳总结 ……………………………… 231
思考与练习 15 ……………………… 231

第 16 单元 联轴器与离合器 ……… 232
能力目标 ……………………………… 232
学习目标 ……………………………… 232
学习重点和难点 ……………………… 232
项目背景 ……………………………… 232
项目要求 ……………………………… 233
知识准备 ……………………………… 233
16.1 联轴器 ………………………… 233
16.1.1 联轴器的类型及特点 …… 233
16.1.2 联轴器的选择 …………… 237
16.2 离合器 ………………………… 238
☆ 综合项目分析 ……………………… 240
归纳总结 ……………………………… 241
思考与练习 16 ……………………… 241

附录 ………………………………… 242

参考文献 …………………………… 249

第一模块

机械基础概论

第1单元 机械的认知

能力目标

能明确课程研究的对象和内容、机械设计的基本要求和一般过程。

具有识别机器和机构,判断其用途及区别的能力。

学习目标

理解本课程的研究对象和内容、机械设计的基本要求和一般过程。

掌握机器、机构及机械等概念,以及机器和机构的用途及区别。

学习重点和难点

机器的组成及其特征。

机械、机器、机构、构件及零件等概念。

项目背景

图 1-1 所示的自动组装机,是由可编程序控制器进行控制的、可进行安全检测、质量检验、自动计数的六工位组装机。可以根据需要设计相应的夹具及工装,利用它代替人完成产品的装配任务。本单元通过对此案例的分析得出机器的共同特征,引出机器、机构、构件与零件等与机械相关的基本概念,并介绍学习本课程所应掌握的知识点。

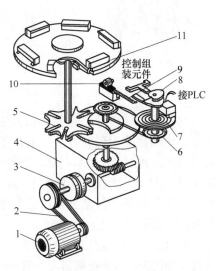

图 1-1 自动组装机传动系统图

1—电动机 2—传动带 3—电磁离合器 4—变速器
5—槽轮机构 6—链传动 7—信号采集器
8—凸轮机构 9—齿条 10—齿轮 11—夹具

项目要求

图 1-1 所示的案例是机械传动装置,借助这些案例我们可以获得机器的共同特征,可理解机械、机器与机构、构件与零件等与机械相关的基本概念,明确本课程的学习目标。

知识准备

1.1 本课程的研究对象

本课程的研究对象是机械。**机械**是机器和机构的总称。

机械是人类在长期的生产和生活实践中创造并发展的,是转换能量和减轻人类劳动、提高生产率的主要工具,也是社会生产力发展水平的重要标志。机械工业是国民经济的支柱工业之一。当今社会高度的物质文明是以近代机械工业的飞速发展为基础建立起来的,人类生活水平的不断提高也与机械工业的发展紧密相连。

我国古代在机械研制方面有许多杰出的发明创造。例如，三千年前就已开始使用简单的纺织机械，晋朝时在连机碓和水碾中应用了凸轮原理，西汉时应用齿轮和轮系传动原理制成了指南车（见图1-2）和记里鼓车，北宋苏颂在水运仪象台中使用了世界上最早的链传动。

18世纪初以蒸汽机的出现为代表产生了第一次工业革命，人们开始设计制造各种各样的机械，如纺织机（见图1-4）、火车及汽轮船等。

 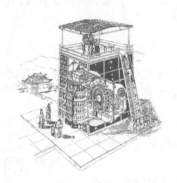 

图1-2　指南车　　　　图1-3　水运仪象台　　　　图1-4　哈格里沃斯发明的"珍妮纺纱机"

19世纪下半叶到20世纪初发生了第二次工业革命，内燃机的出现促进了汽车、飞机等运输工具的出现和发展。1886年，德国工程师卡尔·本茨发明了世界上第一辆汽车（见图1-5）；1927年美国人林德伯格驾驶着"圣路易斯精神"号飞机完成了人类首次不着陆飞越大西洋的壮举。

20世纪中期，第三次工业革命兴起，以机电一体化技术为代表，人类在机器人、航空航天、海洋舰船等领域开发出了众多高新机械产品，如火箭、卫星、宇宙飞船、空间站、航空母舰及深海探测器等。

图1-5　卡尔·本茨发明的世界上第一辆汽车

进入21世纪后，智能机械、微型机构、仿生机械的蓬勃发展，将促进人工智能、材料、3D打印技术、计算机信息技术、自动化技术等领域的交叉与融合，并进一步丰富和发展机械学科知识。

在日常生活和生产中，人们广泛使用着名目繁多的机器，如缝纫机、洗衣机、汽车、电动机和起重机等。尽管这些机器的结构、性能和用途各不相同，但它们具有一些共同的特征：

1）它们是许多人为实物的组合。

2）各实物之间具有确定的相对运动。

3）能代替或减轻人类的劳动，以完成有效的机械功，或进行能量转换。

凡具备上述三个特征的实物组合就称为**机器**。机器种类繁多，其结构形式和用途各不相同。然而，作为一部完整的机器，就其功能而言，一般由五个部分组成。图1-6所示为洗衣机（机器）的五个组成部分。

（1）动力部分　它是驱动整个机器完成预期功能的动力源，各种机器广泛使用的动力源有电动机、内燃机等。

 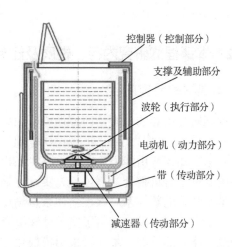

图 1-6 洗衣机（机器）的五个组成部分

（2）执行部分（又称为工作部分） 它是机器中直接完成工作任务的组成部分，如洗衣机的波轮、起重机的吊钩、车床的车刀等。根据机器的用途不同，其运动形式可能是直线运动，也可能是回转运动或间歇运动等。

（3）传动部分 它介于动力部分和执行部分之间，是用于完成运动和动力传递及转换的部分。利用它可以减速、增速、调速（如机床变速器）、改变转矩以及改变运动形式等，从而满足执行部分的各种要求。

（4）操纵部分和控制部分 操纵部分和控制部分都是为了使动力部分、传动部分、执行部分彼此协调工作，并准确可靠地完成整机功能的装置。

（5）支撑及辅助部分 包括基础件（如床身、底座、立柱等）、支撑构件（如支架、箱体等）和润滑、照明部分。它用于安装和支撑动力部分、传动部分和操纵部分等。

机构一般只具有机器的前两个特征，其作用是传递运动和转换动力。若仅从结构和运动观点来看，机器与机构二者之间并无区别。因此，习惯上常用**机械**一词作为机器和机构的总称。

组成机构的各个做相对运动的实物称为**构件**，**构件**是机构中的运动单元，如内燃机中的曲柄、连杆、活塞等。构件可以是单一的整体，如图 1-7a 所示的内燃机连杆。但为了便于制造、安装，构件通常由更小的单元装配而成，如图 1-7b 所示的内燃机连杆，它是由连杆体、连杆头、轴套、轴瓦、螺杆、螺母和开口销等装配而成的。连杆体、连杆头、轴套、轴瓦、螺杆、螺母和开口销等称为**机械零件**，简称**零件**。**零件**是机器的制造单元，是机器的基本组成要素。机械零件可分为两大类：一是在各种机器中都能用到的零件，称为**通用零件**，如齿轮、螺栓、轴承、带及带轮等；另一类则是只在特定类型的机器中才能用到的零件，称为**专用零件**，如汽车发动机的曲轴、吊钩、叶片及

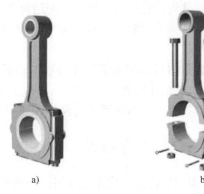

图 1-7 内燃机连杆

叶轮等。

1.2 本课程的研究内容、性质及任务

1.2.1 本课程的研究内容

本课程研究内容的设置是在遵循"以应用为目的，以必需、够用为度"的原则下，打破了"工程材料""工程力学""机械设计基础"课程的界限，以培养学生的机械系统分析、创新能力和综合知识应用能力为主线，将"工程材料""工程力学""机械设计基础"三门课程的教学内容进行有机整合、精炼、充实，并辅以创新思维法则等内容，形成了理论教学和实践教学紧密联系的新体系。课程新体系从满足机械工程实际所必须掌握的基础知识、基本设计理论、基本技能出发，突出了实用性和综合性，注重对学生的动手能力、工程实践能力的训练和综合能力的培养。本课程采用模块化方式构建课程内容体系，课程内容由5个模块，共16个单元组成。

第一模块是机械基础概论，主要介绍机械基础课程的研究对象、研究内容、性质及任务、学习方法。

第二模块为机械工程材料的分析与应用，主要介绍金属材料与热处理基础，常用钢铁材料、非铁金属材料和非金属材料的牌号、性能及应用。

第三模块为工程构件的受力分析与承载能力分析，主要介绍工程构件的受力分析、力系的简化和构件的平衡条件，以及构件在外力作用下的变形和破坏规律，强度和刚度的计算方法。

第四模块为常用机构和机械传动的分析与应用，主要介绍机械中常用机构的工作原理、运动特点、应用及设计的基本知识；通用零件的工作原理、结构特点、标准及其选用和设计的基本方法。

第五模块为联接与轴系零部件，主要介绍键联接、花键联接、销联接、螺纹联接、轴和轴承、联轴器、离合器的结构、特点及其选用和设计的基本方法。

1.2.2 本课程的性质与任务

本课程是一门理论性和实践性都很强的专业技术基础课，是后续专业课程学习或解决工程实际问题的必备基础，是机械类和近机类专业的骨干基础课。

通过本课程的学习，学生应达到：

1）掌握常用工程材料的性能、用途及选用原则。

2）初步掌握分析解决工程实际中简单力学问题的方法，并能对工程构件进行强度和刚度分析与计算。

3）掌握常用机构和通用零件的基本知识及基本理论，掌握一般机械传动装置、机械零件的设计方法及设计步骤。

4）初步具有选用和设计常用机构和通用零件的能力以及使用和维护一般机械的能力。

1.3 本课程的学习方法

鉴于本课程的特点，建议在学习这门课程时应注重以下几点：

1）要学会综合应用金工实习、机械制图、互换性与测量技术等课程的基本知识，并注

重本课程学习内容与先前学习课程的融会贯通。

2）课程不同学习单元，虽然所涉及研究对象的理论基础不同，但其最终目的都是培养学生具有简单分析和解决工程实际问题的能力。

3）由于工程实际的问题很复杂，很难用纯理论的方法来解决，因此常常采用经验公式或简化模型代替。

4）工程案例的计算步骤和计算结果常常不像基础课那样具有唯一性。

5）在学习过程中，还应注重将生活内容与学习内容相融合，学会用生活演绎学习。

☆ **基础能力训练**

指出下列机器的动力部分、传动部分、控制部分和执行部分：

（1）自动组装机（图1-1）；（2）汽车；（3）数控车床；（4）越野自行车；（5）全自动滚筒洗衣机；（6）智能家用豆浆机。

归纳总结

1. 重点理解并区别机械、机器、机构、构件、零件等基本概念。
2. 理解机械的组成部分，以及每个部分在机械工作中的功能。

思考与练习 1

1-1 人们常说的机械的含义是什么？机器与机构的区别是什么？指出下列设备中哪些是机构：铣床、发电机、机械式手表、洗衣机和汽车。

1-2 什么是构件、零件？构件与零件的区别是什么？

1-3 什么是通用零件、专用零件？试各举三个实例。

1-4 指出缝纫机中的专用零件和通用零件。

1-5 试举例说明一部完整的机器一般由哪几部分组成？各部分的作用是什么？

1-6 请查阅相关资料，各举出两个具有下述功用的机器的实例：

（1）变换机械能为其他形式能量的机器；（2）变换或传递信息的机器；（3）传递物料的机器；（4）传递机械能的机器。

第二模块
机械工程材料的分析与应用

第2单元　机械工程材料

能力目标

能识别机械行业常用金属及非金属材料，并能识读常用材料的牌号。
能依据机械零件的工作要求选用合适的材料。

学习目标

熟悉常用钢铁材料、非铁金属、粉末冶金等材料的牌号、种类、性能、用途及选用。
了解常用金属材料的热处理工艺、特点及应用。
熟悉高分子材料、陶瓷材料、复合材料的种类、性能、用途。

学习重点和难点

各种碳素结构钢、合金钢的分类、牌号表示及其热处理工艺的选用。
常见非金属材料的性能及选用方法。

项目背景

材料是人类生活和生产的物质基础。**机械工程材料**是指用于制造各类机械零件、构件的材料和在机械制造过程中所应用的工艺材料。近几年新材料和新工艺广泛应用在国防、航天、军事等领域，国家综合实力得到极大提高。通过本单元的学习，应了解机械工程中常用的材料有哪些？有哪些热处理工艺？如何根据使用要求选用合适的材料？

在学习之前，我们先通过图2-1所示的某汽车主要零部件应用的材料来简单认识一下常用的机械工程材料。

图2-1　某汽车主要零部件应用的材料

由图2-1分析可知，机械工程材料种类繁多，按属性可分为金属材料和非金属材料两大类。机械工程材料的选用对于工程生产的意义重大，因此作为工程技术人员，我们需要对常用机械工程材料加以认识，了解它们的性能、特点及用途，这样才能在实际工程问题中按照合理的方式选择并加工材料。

项目要求

本单元重点对机械工业中常用的金属材料和非金属材料展开介绍,通过本单元学习对以上列出的汽车零配件材料展开分析,分析为什么要选择这种材料。

知识准备

2.1 金属材料的性能

金属材料是目前应用最广泛的材料,常见的金属材料有碳素结构钢、合金钢、铸铁、非铁金属及其合金,还有金属粉末冶金材料,如图2-2所示。金属材料之所以能大量应用在各行各业中,是由于金属材料比其他种类的材料有更好的力学性能和工艺性能。本节就介绍这些相关性能,同时通过学习工程材料的发展史、史上"泰坦尼克号沉没"事件等工程案例了解材料力学性能在材料选型中的重要性。

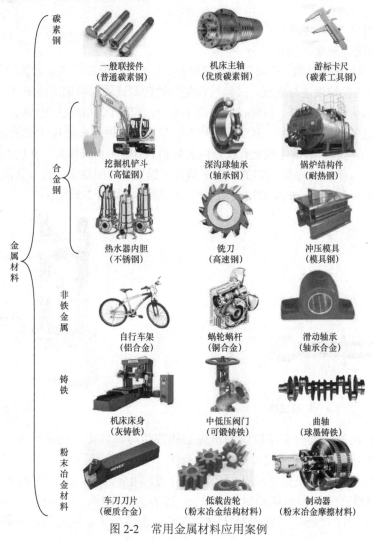

图 2-2 常用金属材料应用案例

2.1.1 金属材料的力学性能

1. 强度

强度是指金属材料在静载荷作用下抵抗永久变形和断裂的能力。当材料承受载荷在自身的强度范围内时不会发生破坏，只有当材料承受的载荷超过了自身的强度时才会发生断裂之类的破坏。图 2-3a 所示为汽车车轴由于强度不够造成的断裂场景；图 2-3b 所示为使用塑胶材料制造的耳麦由于强度不够在使用过程中发生断裂的现象。

根据外力作用性质不同，材料的强度主要分为屈服强度、抗拉强度、抗压强度及抗弯强度等。工程上常用的是屈服强度和抗拉强度。在相同条件下，材料的强度越高，构件的承载力也就越高。

材料的强度等力学性能须通过试验的方法进行测定。此类试验必须按标准（如国家标准）中规定的方法进行。此处重点介绍低碳钢的抗拉强度测试试验。

a) 车轴断裂

b) 耳麦断裂

图 2-3 断裂失效

为了便于对试验结果进行比较，试验时首先要把待测试的材料加工成试件。我国国家标准 GB/T 228.1—2010《金属材料 拉伸试验 第 1 部分：室温试验方法》中规定，拉伸试件截面可采用圆形（见图 2-4a）、矩形、多边形或环形，长度可根据其截面尺寸按规定比例或不按比例适当选取。按比例选取的试件规定有长短两种规格。圆截面长试件其工作段长度（也称标距）$l_0 = 10d_0$，短试件 $l_0 = 5d_0$。金属材料的压缩试验，一般采用短圆柱形试件，其高度为直径 d_0 的 1.5～3 倍，如图 2-4b 所示。试验所用设备为拉伸试验机，如图 2-5 所示。

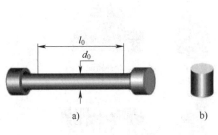

图 2-4 标准试样

图 2-5 拉伸试验机

拉伸试验机在试验过程中可以绘制出施加的载荷与试件变形的曲线图，一般称为**拉伸曲线**，如图 2-6 所示，拉伸曲线与试样尺寸有关。为了消除尺寸的影响，将拉力除以试件横截面的原始面积 A_0，得出试件横截面上的正应力，用 σ 表示；伸长量 Δl 除以标距的原始长度 l_0，得出试件在工作段内的相对伸长量 ε，以 σ 为纵坐标、ε 为横坐标绘出的曲线称为**应力-应变图**，如图 2-7 所示，它表明从加载开始到破坏为止，应力与应变的对应关系，反映了材料拉伸时的力学性能。根据拉伸曲线（应力-应变图）可以分析出试件的拉伸特性，见表 2-1。

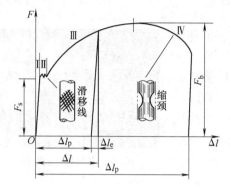

图 2-6 低碳钢试件的拉伸曲线图

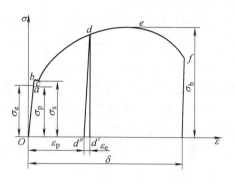

图 2-7 低碳钢的应力-应变图

表 2-1 拉伸试验曲线分析

阶　段	力　学　特　性	拉伸图（应力-应变图）特征
第 I 阶段（弹性变形阶段）	试件受力以后，长度增加，产生变形，这时如将外力卸去，试件工作段的变形可以消失，恢复原状。此类变形称为**弹性变形**，因此，称第 I 阶段为**弹性变形阶段**	曲线呈直线
第 II 阶段（屈服阶段）	弹性变形阶段以后，试件的伸长显著增加，但外力却滞留在很小的范围内上下波动。外力不需增加，变形却继续增大，这种现象称为**屈服或流动**。屈服阶段中拉力波动的最低值称为**屈服载荷**，用 F_s 表示。所对应的应力称为**屈服强度**，用 σ_s 表示	曲线出现波动
第 III 阶段（强化阶段）	过了屈服阶段以后，继续增加变形，需要加大外力，试件对变形的抵抗能力又获得增强，力与变形是非线性的关系。此阶段称为**强化阶段**	曲线非线性增长
第 IV 阶段（颈缩阶段）	当拉力继续增大达某一确定数值时，可以看到，试件某处突然开始逐渐局部变细，形同细颈，称缩颈现象。因此，第 IV 阶段称为缩颈阶段。缩颈出现前，试件所能承受的拉力最大值，称为最大载荷，用 F_b 表示。所对应的应力称为**抗拉强度**，用 σ_b 表示	曲线单调下降

2．塑性

塑性是指金属材料在给定载荷外力的作用下，产生永久变形而不被破坏的能力。金属材料在受到拉伸变形时，长度和横截面积都要发生变化。因此，金属的塑性可以用材料的伸长率 δ 和断面收缩率 ψ 两个指标来衡量。

一般伸长率和断面收缩率是根据拉伸试验的试件求得的。先测得试件变形前的长度和截面尺寸，变形结束后再次测出相应的尺寸，如图 2-8 所示。

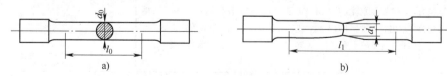

图 2-8 拉伸试件变形前后对比

（1）伸长率 δ　试件拉断后，工作段的残余伸长量 $\Delta l = l_1 - l_0$ 与标距长度 l_0 的比值代表试件拉断后塑性变形程度，称为材料的**伸长率**，用 δ 表示。即

$$\delta = \frac{l_1 - l_0}{l_0} \times 100\% \tag{2-1}$$

（2）断面收缩率 ψ 试件断口处横截面面积的相对变化率称为**断面收缩率**，用 ψ 表示，即

$$\psi = \frac{A_0 - A_1}{A_0} \times 100\% \tag{2-2}$$

金属材料的伸长率和断面收缩率越大，表示该材料的塑性越好，即材料能承受较大的塑性变形而不破坏。工程上通常将常温、静载下伸长率大于5%的金属材料称为**塑性材料**，如低碳钢；而将伸长率小于5%的金属材料称为**脆性材料**，如灰铸铁等。

低碳钢是一种塑性极好的材料，在汽车制造业中常采用这种材料通过冲裁、拉延、翻边等压力加工的方法来加工出汽车的车身覆盖件，如图2-9和图2-10所示。

图2-9 大型锻压机床

3. 硬度

硬度是指材料局部抵抗硬物压入其表面的能力，是衡量材料软硬程度的指标。例如将一个坚硬的钢球压入钢板的表面，就会在钢板表面留下圆形痕迹，如图2-11所示。这个痕迹的大小就反映了材料的软硬程度。

硬度是由硬度计测试出来的，如图2-12所示。常用的硬度标准有：布氏硬度、洛氏硬度、维氏硬度，这三种硬度标准有不同的测试方法和应用范围。三种硬度试验简介和比较见表2-2。

图2-10 车身冲压件　　图2-11 材料局部变形　　图2-12 硬度计

表2-2 三种硬度试验简介和比较

类别	测试方法	应用范围	试验原理图示
布氏硬度（HBW）	用一定大小的试验力 F 把直径为 D 的硬质合金球压入被测金属的表面，保持规定时间后卸除试验力，用读数显微镜测出压痕平均直径 d，然后按公式求出布氏硬度HBW值，或者根据 d 从已备好的布氏硬度表中查出HBW值	布氏硬度测量法适用于铸铁、非铁合金、各种退火及调质的钢材，不宜测定太硬、太小、太薄的工件	
洛氏硬度（HR）	洛氏硬度（HR）试验方法是用一个顶角为120°的金刚石圆锥体或直径为1.59mm/3.18mm的硬质合金球，在一定载荷下压入被测材料表面，由压痕深度求出材料的硬度。根据试验材料硬度的不同，可用三种不同标度来表示：HRA、HRB、HRC	当被测样品过小或者布氏硬度（HBW）大于450时，就改用洛氏硬度计测量	

(续)

类别	测试方法	应用范围	试验原理图示
维氏硬度（HV）	以 49.03～980.7N 的负荷将相对面夹角为 138°的正四棱锥体金刚石压入材料表面，保持规定时间后，测量压痕对角线长度，再按公式来计算硬度的大小。维氏硬度还有小负荷维氏硬度和显微维氏硬度	适用于较大工件和较深表面层的硬度测定，还适用于较薄工件、工具表面或镀层的硬度测定	

4．韧性

韧性表示材料在塑性变形和断裂过程中吸收能量的能力。韧性越好，则发生脆性断裂的可能性越小。

韧性通常以冲击韧度的大小来衡量。衡量材料抗冲击能力的指标用冲击韧度来表示。冲击韧度是通过冲击试验来测定的，该试验原理如图 2-13 所示。这种试验在一次冲击载荷作用下显示试件缺口处的力学特性（韧性或脆性）。虽然试验中测定的冲击吸收功或冲击韧度不能直接用于工程计算，但它可以作为判断材料脆化趋势的一个定性指标，还可作为检验材质热处理工艺的一个重要手段。这是因为它对材料的品质、宏观缺陷、显微组织十分敏感，而这点恰是静载试验所无法揭示的。冲击韧度试验机如图 2-14 所示。

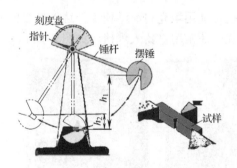

图 2-13　冲击试验原理

图 2-14　冲击韧度试验机

5．疲劳性能

许多机械零件和工程构件是承受交变载荷工作的。在交变载荷的作用下，虽然应力水平低于材料的屈服强度，但经过长时间的应力反复循环作用以后，也会发生突然脆性断裂，这种现象称为金属材料的疲劳。由于疲劳不易发现，所以对安全的影响是极大的。

疲劳性能可以通过疲劳试验测出，主要设备为疲劳试验机，如图 2-15 所示。

试验后将试验数据整理成线图，即为疲劳曲线，如图 2-16 所示。通过疲劳曲线我们可以看出：当试件承受的交变载荷循环次数越大，承受的应力就越小。

项目 2-1　2002 年 5 月 25 日，某航空公司客机在澎湖马公外海上空

图 2-15　疲劳试验机

失事，机上 225 人全部遇难。失事飞机为波音 747-200 型机，机龄超过 22 年。经过九个多月的调查发现，飞机后部的金属发生疲劳断裂造成机体在空中解体，是导致此次空难的最大因素。图 2-17 所示为该飞机的残骸。请收集 5 个相关案例，对案例进行分析，并撰写一篇分析报告。

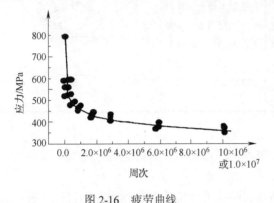

图 2-16 疲劳曲线　　　　　　　　　图 2-17 飞机残骸

2.1.2 金属材料的工艺性能

金属材料除了有较好的力学性能外，还具有良好的工艺性能，即能较容易地被加工。其工艺性能主要包括：焊接性能、切削性能、压力成型性能和铸造成型性能等。

1. 焊接性能

焊接是通过加热或加压，或两者并用，也可能用填充材料，使工件达到结合的方法。常用的焊接方法有电弧焊、气焊，自动化流水线中还常用机器人焊接，如图 2-18 所示。

a) 手工电弧焊　　　　b) 手工气焊　　　　c) 机器人点焊

图 2-18 各种常用的焊接方式

金属的**焊接性能**又叫可焊性，一般是指两块相同或不同的金属材料，在局部加热到熔融状态下，能够牢固地焊合在一起的性能。焊接性能好的金属，在焊缝部位不易产生裂纹、气孔、夹渣等缺陷，同时焊接接头具有一定的力学性能。金属材料焊接性能的好坏决定于材料的化学成分、焊接工艺等。

2. 切削性能

切削加工是最常用的零件加工方法，几乎 80%的机械零件都需要切削加工，常见的切削加工方式有：车削、铣削、磨削等，如图 2-19 所示。

切削加工性能是指金属材料在用切削刀具进行加工时，所表现出来的加工难易程度。它主要用切削速度、加工表面粗糙度和刀具寿命来衡量。通常灰铸铁有良好的切削加工性，钢的硬度在 160~200HBW 范围内时，具有良好的切削加工性。

a) 车削　　　　　　　　b) 铣削　　　　　　　　c) 磨削

图 2-19　各种常用的切削加工方式

3．压力加工性能

利用金属在外力作用下所产生的塑性变形，来获得具有一定形状、尺寸和力学性能的原材料、毛坯或零件的生产方法，称为**金属压力加工**，又称为**金属塑性加工**。常见压力加工有以下几种方式：

（1）轧制　金属坯料在摩擦力作用下连续通过两个回转轧辊的缝隙而受压变形，以获得各种产品的加工方法称为**轧制**。主要产品有型材、圆钢、方钢、角钢等。

（2）锻造　在锻压设备及模具的作用下，使坯料或铸锭产生塑性变形，以获得一定几何尺寸、形状和质量的锻件的加工方法称为**锻造**。

（3）挤压　金属坯料在挤压模内受压被挤出模孔而变形的加工方法称为**挤压**。

（4）拉拔　将金属坯料拉过拉拔模的模孔而变形的加工方法称为**拉拔**。

（5）冲压　金属板料在冲模之间受压产生分离或成形的加工方法称为**冲压**。

压力加工性能就是指金属材料在压力加工过程中成型的难易程度，例如将材料加热到一定温度时其塑性的高低（表现为塑性变形抗力的大小），允许热压力加工的温度范围大小，热胀冷缩特性以及与显微组织、力学性能有关的临界变形的界限、热变形时金属的流动性、导热性能等。

在汽车行业中就大量使用冲压的方法来生产汽车车身覆盖件，图 2-20 所示为用于生产车顶件的拉延模具。

4．铸造性能

铸造是熔炼金属，制造铸型，并将熔融金属浇入铸型，凝固后获得一定形状、尺寸、成分、组织和性能的铸件的成型方法。常用的铸造方法有砂型铸、低压铸造、压力铸造、离心铸造等方法。一般铸造能成型一些结构比较复杂的零件，如图 2-21 所示。

铸造性能就是指反映金属材料熔化浇铸成为铸件的难易程度，表现为熔化状态时的流动性、吸气性、氧化性、熔点，铸件显微组织的均匀性、致密性以及冷缩率等。

图 2-20　汽车车顶成型的拉延模具　　　　　　图 2-21　典型铸造件

☆ **基础能力训练**

自行车是常用的交通工具，如图 2-22～图 2-24 所示。老式自行车都是用管材焊接而成；现在使用最多的轻便自行车，为了强度和美观，还需要对管材弯曲成型加工；赛车则是为高速行驶设计的。试分析这样三款自行车在选材方面各有哪些性能要求。

图 2-22 老式自行车

图 2-23 轻便自行车

图 2-24 赛车

2.2 钢铁材料及应用

【**案例导入**】在日常生活中，到处都能看到钢铁材料的产品，从生活中的钢直尺到工程中的扳手，小到一把瑞士军刀，大到一台挖掘机，如图 2-25～图 2-27 所示。在这些不同的产品里，所用的钢铁材料有什么不同？它们的性能又如何？

图 2-25 瑞士军刀

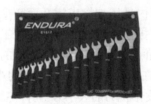
图 2-26 扳手

图 2-27 挖掘机

2.2.1 工业用钢

1. 普通碳素结构钢

（1）碳素结构钢的应用与生产 碳素结构钢是近代工业中使用最早、用量最大的基本材料。目前，碳素结构钢的产量在各国钢总产量中的比重，保持在 80% 左右，它广泛应用于建筑、桥梁、车辆、船舶和其他各种机械制造工业中。工业用钢主要是由冶金厂生产的板材、棒材、型材、管材及线材等。钢材生产的主要流程是：炼铁、炼钢、铸锭、压力加工成各种规格的钢材，如图 2-28 所示。

（2）碳素结构钢中的化学成分及其影响 碳素结构钢的性能主要取决于钢中碳的质量分数和显微组织。在退火或热轧状态下，随碳的质量分数增加，钢的强度和硬度升高，而塑性和冲击韧度下降。所以工程结构用钢，常限制其含碳量。

碳素结构钢中的残余元素和杂质元素如锰、硅、镍、磷、硫、氧、氮等，对碳素结构钢的性能也有影响。这些影响有时互相加强，有时互相抵消。其中影响比较显著的有：

1) 硫、氧、氮都能增加钢的热脆性，而适量的锰可减少或部分抵消其热脆性。
2) 残余元素除锰、镍外都降低钢的冲击韧度，增加冷脆性。
3) 除硫和氧降低强度外，其他杂质元素均在不同程度上提高钢的强度。
4) 几乎所有的杂质元素都能降低钢的塑性和焊接性。

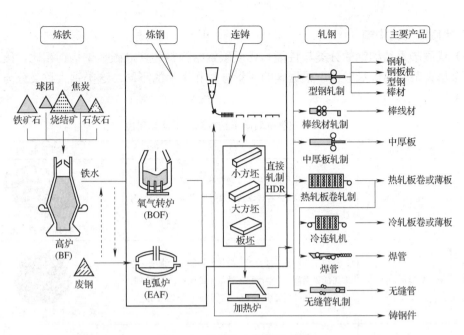

图 2-28 钢材生产流程示意图

有的碳素结构钢还添加微量的铝、铌或其他碳化物形成元素，形成氮化物或碳化物微粒，使钢强化，节约钢材。冶金厂也经常将碳素结构钢加工成各种板材、管材、线材、型材等提供市场的需要，如图 2-29～图 2-31 所示。为适应专业用钢的特殊要求，对普通碳素结构钢的化学成分和性能进行调整，从而生产出了一系列普通碳素结构钢的专业用钢，如桥梁用钢、建筑用钢、钢筋、压力容器用钢等。

图 2-29 碳素结构钢板材

图 2-30 碳素结构钢线材

图 2-31 碳素结构钢管材

（3）碳素结构钢的牌号 按照国家标准 GB/T 221—2008，碳素结构钢牌号分为四个部分，见表 2-3。

表 2-3 碳素结构钢牌号

组成部分	表示内容	补充说明	举例说明
第一部分	Q+强度值	字母 Q 表示"屈服"，其后的强度值为材料的屈服强度	例：Q235-AF 该牌号表示屈服强度为 235MPa 的 A 级优质沸腾钢
第二部分 （必要时）	钢的质量等级	从优到劣用英文字母 A、B、C、D、E、F……表示	
第三部分 （必要时）	脱氧方式	沸腾钢、半镇静钢、镇静钢、特殊镇静钢分别用 F、b、Z、TZ 表示	
第四部分 （必要时）	产品用途、特性和工艺方法	例如压力容器用钢的符号为 R、桥梁用钢为 Q、保证淬透性钢为 H	

2. 优质碳素结构钢

（1）优质碳素结构钢的分类与性能　优质碳素结构钢和普通碳素结构钢相比，硫、磷及其他非金属夹杂物的含量较低。根据碳的质量分数和用途的不同，这类钢大致又分为三类，见表 2-4。

表 2-4　三类优质碳素结构钢的性能和用途

类　别	分类标准	性　能　说　明	应　用　说　明
低碳钢	$w_C < 0.25\%$	低碳钢强度和硬度较低，塑性和韧性较好。因此其冷成型性能良好。同时还具有良好的焊接性能和切削性能	汽车车身材料主要是优质低碳钢
中碳钢	$w_C = 0.25\% \sim 0.60\%$	热加工及切削性能良好，焊接性能较差。强度、硬度比低碳钢高，而塑性和韧性低于低碳钢。在中等强度水平的各种用途中，中碳钢得到最广泛的应用	中载齿轮大多是由 45 钢生产
高碳钢	$w_C > 0.6\%$	高碳钢具有高的强度和硬度、高的弹性极限和疲劳极限，切削性能尚可，但焊接性能和冷塑性变形能力差。主要用于制造弹簧和耐磨零件。碳素工具钢是基本上不加入合金元素的高碳钢	日常生活中用的锤子、斜口钳之类的工具就是用高碳钢加工出来的

（2）优质碳素结构钢的牌号　按照国家标准 GB/T 221—2008，优质碳素结构钢牌号分为五个部分，见表 2-5。

表 2-5　优质碳素结构钢牌号说明

组成部分	表示内容	补　充　说　明	应用举例
第一部分	表示碳的质量分数的数字	以万分之几计，表示钢材中碳的质量分数	例 1：45 该牌号表示碳的质量分数为 0.45% 的优质碳素结构钢
第二部分（必要时）	表示锰元素质量分数	较高含锰量的优质碳素结构钢，加锰元素符号 Mn	
第三部分（必要时）	钢材冶金质量	高级优质钢和特级优质钢分别用 A、E 表示	例 2：60Mn 该牌号表示碳的质量分数为 0.60% 的优质碳素结构钢，另外含有锰元素
第四部分（必要时）	脱氧方式	沸腾钢、半镇静钢、镇静钢分别以 F、b、Z 表示	
第五部分（必要时）	产品用途、特性和工艺方法	例如压力容器用钢的符号为 R，桥梁用钢的符号为 Q，保证淬透性钢的符号为 H	

3. 合金结构钢

（1）合金结构钢的性能　在普通碳素结构钢基础上添加适量的一种或多种合金元素而构成的铁碳合金称为低合金高强度结构钢。根据添加元素的不同，并采取适当的加工工艺，可获得高强度、高韧性、耐磨、耐腐蚀、耐低温、耐高温、无磁性等特殊性能。

合金结构钢的主要合金元素有硅、锰、铬、镍、钼、钨、钒、钛、铌、锆、钴、铝、铜、硼、稀土等。其中钒、钛、铌、锆等在钢中是强碳化物形成元素，只要有足够的碳，在适当条件下，就能形成各自的碳化物，当缺碳或在高温条件下，则以原子状态进入固溶体中；锰、铬、钨、钼为碳化物形成元素，其中一部分以原子状态进入固溶体中，另一部分形成置换式合金渗碳体；铝、铜、镍、钴、硅等是不形成碳化物元素，一般以原子状态存在于固溶体中。

（2）合金结构钢的牌号 按照国家标准GB/T 221—2008，合金结构钢牌号分为四个部分，见表2-6。

表2-6 合金结构钢牌号说明

组成部分	表示内容	补充说明	应用举例
第一部分	表示碳的质量分数的数字	以万分之几计，表示钢材中碳的质量分数	例：60 Si 2 Mn 该牌号表示碳的质量分数为0.6%，含有2%硅，含有不超过1.5%锰的合金结构钢
第二部分	合金元素及质量分数	合金元素质量分数，以化学元素符号和阿拉伯数字表示，具体表示方法为：平均质量分数小于1.50%时，仅标出元素符号，不标质量分数；平均质量分数为1.50%~2.49%、2.50%~3.49%、3.50%~4.49%、4.50%~5.49%、…时，在相应元素符号后标出2、3、4、5、…	
第三部分（必要时）	钢材冶金质量	高级优质钢和特级优质钢分别用A、E表示	
第四部分（必要时）	产品用途、特性或工艺方法	例如压力容器用钢的符号用R、桥梁用钢的符号为Q，保证淬透性钢的符号为H	

4. 合金工具钢

（1）合金工具钢的分类与性能 合金工具钢是在碳素工具钢基础上加入铬、钼、钨、钒等合金元素，以提高淬透性、韧性、耐磨性和耐热性的一类钢种。它主要用于制造量具、刃具、耐冲击工具和冷、热模具及一些特殊用途的工具。通常分为三类，见表2-7。

表2-7 合金工具钢分类及性能说明

类 别	性能说明	应用说明
刃具钢	刃具在工作条件下产生强烈的磨损并发热，还有振动和承受一定的冲击负荷。刃具钢应具有高的硬度、耐磨性、热硬性和良好的韧性。为了保证其具有高的硬度，满足形成合金碳化物的需要，钢中碳的质量分数一般在0.8%~1.45%	盘形铣刀
模具钢	模具大致可分为冷作模具、热作模具和塑料模具三类，用于锻造、冲压、切型、压铸等。由于各种模具用途不同，工作条件复杂，因此对模具钢，按其所制造模具的工作条件，应具有高的硬度、强度、耐磨性，足够的韧性，以及高的淬透性、淬硬性和其他工艺性能	冲压模具
量具钢	量具应具有良好的尺寸稳定性、高耐磨性、高硬度和一定的韧性。因此量具钢应硬度高、组织稳定、耐磨性好，以及具有良好的研磨和加工性能、热处理变形小、膨胀系数小和耐蚀性好。常用的钢类有铬钢、铬钨锰钢、锰钒钢等	螺纹通规

（2）合金工具钢牌号 按照国家标准GB/T 221—2008，合金工具钢牌号分为两个部分，见表2-8。

表 2-8 合金工具钢牌号

组成部分	表示内容	补充说明	应用举例
第一部分	表示碳的质量分数的数字	碳的质量分数小于 1.00%时，采用一位数字表示含碳量（以千分之几计）。碳的质量分数不小于 1.00%时，不标明含碳量数字	例：5 Cr Mn Mo 该牌号表示碳的质量分数为 0.5%，含有质量分数不超过 1.5%铬、锰、钼元素的合金工具钢
第二部分	合金元素及质量分数	合金元素质量分数用元素符号和阿拉伯数字表示，具体表达方法为：平均质量分数小于 1.50%，仅标出元素符号，不标质量分数；平均质量分数为 1.50%～2.49%、2.50%～3.49%、3.50%～4.49%、4.50%～5.49%、…时，在相应元素符号后标出 2、3、4、5、…	

项目 2-2 如图 2-32 所示，国家体育馆"鸟巢"主体钢架结构所采用的材料是 Q460，是一种低合金高强度结构钢。Q460 中碳的质量分数为 0.20%，并含有锰、钒、钛、铌、铬、镍、铝等合金元素，其屈服强度为 460MPa。锰起到增加强度的作用，钒、钛、铌能优化综合力学性能，铬、镍能提高材料的冲击韧度，铬、镍、铝能提高钢的抗腐蚀能力。Q460 比一般建筑用钢的强度要高一倍左右。

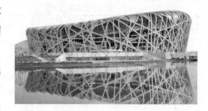

图 2-32 国家体育馆"鸟巢"

请查阅国家游泳中心"水立方"和广州新电视塔主体钢架结构采用何种材料，并撰写一篇调研建筑钢架材料使用分析报告。

2.2.2 铸铁

1. 铸铁的分类与性能

铸铁是碳的质量分数在 2%以上的铁碳合金。工业用铸铁中碳的质量分数为 2%～4%。碳在铸铁中多以石墨形态存在，有时也以渗碳体形态存在。除碳外，铸铁中还含有质量分数为 1%～3%的硅，以及锰、磷、硫等元素。合金铸铁还含有镍、铬、钼、铝、铜、硼、钒等元素。碳、硅是影响铸铁显微组织和性能的主要元素。铸铁的分类与性能介绍见表 2-9。

表 2-9 铸铁的分类与性能介绍

类别	性能说明	应用说明
灰铸铁	碳的质量分数较高（2.7%～4.0%），碳主要以片状石墨形态存在，断口呈灰色。熔点低（1145～1250℃），凝固时收缩量小，抗压强度和硬度接近碳素结构钢，减振性好。多用于制造机床床身、气缸、箱体等结构件	一般箱体类零件都用灰铸铁
白口铸铁	碳、硅含量较低，碳主要以渗碳体形态存在，断口呈银白色。凝固时收缩大，易产生缩孔、裂纹。硬度高，脆性大，不能承受冲击载荷。多用于制作可锻铸铁的坯件和制作耐磨损的零部件	一般轧辊可用白口铸铁加工
可锻铸铁	由白口铸铁退火处理后获得，石墨呈团絮状分布，简称韧铁。其组织性能均匀，耐磨损，有良好的塑性和韧性。多用于制造形状复杂、能承受强动载荷的零件	中低压的阀门多用可锻铸铁加工
球墨铸铁	将灰铸铁铁液经球化处理后获得，析出的石墨呈球状。有较高强度、较好韧性和塑性。多用于制造内燃机、汽车零部件及农机具等	曲轴可用球墨铸铁加工

2. 铸铁牌号

按照国家标准 GB/T 5612—2008，铸铁牌号的组成有以下三种类型，见表 2-10。

表 2-10 铸铁牌号说明

组成部分	表示内容	补充说明	应用举例
第一类型	由代号和表示力学性能特征值的阿拉伯数字组成	1）主要代号有：灰铸铁为 HT、白口铸铁为 BT、可锻铸铁为 KT、球墨铸铁为 QT、蠕墨铸铁为 RuT 2）表示力学特性的数字是抗拉强度值 3）合金元素含量是用质量分数表示	例 1：HT200 该牌号表示最低抗拉强度为 200MPa 的灰铸铁
第二类型	由代号和主要合金元素的元素符号及名义含量（质量分数）组成		例 2：QT400-15 该牌号表示最低抗拉强度为 400MPa，伸长率为 15% 的球墨铸铁
第三类型	由代号和主要合金元素的元素符号及名义含量（质量分数）和表示力学性能特征值的阿拉伯数字组成		

☆ 思考与分析

某设备使用 45 钢加工的齿轮机构实现动力传递。假设某齿轮发生断齿，需加工一个同样参数的齿轮替换。现只有灰铸铁、可锻铸铁、球墨铸铁三种材料，试分析应选用哪一种？

2.3 非铁金属和粉末冶金材料

钢铁材料虽然有很好的性能，但是还有很多金属制品不是选用钢材而是选用了非铁金属材料，小到钥匙大到飞机（如图 2-33～图 2-35 所示），非铁金属在实际生活和工程中随处可见。本节主要介绍常用非铁金属材料的相关性能和应用。

图 2-33 钥匙

图 2-34 电饭煲

图 2-35 飞机

2.3.1 铝和铝合金

纯铝的密度较小（$\rho = 2.7 \text{g/cm}^3$），大约是铁的 1/3，熔点也较低（660℃）。铝是面心立方结构，故具有很高的塑性，易于加工，可制成各种型材、板材，抗腐蚀性能好。但是纯铝的强度很低，故不宜用做结构材料。通过长期的生产实践和科学实验，人们逐渐以加入合金元素及运用热处理等方法来强化铝，这就得到了一系列的铝合金。

铝合金是工业中应用最广泛的一类非铁金属结构材料，在航空、航天、汽车、机械制造、船舶及化学工业中已大量应用。添加一定元素形成的合金在保持纯铝质轻等优点的同时，还能具有较高的强度。这样使其"比强度"（强度与比重的比值）胜过很多合金钢，成为理想的结构材料，广泛用于运输机械、动力机械及航空工业等方面，飞机的机身、蒙皮、压气机等常以铝合金制造，以减轻自重。采用铝合金代替焊接成型的钢板材料，结构重量可减轻 50% 以上。常用的铝合金材料见表 2-11。

表 2-11　常用的铝合金材料

系　列	牌　号	性能简介	应用举例
1000 纯铝	1060	导电性能很好，适用于制作金属导线	 纯铝导线
	1085、1080	成型性、表面处理性良好，在铝合金中其耐蚀性最佳，适用于制作化学工业容器、散热片、熔接线、导电材料	 化工容器
	1100、1200	导电性和导热性很好，适用于制作散热片、瓶盖、印制电路板、建材、热交换器组件	 换热器
2000 铜为主要 合金元素	2011	快削合金，切削性好，强度也高，但耐蚀性不佳，适用于制作光学组件、螺钉头	 瞄准镜
	2014、2017、2024	含有多量的 Cu，耐蚀性不佳，但强度高，可作为构造用材使用，锻造品适用于航空器、齿轮、油压组件、轮轴	 航空箱
	2025	锻造用合金，锻造性良好且强度高，但耐蚀性不佳，适用于制作航空器引擎、油压组件	 引擎
3000 锰为主要 合金元素	3003、3203	强度比 1100 约高 10%，成型性、熔接性、耐蚀性均良好，适用于制作一般器物、散热片、化妆板、影印机滚筒、船舶等	 CPU 散热片
	3004、3104	强度比 3003 高，成型性优越，耐蚀性也良好，适用于制作铝罐、灯泡盖头、屋顶板、彩色铝板等	 百事可乐罐
4000 硅为主要 合金元素	4032	耐热性、耐磨性良好，热膨胀系数小，适用于制作活塞、气缸头	 活塞
	4043	凝固收缩少，用硫酸阳极氧化处理呈灰色，适用于制作熔接线、建筑嵌板等	 建筑嵌板
5000 镁为主要 合金元素	5005	强度与 3003 相同，加工性、熔接性、耐蚀性良好，阳极氧化后修饰性能良好，与 6063 型材颜色相称。适用于建筑用装饰件、车辆用装饰件、船舶用装饰件	 铝合金电动门

(续)

系 列	牌 号	性 能 简 介	应 用 举 例
5000 镁为主要 合金元素	5052	为中程度强度之最具代表性合金，耐蚀性、熔接性及成型性良好，特别是疲劳强度高，耐海水性佳。适用于制作船舶、车辆钣金件、建筑、瓶盖、蜂巢板、仪表等	 蜂巢板
	5454	强度比 5052 约高 20%，其特性与 5154 大致相同，但在恶劣环境下之耐蚀性比 5154 良好，适用于制作汽车用车轮、海洋设施管道、压力容器	 车轮
6000 硅和镁为主 要合金元素	6061	热处理型之耐蚀性合金。硬化处理后有非常高的强度，但熔接接口之强度低，因此适用于制作螺钉、铰钉船舶、车辆、各式型材、板材	 自行车车架
	6063	具有代表性的挤出用合金，强度比 6061 低，挤出性良好，可用作复杂的断面形状之型材；耐蚀性及表面处理性均佳，适用于建筑、公路护栏、高栏、车辆、家具、装饰品	 铝合金窗
	6151	锻造加工性特别好，耐蚀性及表面处理性亦佳，适用于复杂的锻造品、机械、汽车组件	 机油泵
7000 锌为主要 合金元素	7072	电极电位低，主要用于防蚀性覆盖皮材，亦适用于热交换器之散热片，铝合金合板材之皮材，散热片	 电饭锅外壳
	7075	铝合金中具有最高强度的合金之一，耐蚀性不佳，但可以通过表面覆盖 7072 皮材提高耐蚀性，耐蚀性也非常良好。适用于制作车辆、高应力结构件、航空器、模具	 自行车牙盘

2.3.2 铜和铜合金

铜合金是以纯铜为基体加入一种或几种其他元素所构成的合金。纯铜呈紫红色，俗称紫铜。纯铜密度为 $8.96g/cm^3$，熔点为 1083℃，具有优良的导电性、导热性、延展性和耐蚀性；主要用于制作发电机、母线、电缆、开关装置、变压器等电工器材和热交换器、管道、太阳能加热装置的平板集热器等导热器材。常用的铜合金分为黄铜、青铜、白铜三大类，见表 2-12。

表 2-12 铜合金的分类与性能介绍

类别	性能说明	应用说明
黄铜	以锌作为主要添加元素的铜合金，具有美观的黄色，统称**黄铜**。铜锌二元合金称**普通黄铜**或称简单黄铜。三元以上的黄铜称**特殊黄铜**或称**复杂黄铜**。为改善普通黄铜的性能，常添加其他元素，如铝、镍、锰、锡、硅、铅等。铝能提高黄铜的强度、硬度和耐蚀性，但使塑性降低，适合于制作海轮冷凝管及其他耐蚀零件。锡能提高黄铜的强度和对海水的耐腐性，故称海军黄铜，适用于制作船舶热工设备和螺旋桨等。铅能改善黄铜的切削性能，常用于制作钟表零件。黄铜铸件常用来制作阀门和管道配件等	炮弹外壳
白铜	以镍作为主要添加元素的铜合金。铜镍二元合金称**普通白铜**；加有锰、铁、锌、铝等元素的白铜合金称复杂白铜。工业用白铜分为结构白铜和电工白铜两大类。结构白铜的特点是力学性能和耐蚀性好，色泽美观。这种白铜广泛用于制造精密机械。电工白铜一般有良好的热电性能，是制造精密电工仪表、变阻器、精密电阻、热电偶等常用的材料	精密机械
青铜	原指铜锡合金，后来除黄铜、白铜以外的铜合金均称青铜，并常在青铜名字前冠以第一主要添加元素的名。锡青铜的铸造性能、减摩性能和力学性能好，适合于制造轴承、蜗轮、齿轮等。铅青铜是现代发动机和磨床广泛使用的轴承材料。铝青铜强度高，耐磨性和耐蚀性好，常用于铸造高载荷的齿轮、轴套、船用螺旋桨等。铍青铜和磷青铜的弹性极限高，导电性好，适用制造精密弹簧和电接触元件，铍青铜还用来制造煤矿、油库等使用的无火花工具	蜗轮

2.3.3 轴承合金

轴承合金又称轴瓦合金，是用于制造滑动轴承的材料。轴承合金的组织是在软相基体上均匀分布着硬相质点，或硬相基体上均匀分布着软相质点。轴承合金具有如下性能：有良好的耐磨性能和减摩性能；有一定的抗压强度和硬度，有足够的疲劳强度和承载能力；塑性和冲击韧性良好；具有良好的抗咬合性，良好的顺应性，好的嵌镶性；有良好的导热性、耐蚀性和小的热膨胀系数。常用于制作各类轴承，如图 2-36 和图 2-37 所示。

图 2-36 滑动轴承

图 2-37 汽车轴承

2.3.4 粉末冶金材料

粉末冶金材料是用粉末冶金工艺制得的多孔、半致密或全致密材料（包括制品）。粉末冶金材料具有传统熔铸工艺所无法获得的、独特的化学组成和物理、力学性能，如材料的孔隙度可控，材料组织均匀、无宏观偏析（合金凝固后其截面上不同部位没有因液态合金宏观流动而造成的化学成分不均匀现象），可一次成型等。

粉末冶金材料按用途分为 7 类，见表 2-13。

表 2-13 粉末冶金材料的分类与性能介绍

类别	性能说明	应用说明
粉末冶金减摩材料	通过在材料孔隙中浸润滑油或在材料成分中加减摩剂或固体润滑剂制得。材料表面间的摩擦系数小，在有限润滑油条件下，使用寿命长、可靠性高；在干摩擦条件下，依靠自身或表层含有的润滑剂，即具有自润滑效果。主要用于制造轴承、支承衬套等	电风扇轴承
粉末冶金多孔材料	由球状或不规则形状的金属或合金粉末经成型、烧结制成。材料内部孔道纵横交错、互相贯通，一般有30%～60%的体积孔隙度，孔径为1～100μm。透过性能和导热性能、导电性能好，耐高温、低温，抗热振，抗介质腐蚀。主要用于制造过滤器、多孔电极、灭火装置、防冻装置等	过滤器
粉末冶金结构材料	能承受拉伸、压缩、扭曲等载荷，并能在摩擦磨损条件下工作。由于材料内部有残余孔隙存在，其延展性和冲击值比化学成分相同的铸锻件低，从而使其应用范围受限。但是由于成型方便，所以很多低载小尺寸的传动件可用该材料制造	用在低载场合的齿轮
粉末冶金摩擦材料	由基体金属（铜、铁或其他合金）、润滑组元（铅、石墨、二硫化钼等）、摩擦组元（二氧化硅、石棉等）三部分组成。其摩擦系数高，能很快吸收动能，制动、传动速度快、磨损小；强度高，耐高温，导热性好；抗咬合性好，耐腐蚀，受油脂、潮湿影响小。主要用于制造离合器和制动器	离合器
粉末冶金工具材料	粉末冶金工具材料包括硬质合金、粉末冶金高速钢等。后者组织均匀，晶粒细小，没有偏析，比熔铸高速钢韧性和耐磨性好，热处理变形小，使用寿命长	硬质合金车刀
粉末冶金电磁材料	粉末冶金电磁材料包括电工材料和磁性材料。电工材料中，用作电能头材料的有金、银、铂等贵金属的粉末冶金材料和以银、铜为基体添加钨、镍、铁、碳化钨、石墨等制成的粉末冶金材料；用作电极的有钨铜、钨镍铜等粉末冶金材料；用作电刷的有金属-石墨粉末冶金材料	电刷
粉末冶金高温材料	粉末冶金高温材料包括粉末冶金高温合金、难熔金属和合金、金属陶瓷、弥散强化和纤维强化材料等。适用于制造高温下使用的涡轮盘、喷嘴、叶片及其他耐高温零部件	涡轮叶片

☆ **基础能力训练**

某汽车要进行轻量化设计，其中改变材料是一个重要的途径。将一些原先由钢铁材料制造的零件改用非铁金属材料会显著减小汽车的重量。试分析，汽车中哪些零件可用非铁金属材料制造。

2.4 金属材料的热处理及应用

热处理是对固态金属或合金采用适当方式加热、保温和冷却，以获得所需要的组织结构与性能的加工方法。

金属热处理是机械制造中的重要工艺之一，与其他加工工艺相比，热处理一般不改变工件的形状和整体的化学成分,而是通过改变工件内部的显微组织,或改变工件表面的化学成分,赋予或改善工件的使用性能。其特点是改善工件的内在质量,而这一般不是肉眼所能看到的。为使金属工件具有所需要的力学性能、物理性能和化学性能,除合理选用材料和各种成型工艺外,热处理工艺往往是必不可少的。钢铁是机械工业中应用最广的材料,钢铁显微组织复杂,可以通过热处理予以控制,所以钢铁的热处理是金属热处理的主要内容。另外,铝、铜、镁、钛等及其合金也都可以通过热处理改变其力学性能、物理性能和化学性能,以获得不同的使用性能。

金属热处理工艺大体可分为整体热处理、表面热处理和化学热处理三大类。根据加热介质、加热温度和冷却方法的不同,每一大类又可区分为若干不同的热处理工艺。同一种金属采用不同的热处理工艺,可获得不同的组织,从而具有不同的性能。钢铁是工业上应用最广的金属,而且钢铁显微组织也最为复杂,因此钢铁热处理工艺种类繁多,常用的热处理设备如图2-38~图2-40所示。

图2-38 箱式电阻炉

图2-39 真空热处理炉

图2-40 台车式热处理炉

2.4.1 金属材料整体热处理

整体热处理是对工件整体加热,然后以适当的速度冷却,获得需要的金相组织,以改变其整体力学性能的金属热处理工艺。钢铁整体热处理大致有正火、退火、淬火和回火等基本工艺,见表2-14。

表2-14 热处理基本工艺

类 别	工艺方法	目 的	应用说明
正火	将钢材或钢件加热到钢的上临界点温度以上30~50℃保持适当时间后,在静止的空气中冷却的热处理的工艺	提高低碳钢的力学性能,改善切削加工性,细化晶粒,消除组织缺陷,为后面的热处理做好准备	用于加工汽车曲轴的球墨铸铁,可以通过正火来提高强度、硬度和耐磨性
退火	将钢材或钢件加热到适当的温度后保持一定的时间,然后缓慢冷却的热处理工艺	降低金属材料的硬度,提高塑性,以利切削加工或压力加工,提高组织和成分的均匀化,或为后面的热处理做好组织准备等	锻造过的锤头毛坯往往硬度较高,需要经过退火才能上铣床加工
淬火	将钢材或钢件加热到某一温度后保持一定的时间,然后以适当的冷却速度冷却的热处理工艺	提高材料的硬度、强度和耐磨性,为后面的热处理做好组织准备等	重载场合的齿轮需要很高的硬度和耐磨性,可以通过淬火来实现
回火	将钢材或钢件淬硬后,再加热到某一温度,并保温一定时间,然后冷却到室温的热处理工艺	消除钢件在淬火时所产生的应力,使钢件具有高的硬度和耐磨性,并具有所需要的塑性和韧性等	为了防止淬火过的齿轮因内应力太大发生变形或断裂,可以通过回火消除
调质	将钢材或钢件进行淬火及高温回火的复合热处理工艺	调质处理能提高材料综合力学性能	轻载场合的齿轮可通过调质处理而获得硬度、强度、韧性都较好的综合力学性能

2.4.2 金属材料表面热处理

1. 表面淬火

表面淬火是将钢件的表面层淬透到一定的深度,而心部仍保持未淬火状态的一种局部淬火的方法。表面淬火是通过快速加热,使钢件表面很快升到淬火的温度,在热量来不及穿到工件心部就立即冷却,实现局部淬火。**表面淬火的目的**在于获得高硬度、高耐磨性的表面,而心部仍然保持原有的良好韧性,常用于齿轮、花键、机床导轨等,如图2-41~图2-43所示。

图2-41 齿轮表面淬火

图2-42 花键表面淬火

图2-43 机床导轨表面淬火

表面淬火采用的快速加热方法有多种,如电感应、火焰、电接触、激光等,目前应用最广的是电感应加热法。电感应加热表面淬火就是在一个感应线圈中通以一定频率的交流电,使感应线圈周围产生频率相同的交变磁场,置于磁场中的工件就会产生与感应线圈频率相同、方向相反的感应电流,这个电流叫**涡流**。由涡流所产生的电阻热使工件表层被迅速加热到淬火温度,随即向工件喷水,将工件表层淬硬。

2. 渗碳淬火

渗碳是指使碳原子渗入到钢表面层的过程,也是使低碳钢的工件具有高碳钢的表面层,再经过淬火和低温回火,使工件的表面层具有高硬度和耐磨性,而工件的中心部分仍然保持着低碳钢的韧性和塑性。渗碳工艺广泛用于飞机、汽车和拖拉机等的机械零件,如齿轮、轴、凸轮轴等。

☆ **基础能力训练**

向墙面钉钉子,发现钉子的硬度不够,每次都被打弯也无法钉入墙体。试分析采用何种热处理的方法可以解决这个问题。

2.5 常用非金属材料

非金属材料是由非金属元素或化合物构成的材料。自19世纪以来,随着生产和科学技术的进步,尤其是无机化学和有机化学工业的发展,人类以天然的矿物、植物、石油等为原料,制造和合成了许多新型的非金属材料,如水泥、人造石墨、特种陶瓷、合成橡胶、合成树脂、合成纤维等。这些非金属材料因具有各种优异的性能,为天然的非金属材料和某些金属材料所不及,从而在近代工业中的用途不断扩大,并迅速发展。本节将主要介绍机械工程中常用的高分子材料、陶瓷材料、复合材料。

2.5.1 高分子材料

高分子材料是以高分子化合物为基础的材料。高分子材料是由相对分子质量较高的化合物构成的材料,包括橡胶、塑料、纤维、涂料、胶粘剂和高分子基复合材料,高分子是生命存在的形式。所有的生命体都可以看作是高分子的集合。

高分子材料按来源分为天然、半合成和合成高分子材料。天然高分子是生命起源和进化的基础。人类社会一开始就利用天然高分子材料作为生活资料和生产资料，并掌握了其加工技术。如利用蚕丝、棉、毛织成织物，用木材、棉、麻造纸等。19世纪30年代末期，进入天然高分子化学改性阶段，出现半合成高分子材料。1907年出现合成高分子酚醛树脂，标志着人类应用合成高分子材料的开始。现代，高分子材料已与金属材料、无机非金属材料相同，成为科学技术、经济建设中的重要材料。

最常用的高分子材料为塑料和橡胶两大类，相关性能介绍见表2-15。

表2-15 常用高分子材料性能介绍

系列	材料名称	性能简介	应用举例
塑料	聚乙烯（PE）	是乙烯经聚合制得的一种热塑性树脂。无臭、无毒、手感似蜡，具有优良的耐低温性能，化学稳定性好，能耐大多数酸碱的侵蚀，吸水性小，电绝缘性能优良	塑料瓶
	聚丙烯（PP）	无毒、无味，密度小，强度、刚度、硬度、耐热性均优于聚乙烯。具有良好的电性能和高频绝缘性不受湿度影响，但低温时变脆、不耐磨。适于制作一般机械零件、耐腐蚀零件和绝缘零件	汽车保险杠
	聚甲基丙烯酸甲酯（PMMA）（亚克力）	聚甲基丙烯酸甲酯俗称**有机玻璃**，是迄今为止合成透明材料中质地最优异、价格又比较适宜的品种。是无毒、环保的材料，可用于生产餐具、卫生洁具等，具有良好的化学稳定性和耐蚀性	显示屏面板
	聚氯乙烯（PVC）	本色为微黄色半透明状，有光泽；透明度胜于聚乙烯、聚丙烯，随助剂用量不同，分为软、硬聚氯乙烯，软制品柔而韧，手感粘，硬制品的硬度高于低密度聚乙烯，而低于聚丙烯。常见制品有板材、管材等	排水管
	丙烯腈-丁二烯-苯乙烯塑料（ABS）	微黄色固体，有一定的韧性，抗酸、碱、盐的腐蚀能力比较强，是综合力学性能十分优秀的塑料品种，不仅具有良好的刚性、硬度和加工流动性，而且具有高韧性特点，可以注塑、挤出或热成型	汽车门把手
	聚四氟乙烯（PTFE）（F-4）	俗称**塑料王**，具有抗酸、抗碱、抗各种有机溶剂的特点，几乎不溶于所有的溶剂。同时，聚四氟乙烯具有耐高温的特点，它的摩擦系数极低，所以除可用作润滑外，也成了不粘锅和水管内层的理想涂料	抗腐蚀垫圈
	聚酰胺（尼龙）（PA）	俗称**尼龙**，其品种数量繁多，如增强尼龙、单体浇铸尼龙、反应注射成型尼龙、芳香族尼龙、透明尼龙、高抗冲尼龙、电镀尼龙、导电尼龙、阻燃尼龙，可满足不同特殊要求，是最重要的工程塑料	尼龙脚轮
	聚甲醛（POM）（赛钢）	是高密度、高结晶度的热塑性工程塑料，具有良好的物理、力学和化学性能，尤其是有优异的耐摩擦性能。熔点明显，一旦达到熔点，熔体黏度迅速下降。当温度超过一定限度或熔体受热时间过长，会分解	童车外壳
	酚醛塑料（PF）	是一种硬而脆的热固性塑料，以酚醛树脂为基材的塑料的总称，是最重要的热固性塑料的一类，广泛用作电绝缘材料、家具零件、日用品、工艺品等	电话外壳

(续)

系列	材料名称	性能简介	应用举例
塑料	环氧树脂（EP）	对金属和非金属材料的表面具有优异的粘接强度，介电性能良好，收缩率小，制品尺寸稳定性好，硬度高，柔韧性较好，对碱及大部分溶剂稳定，因而广泛应用于国防、国民经济各部门	工艺品粘合剂
	脲醛塑料（UF）（电玉）	除具有热固性塑料的通性之外，还具有两个特性：一是优良的耐电弧性能，因此可专门用于制造汽车、摩托车等引擎中的发火零件；二是无臭、无味，色泽美观，故常用来生产各种生活用品	开关面板
橡胶	天然橡胶	在常温下具有较高的弹性，稍带塑性，具有非常好的机械强度，滞后损失小，在多次变形时生热低，因此其耐屈挠性也很好，并且因为是非极性橡胶，所以电绝缘性能良好	拖鞋
	丁苯橡胶（SBR）	潜水料，是一种合成橡胶发泡体，手感细腻，柔软，富有弹性，具有防振、保温、弹性、不透水、不透气等特点。近年来，随着成本的不断降低，已经成为应用领域不断拓宽拓展的新型材料	轮胎
	顺丁橡胶（BR）	耐寒性、耐磨性和弹性特别优异，动负荷下发热少，耐老化性尚好，易与天然橡胶、氯丁橡胶或丁腈橡胶并用	传动带
	丁腈橡胶（NBR）	耐油性极好，耐磨性较高，耐热性较好，粘接力强。其缺点是耐低温性差、耐臭氧性差，电性能低劣，弹性稍低。广泛用于制造各种耐油橡胶制品、多种耐油垫圈、垫片、套管、软包装等	O形密封圈
	硅橡胶	无味、无毒，不怕高温和抵御严寒的特点，在300℃和-90℃时仍不失原有的强度和弹性。硅橡胶还有良好的电绝缘性、抗氧化性、耐光、抗老化性以及防霉性、化学稳定性等	按键

2.5.2 陶瓷材料

陶瓷材料是用天然或合成化合物经过成型和高温烧结制成的一类无机非金属材料。它具有高熔点、高硬度、高耐磨性、耐氧化等优点，可用于制作结构材料、刀具材料。由于陶瓷还具有某些特殊的性能，所以又可作为功能材料。

陶瓷材料分为普通陶瓷材料和特种陶瓷材料两大类，见表2-16。

表2-16 常用陶瓷材料性能介绍

类别	材料名称	性能介绍	应用举例
普通陶瓷材料	日用陶瓷	主要成分是粘土、氧化铝、高岭土等。硬度较高，但可塑性较差。除了在食器、装饰上使用外，在科学技术的发展中亦扮演重要角色。陶瓷原料是地球原有的大量资源粘土经过烧制而成	陶瓷茶具

（续）

类别	材料名称	性能介绍	应用举例
普通陶瓷材料	建筑陶瓷	按制品材质分为粗陶、精陶、半瓷和瓷质四类；按坯体烧结程度分为多孔性、致密性以及带釉、不带釉制品。其共同特点是强度高、防潮、防火、耐酸、耐碱、不褪色、易清洁、美观等	陶瓷马桶
普通陶瓷材料	电绝缘陶瓷	电绝缘陶瓷又称为**装置陶瓷**，是在电子设备中作为安装、固定、支撑、保护、绝缘、隔离的陶瓷材料。具有良好的导热性，耐腐蚀，不变形，可在-55～+860℃温度范围内使用，具有良好的力学性能	陶瓷热水器
普通陶瓷材料	化工陶瓷	具有优异的耐腐蚀性（除氢氟酸和浓热碱外），在所有无机酸和有机酸等介质中，其耐腐蚀性、耐磨性、不污染介质等性能远非耐酸不锈钢所能及	陶瓷抗腐蚀管道
特种陶瓷材料	结构陶瓷	耐高温，耐腐蚀，高强度，其强度为普通陶瓷的2～3倍，高者可达5～6倍。其缺点是脆性大，不能受突然的环境温度变化。用途极为广泛，可用作坩埚、发动机火花塞、高温耐火材料、阀门等	陶瓷阀芯
特种陶瓷材料	工具陶瓷	主要以立方氮化硼（CBN）为代表，具有立方晶体结构，其硬度高，仅次于金刚石，热稳定性和化学稳定性比金刚石好，可用于淬火钢、耐磨铸铁、热喷涂材料等材料的切削加工	陶瓷砂轮
特种陶瓷材料	功能陶瓷	功能陶瓷通常具有特殊的物理性能，如热电性、压电性、强介电性、高透明度、电发色效应、硬磁性、阻抗温度变化效应、热电子放射效应等	陶瓷摩擦片

2.5.3 复合材料

复合材料是由两种或两种以上不同性质的材料，通过物理或化学的方法，将其组成具有新性能的材料。各种材料在性能上互相取长补短，产生协同效应，使复合材料的综合性能优于原组成材料而满足各种不同的要求。

复合材料的基体材料分为金属和非金属两大类。金属基体常用的有铝、镁、铜、钛及其合金。非金属基体主要有合成树脂、橡胶、陶瓷、石墨、碳等。增强材料主要有玻璃纤维、碳纤维、硼纤维、芳纶纤维、碳化硅纤维、石棉纤维、晶须、金属丝和硬质细粒等。

复合材料中以纤维增强材料应用最广、用量最大。其特点是比重小、比强度和比模量大。例如，碳纤维与环氧树脂复合的材料，其比强度和比模量均比钢和铝合金大数倍，还具有优良的化学稳定性、减摩耐磨、自润滑、耐热、耐疲劳、耐蠕变、消声、电绝缘等性能。石墨纤维与树脂复合可得到膨胀系数几乎等于零的材料。常用复合材料性能介绍见表2-17。

表 2-17　常用复合材料性能介绍

类别	基体	性能介绍	应用举例
玻璃纤维复合材料	热固性树脂	俗称**玻璃钢**，抗拉、抗弯、抗压刚度高，冲击韧性高，收缩性小	 汽车仪表盘
	热塑性树脂	抗拉、抗弯、抗压、蠕变强度高，密度小，冲击韧性小，耐热性不好，耐蚀性良好	 汽车覆盖件
碳纤维复合材料	合成树脂	密度比铝小，抗拉强度比钢高，弹性模量高，摩擦系数小，耐水	 人造卫星外壳
	碳或石墨	耐磨性高，刚度高，强度高，冲击韧度高，化学稳定性与尺寸稳定性好	 战斗机材料
	陶瓷	高温强度高、弹性模量高、抗弯强度高，可在 1200～1500℃下长期工作	 涡轮叶片
	金属	弹性模量高、耐磨性好、比强度高	 超轻自行车
硼纤维复合材料	环氧树脂	强度高，硬度与弹性模量高，耐蚀耐水，导热性好，导电性好	 直升机螺旋桨
	金属铝等	400～500℃时的高温强度高	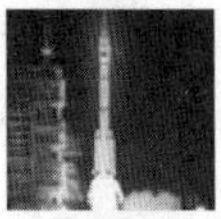 火箭材料
碳化硅纤维复合材料	合成树脂	强度极高，高温化学稳定性好，使用温度可达 1370℃	 航空航天材料

☆ **基础能力训练**

新型复合材料，如碳纤维材料，有强度大、刚度好、质量轻等多个优点，但尚且没有普遍应用到日常生活中，试分析原因。

☆ **综合项目分析**

如图 2-1 所示，我们可以看到在一辆汽车的制造中用了很多种不同的材料来生产相应的零部件。那么为什么会有这么多种材料？根据什么来选择材料？为了解答这样的问题，下面分析一下这些零件对材料的性能要求。

以车身中框架、风窗玻璃和保险杠三个零部件为例进行分析。框架是整个车身的骨架，起到了支撑的作用，因此框架的材料需要有很好的强度和刚度。同时框架的重量与汽车整体重量又密切相关，为了减小重量实现轻量化设计，因此需要质量小的材料。另外还要考虑汽车的框架主要是通过锻压机械和模具作用成型的，同时还需要点焊焊接，因此框架的材料要有很好的塑性和焊接性能等工艺方面的性能。经过综合比较，最后选择了铁碳钢的冷轧钢板。

现将项目背景中所有零件材料的需求特性做简要分析整理，见表2-18。

表2-18 汽车中部分零件的选材要求

部件		零件	图片	对材料性能要求	选材
汽车	发动机	活塞		1. 要有足够的强度和刚度 2. 质量小，摩擦系数小 3. 要具备优良的导热性	铝合金
		连杆		1. 要有足够的强度和塑性 2. 要有很高的疲劳强度 3. 要求具有良好的综合力学性能	40Cr （合金钢）
		曲轴		1. 要有足够的强度和刚度 2. 要有良好的冲击韧性 3. 要有很高的耐磨性	球墨铸铁
	变速器	齿轮		1. 要求有足够的强度和刚度 2. 要求具有外硬心软的力学性能 3. 要求有很高的抗疲劳性	20CrMnTi （合金钢）
		滚动轴承		1. 要有足够的接触疲劳强度 2. 要有足够的韧性和耐磨性 3. 要对润滑剂有较好的抗腐蚀性	轴承钢
		壳体		1. 要有足够的强度和刚度 2. 要具有良好的减振性能 3. 要有良好的成型工艺性	灰铸铁
	车身	车身结构		1. 要有足够的强度和刚度 2. 要求质量小，实现轻量化 3. 要有较好加工工艺性能	冷轧钢板
		风窗玻璃		1. 要有足够的强度和刚度 2. 要有优良的透光性 3. 要有很好的成型工艺性	夹层钢化玻璃
	车身	保险杠		1. 要有足够的强度和韧性 2. 要有良好的吸收冲击力的性能 3. 要有良好的成型工艺性	PP （聚丙烯）
	内饰	顶棚		1. 要有良好的隔声和隔温性能 2. 要有良好的阻燃性 3. 要有良好的成型工艺性	复合纤维板
		仪表板		1. 要有足够的强度 2. 要有很好的化学稳定性 3. 要有很好的成型工艺性	ABS （工程塑料）
		安全带		1. 要有优良的延伸性 2. 要有良好的能量吸收性 3. 要有很好的耐久性	尼龙

通过表2-18分析可知，不同的零件有不同的工作状况，对材料自然也有不同的要求。所以选择合适的材料一定要了解零件的工作特性，同时还要综合考虑使用性能和工艺性能等多方面的因素。

归纳总结

1．了解、识别常用普通碳素结构钢、优质碳素结构钢、合金钢材料的特性、使用工况以及牌号。

2．了解、识别常用铝合金、铜合金等合金材料的特性、使用工况以及牌号。

3．了解常用高分子材料、陶瓷材料以及符合材料的特性和使用案例。

思考与练习 2

2-1 说明下列牌号属于哪类钢，并说明其符号及数字含义。

Q235-A 20 65Mn T8 T12A 45 08F ZG270-500 20CrMnTi 60Si2Mn 9SiCr GCr15 ZGMn13 W18Cr4V 1Cr18Ni9

2-2 通过观察实物、上网、查阅资料等形式，了解机床、自行车、空调中的常用金属材料，说明原因并写出调研报告。

2-3 通过观察实物、上网、查阅资料等形式，了解家电（如电冰箱、洗衣机和抽油烟机）中的常用非金属材料、表面处理情况及发展趋势，开展课堂讨论。

第三模块
工程构件的受力分析与承载能力分析

第3单元 工程构件的受力分析

能力目标

能根据工程构件的工作情况构建力学模型。
能区别常见约束力类型,并能对工程构件进行受力分析。
能对简单平面力系进行定量分析。

学习目标

理解静力学的基本概念——刚体、力、平衡和约束;掌握静力学公理及其应用范围。
掌握工程中常见的约束和约束反力的画法,能熟练而正确地画出物体的受力图。
理解平面力系的合成和平衡条件,能利用平衡条件求解平面汇交力系的平衡问题。

学习重点和难点

静力学公理及其推论。
柔性约束、光滑面约束、铰链约束的特征及约束反力的画法。
物体的受力分析和受力图绘制。
合力投影定理、力的平移定理、平面任意力系的简化。

项目背景

在生活或生产中经常会见到各种机器或机构,如果要分析其工作原理或动力传动路线,则需分析和判断各构件的受力情况,为了使大家能够学会构件的受力分析,本单元将以图3-1所示的工件夹紧机构为例进行分析介绍。工件能否被夹紧机构夹紧直接关系到工件的加工精度,其工作过程为活塞杆 D 在液压油作用下,推动摆杆 AOB 绕 O 点转动,AOB 杆的 A 端推动钳子夹紧工件。

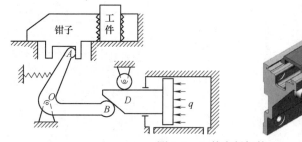

扫描看动画

图 3-1 工件夹紧机构

项目要求

工程构件在实际工作中必然会承受工作载荷,分析载荷的类型、大小、方向及作用点对判断机械工作性能至关重要。本单元就要学习如何根据构件的工况来构建力学模型进行受力分析并进行简单定量分析的方法。

知识准备

3.1 静力学基本概念及其公理

工程构件的受力分析是研究物体在力系的作用下处于平衡与利用平衡条件解决未知力的问题,平衡是运动的特殊情形,是指物体相对于惯性参考系(如地面)保持静止或匀速直线运动的状态。

3.1.1 静力学基本概念

1. 刚体

刚体就是在力的作用下不发生变形的物体。这样的物体实际上并不存在,只是对物体进行抽象简化后的一种理想模型。因此,在静力学中研究物体的平衡问题时,常将物体看作是刚体。

2. 物系

由若干个刚体组成的系统称为**物体系统**,简称**物系**。

3. 力的概念

力是物体间的相互机械作用,这种作用使物体的运动状态发生改变(包括变形)。图 3-2 中,力使物体的运动状态发生改变;图 3-3 中,力使物体产生变形。前者称为**力的外效应**。后者称为**力的内效应**。

图 3-2 小车的运动

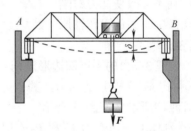

图 3-3 吊车梁的变形

4. 力的三要素及表示方法

(1) **力的三要素** 力对物体的效应决定于力的三要素:力的大小、方向和作用点。改变三要素中的任何一个要素,力对物体的作用效应也将随之改变。

(2) **力的表示方法** 力是矢量,常用一个带箭头的线段来表示。通常用黑体字母(如 F 表示)代表力矢,以字母 F 代表力的大小。在国际单位制中,力的单位为牛(N)或千牛(kN)。

5. 力系

力系是指作用于物体上的一组力。若物体在力系的作用下处于平衡状态,这种力系称为**平衡力系**。力系平衡所满足的条件称为**平衡条件**。

3.1.2 静力学公理

静力学公理是人类从反复实践中总结出来的,它的正确性已被人们所公认,这些公理是研究力系简化和平衡的主要依据。

1. 公理1 二力平衡公理

刚体若仅受两个力作用而平衡,其必要与充分的条件是:这两个力必等值、反向、共线,如图3-4所示。

在两个力的作用下保持平衡的构件称为**二力构件**，因为工程上大多数二力构件是杆件，所以常简称为**二力杆**。二力杆可以是直杆，也可以是曲杆。图3-5b所示结构的曲杆BC就是二力构件。二力杆的**受力特点**是：两个力的方向必在二力作用点的连线上。

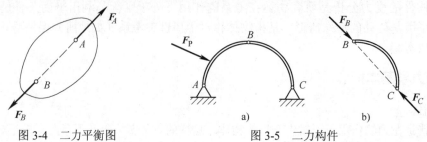

图3-4 二力平衡图　　　　　　　图3-5 二力构件

2．公理2　加减平衡力系公理

在任意一个作用有已知力系的刚体上，可随意加上或减去一平衡力系，不会改变原力系对刚体的作用效应。

推论1　力的可传性原理

作用于刚体上某点的力，可以沿其作用线移到刚体内任一点，而不会改变此力对刚体的作用效应。力的可传性原理如图3-6所示。

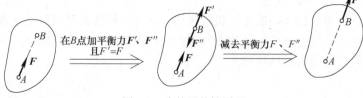

图3-6 力的可传性原理

3．公理3　力的平行四边形法则

作用于刚体某一点的两力，其合力也作用于该点，合力的大小和方向可由这两个力所构成的平行四边形的对角线来表示。

设在刚体上A点有力F_1和F_2作用（见图3-7a），以F_R表示它们的合力。则可写成矢量表达式为

$$F_R = F_1 + F_2 \tag{3-1}$$

作图时可直接将F_2（或F_1）平移连在F_1（或F_2）的末端，通过△ABD（或△ADC）即可求得合力F_R，如图3-7b、c所示。此法称为求二汇交力合成的力的**三角形法则**。

推论2　三力平衡汇交定理

刚体受三个力作用而平衡时，此三个力的作用线必汇交于一点。此推论称为**三力平衡汇交定理**（见图3-8a）。由于三力是平衡的，所以三个力矢量按首尾连接的顺序构成一封闭三角形，或称力的三角形封闭（见图3-8b）。

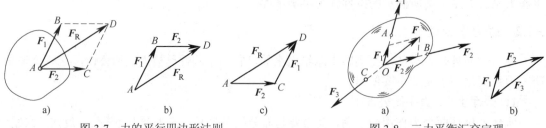

图3-7 力的平行四边形法则　　　　　图3-8 三力平衡汇交定理

4. 公理 4　作用与反作用定律

两刚体间的作用力与反作用力总是同时存在，同时消失，两力等值、反向、共线，分别作用在互相作用的两个刚体上。

3.2　工程中常见的约束

【项目分析】曲柄压力机是钣金生产行业中常用的生产设备，如图 3-9 所示。曲柄作为原动件带动冲头实现作业过程。

请思考：为什么曲柄、冲头能实现预定的运动动作，而不会发生乱动？是什么限制了这些运动构件的运动方式？

3.2.1　约束与约束反力

一物体的空间位置受到周围物体的限制时，这种限制就称为**约束**。图 3-9 所示的曲柄压力机示意图，其导轨是冲头的约束。

约束限制物体运动的力称为**约束反力或约束力**。约束反力的作用点在约束与被约束物体的接触处，约束反力的方向总是与约束所限制的运动或运动趋势的方向相反。约束反力的大小是未知的，在静力学中，可用平衡条件由主动力求出。

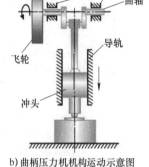

a) 曲柄压力机外观结构图　　b) 曲柄压力机机构运动示意图

图 3-9　曲柄压力机

3.2.2　工程中常见约束的分析与比较

表 3-1 列举了工程中常见的几种约束类型和其约束反力的特点。

表 3-1　工程中常见约束的分析与比较

约束类别	约束特点	约束反力的特点	力学模型的符号表示	
柔性约束	只承受拉力，不承受压力。这类约束只能限制物体沿柔索伸长方向的运动	总是沿柔索伸长方向背离被约束物体，常用符号为 F_T 表示		
光滑面约束	只能限制物体在接触点沿接触面的公法线方向指向约束物体的运动，而不能限制物体沿接触面切线方向的运动	通过接触点沿接触面法向并指向被约束物体。通常用 F_N 表示		

（续）

约束类别		约束特点	约束反力的特点	力学模型的符号表示
光滑铰链约束	固定铰链约束	限制被约束物体间的相对移动，但不限制物体绕销轴的相对转动	约束反力与光滑面约束反力有相同特征，通常用两个通过铰心的正交力 F_x、F_y 来表示	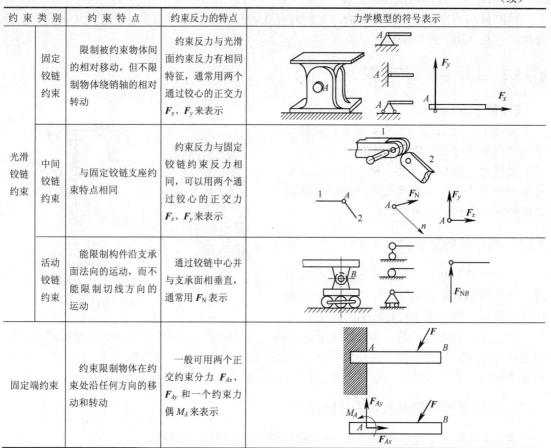
	中间铰链约束	与固定铰链支座约束特点相同	约束反力与固定铰链约束反力相同，可以用两个通过铰心的正交力 F_x、F_y 来表示	
	活动铰链约束	能限制构件沿支承面法向的运动，而不能限制切线方向的运动	通过铰链中心并与支承面相垂直，通常用 F_N 表示	
固定端约束		约束限制物体在约束处沿任何方向的移动和转动	一般可用两个正交约束分力 F_{Ax}、F_{Ay} 和一个约束力偶 M_A 来表示	

项目 3-1　重力为 G 的圆球放在木板 AC 与墙壁 AB 之间，如图 3-10a 所示。设板 AC 重力不计，试作出木板与球的受力图。

分析： 1）先取球为研究对象，作出简图。

以球为研究对象，球上有主动力 G，约束反力有 F_{ND} 和 F_{NE}，均属光滑面约束的法向约束反力。受力图如图 3-10b 所示。

2）取木板 AC 作为研究对象。由于木板的自重不计，故只有 A、C、E 处的约束反力。其中，A 处为固定铰链约束，其约束反力可用一对正交分力 F_{Ax}、F_{Ay} 表示；C 处为柔索约束，其约束反力为拉力 F_T；E 处的约束反力为法向反力 F'_{NE}，要注意该约束反力与球在该处所受约束反力 F_{NE} 为作用与反作用的关系。受力图如图 3-10c 所示。

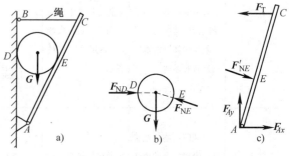

图 3-10　项目 3-1 图

项目 3-2　如图 3-11 所示，画出梁 AC 的受力图。

分析：方法 1　如图 3-11b 所示，以梁 AC 为研究对象，梁 AC 受的主动力为 F_P，A 端为固定铰链约束，约束反力可以用两个大小未知的 F_{Ax}、F_{Ay} 表示，C 端为活动铰链约束，约束反力过铰链中心且与支承面垂直，用 F_{NC} 表示。

方法 2　如图 3-11c 所示，以梁 AC 为研究对象，由于梁 AC 在 F_P、F_{NC} 和 F_A 三力作用下平衡，故可根据三力平衡汇交定理，确定铰链 A 处约束反力 F_A 的方位。D 点为力 F_P、F_{NC} 的交点，当梁 AC 平衡时，约束反力 F_A 的作用线必通过 D 点，至于 F_A 的方位，暂且如图 3-11c 所示，以后由平衡条件确定。

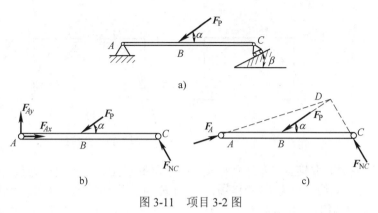

图 3-11　项目 3-2 图

3.3　受力分析与受力图

在静力学中，为了应用物体的平衡条件求解未知力，必须分析所要研究的构件（称为研究对象）上受哪些作用力，并确定每个力的作用位置和方向，这个分析过程称为**物体的受力分析**。把研究对象从与它联系的周围物体中分离出来，研究对象可以单独用简单线条组成的简图来表示，这一过程叫作**解除约束取分离体**。解除约束后的自由物体称为**分离体**。在分离体上画出它所受的全部主动力和约束反力，就称为**该物体的受力图**。

项目 3-3　如图 3-12 所示，用木板在水沟中挑起一重力为 G 的球，接触处光滑无摩擦，试分别用图表示出木板、球的受力情况。

分析：1）图 3-12a 所示为球的受力情况，作用于球的力有：球的重力 G，B 点处木板的约束反力 F_{NB}，A 点沟壁的约束反力 F_{NA}。F_{NA} 和 F_{NB} 均垂直于接触点公法线指向球心。

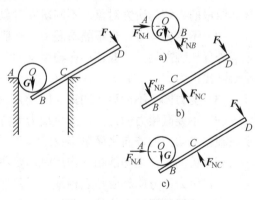

图 3-12　光滑面约束实例

2）图 3-12b 所示为木板的受力情况，作用于木板的力有：B 点处球的压力 F'_{NB}；沟边棱角 C 点处的约束反力 F_{NC}；已知力 F。

3）若取球与板为一个物系（见图 3-12c），则 A、C 两处为外约束，B 处为内约束，因此内力 F_{NB} 和 F'_{NB} 无需画出。

由上述可知，绘制受力图的一般步骤为：

1）确定研究对象，解除约束，画出研究对象的分离体简图。
2）根据已知条件，在分离体简图上画出全部主动力。
3）在分离体的每一约束处，根据约束的类型画出约束反力。

项目 3-4　如图 3-13a 所示的三铰拱，由左右两个半拱通过铰链连接而成。各构件自重不计，在拱 AC 上作用有载荷 F。试分别画出拱 AC、BC 及整体的受力图。

分析：1）取拱 BC 为研究对象，由于拱 BC 自重不计，且只在 B、C 两处受到铰链约束，因此，拱 BC 为二力构件，在铰链中心 B、C 处分别受 F_B、F_C 两力的作用，且 $F_B = -F_C$，如图 3-13b 所示。

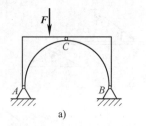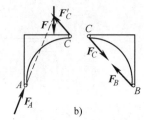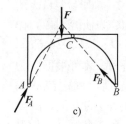

图 3-13 三铰拱

2) 取拱 AC 为研究对象，由于自重不计，因此主动力只有载荷 F，拱在 C 处受有拱 BC 对它的约束反力 F'_C 的作用，F'_C 与 F_C 互为反作用力。拱在 A 处受固定铰支座对它的约束反力 F_A 的作用，其方向可用三力平衡汇交定理来确定，如图 3-13b 所示。也可以根据固定铰链的约束特征，用两个大小未知、相互正交的分力 F_{Ax}、F_{Ay} 表示 A 处的约束反力。

3) 取整体为研究对象，由于 C 处所受的力 F'_C 与 F_C 为作用与反作用关系，这些力为系统内力，内力对系统的作用相互抵消，因此可以除去，并不影响整个系统平衡，故内力在整个系统的受力图上不必画出，也不能画出。在受力图上只需画出系统以外的物体对系统的作用力，这种力称为**外力**。整个系统的受力如图 3-13c 所示。

画受力图时，必须注意以下几点：

（1）**必须明确研究对象** 根据求解需要，可以取单个物体为研究对象，也可以取由几个物体组成的系统为研究对象，不同研究对象的受力图是不一样的。

（2）**不要多画力，也不要漏画力** 一般先画已知的主动力，再画约束反力；凡是研究对象与外界接触之处，一般都存在约束反力。当画某个物系的受力图时，只需画出全部外力，不必画出内力。

（3）**受力图上不能再带约束** 即受力图一定要画在分离体上。

（4）**不要画错力的方向** 约束反力的方向必须严格地按照约束的类型来画，不能单凭直观或根据主动力的方向来简单推论。

在分析两物体之间的相互作用时，要注意作用力与反作用力关系，作用力的方向一旦确定，反作用力的方向就应与之相反，不要把箭头方向画错。

（5）**正确判断二力构件** 若机构中有二力构件，则应先分析二力构件的受力，然后再分析其他作用力。

3.4 平面力系

【项目分析】如图 3-14 所示的液压夹紧机构中，B、C、D、E 为光滑铰链。根据上一节所学知识，你已能分析机构中各构件的受力情况，并画出各构件的受力图。如果已知力 F 及机构平衡时的角度，你能否求此时工件 H 所受的压紧力？

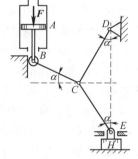

图 3-14 液压夹紧机构示意图

3.4.1 平面汇交力系

图 3-15 所示为各工程实例，力系中各力的作用线均在同一平面内，这种力系称为**平面力系**。在平面力系中各力作用线均汇交于一点的力系称为**平面汇交力系**。

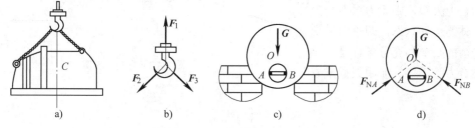

图 3-15　平面汇交力系应用实例

1. 平面汇交力系合成的几何法

设刚体上作用一个平面汇交力系 F_1、F_2、F_3、F_4，各力汇交于 A 点（见图 3-16a），根据力的可传性，可将这些力沿其作用线移到 A 点，得到一个平面汇交力系（见图 3-16b）。其合力 F_R 可连续使用力的三角形法则来求得。如图 3-16c 所示，先作 F_1 与 F_2 的合力，再将 F_{R1} 与 F_3 合成为力 F_{R2}；依此类推，最后求出 F_{R2} 与 F_4 的合力 F_R。力 F_R 即为该平面汇交力系的合力，可用矢量式表示为

$$F_R = F_1 + F_2 + F_3 + F_4$$

由图 3-16c 可见，求合力 F_R 时，只需将各力首尾相接，形成一条折线，最后连其封闭边，从共同的始端 A 指向 F_4 的末端所形成的矢量即为合力 F_R 的大小与方向。此法称为**力的多边形法则**。

由多边形法则求得的合力 F_R，其作用点仍为各力的汇交点，而且合力 F_R 的大小、方向与各力相加次序无关（见图 3-16d）。

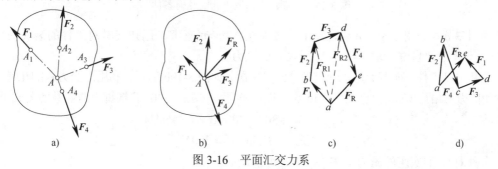

图 3-16　平面汇交力系

若平面汇交力系包含 n 个力，以 F_R 表示它们的合力，上述关系可用矢量表达式表述为

$$F_R = F_1 + F_2 + \cdots + F_n = \sum_{i=1}^{n} F_i \tag{3-2}$$

项目 3-5　在 O 点作用有四个平面汇交力，如图 3-17 所示。已知 $F_1 = 100\text{N}$，$F_2 = 100\text{N}$，$F_3 = 150\text{N}$，$F_4 = 200\text{N}$，用几何作图法求力系的合力 F_R。

分析：选用比例尺如图所示，将 F_1、F_2、F_3、F_4 首尾相接依次画出，得到力多边形 $abcd$，其封闭边就表示合力 F_R。量得

$$F_R = 170\text{N} \quad \theta = 78°$$

合力的作用点仍在 O 点。

2. 平面汇交力系平衡的几何条件

若作用于某刚体的平面汇交力系的合力为零，则此力系不会改变该刚体的运动状态，即平面汇交力系平衡的必要和充分条件是：该力系的合力等于零。如用矢量式表示，即

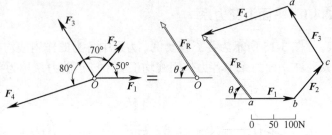

图 3-17 项目 3-5 图

$$\sum_{i=1}^{n} \boldsymbol{F}_i = \boldsymbol{0} \tag{3-3}$$

在几何法中，式（3-3）表示力系中各力组成的力多边形自行封闭（见图 3-18），上述条件亦被称为**平面汇交力系平衡的几何条件**。

用几何法解题所获得解答的精确程度依赖于作图的质量。

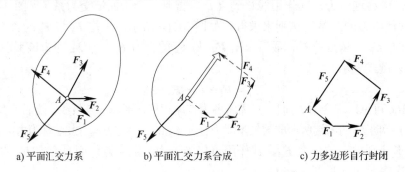

a) 平面汇交力系　　　b) 平面汇交力系合成　　　c) 力多边形自行封闭

图 3-18 平面汇交力系平衡的几何条件

项目 3-6 如图 3-19 所示，一工件装夹在 V 形底座上，已知夹具对工件的装夹力 $F = 400\text{N}$，不计工件自重，求工件对 V 形底座的压力。

分析：以工件为研究对象，画出工件的受力图，如图 3-19b 所示，利用汇交力系的几何法画出封闭的力三角形 abc，由已知条件可得 $\angle cba = 60°$，$\angle bca = 30°$，根据三角函数的公式可得：

$$F_{NA} = F\cos 30° = 200\sqrt{3}\text{N} = 346.4\text{N}$$

$$F_{NB} = F\sin 30° = 200\text{N}$$

工件对 V 形底座的压力与 F_{NA}、F_{NB} 等值反向。

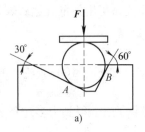 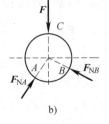 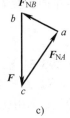

a)　　　　　　　　　　b)　　　　　　　　　　c)

图 3-19 项目 3-6 图

3．平面汇交力系合成的解析法与平衡的解析条件

(1) 力在坐标轴上的投影 力 F 在坐标轴上的投影定义为：过力的两端向坐标轴引垂线（见图3-20），得垂足 a、b、a_1、b_1。线段 ab 和 a_1b_1 分别为 F 在 x 轴和 y 轴上投影的大小。**投影的正负号规定为**：从 a 到 b（或从 a_1 到 b_1）的指向与坐标轴正向相同为正，相反为负。F 在 x 轴和 y 轴上的投影分别计为 F_x、F_y。

若已知 F 的大小及其与 x 轴的夹角（锐角）α，则有

$$\left. \begin{array}{l} F_x = \pm F\cos\alpha \\ F_y = \pm F\sin\alpha \end{array} \right\} \quad (3\text{-}4)$$

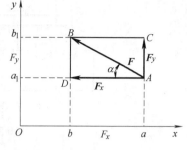

图 3-20 力在坐标轴上投影

如将 F 沿直角坐标轴方向分解，则所得分力 F_x、F_y 的值与力 F 在同轴上的投影 F_x、F_y 的绝对值相等。但必须注意，力在轴上的投影是代数量，而分力是矢量，不可混为一谈。

若已知 F_x、F_y，则可求出 F 的大小和方向，即

$$\left. \begin{array}{l} F = \sqrt{F_x^2 + F_y^2} \\ \tan\alpha = |F_y/F_x| \end{array} \right\} \quad (3\text{-}5)$$

(2) 平面汇交力系合成的解析法 设刚体上作用有一个平面汇交力系 F_1、F_2、$\cdots$、F_n，据式 (3-2) 有

$$F_R = F_1 + F_2 + \cdots + F_n = \sum F$$

将上式两边分别向 x 轴和 y 轴投影，即有

$$\left. \begin{array}{l} F_{Rx} = F_{1x} + F_{2x} + \cdots + F_{nx} = \sum F_x \\ F_{Ry} = F_{1y} + F_{2y} + \cdots + F_{ny} = \sum F_y \end{array} \right\} \quad (3\text{-}6)$$

式 (3-6) 即为**合力投影定理**：<u>力系的合力在某轴上的投影，等于力系中各力在同一轴上投影的代数和</u>。

若进一步按式 (3-6) 运算，即可求得合力的大小及方向，即

$$\left. \begin{array}{l} F_R = \sqrt{(\sum F_x)^2 + (\sum F_y)^2} \\ \tan\alpha = |\sum F_y / \sum F_x| \end{array} \right\} \quad (3\text{-}7)$$

(3) 平面汇交力系平衡的解析条件 平衡条件的解析表达式称为**平衡方程**。由式 (3-7) 可知平面汇交力系的平衡条件是

$$\left. \begin{array}{l} \sum F_x = 0 \\ \sum F_y = 0 \end{array} \right\} \quad (3\text{-}8)$$

上式称为**平面汇交力系的平衡方程**。

项目 3-7 如图 3-21a 所示，一圆柱体放置于夹角为 α 的 V 形槽内，并用压板 D 夹紧。已知压板作用于圆柱体上的压力为 F。试求槽面对圆柱体的约束反力。

分析：1) 取圆柱体为研究对象，画出其受力图，如图 3-21b 所示。

2) 选取坐标系 xOy。

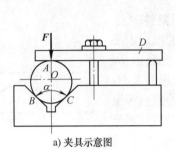
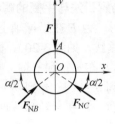

扫描看动画

a) 夹具示意图　　　　b) 工件受力分析图

图 3-21　工件装夹机构

3) 列平衡方程式，求解未知力，由式（3-7）得：

$$\sum F_x = 0 \qquad F_{NB}\cos\frac{\alpha}{2} - F_{NC}\cos\frac{\alpha}{2} = 0 \qquad (1)$$

$$\sum F_y = 0 \qquad F_{NB}\sin\frac{\alpha}{2} + F_{NC}\sin\frac{\alpha}{2} - F = 0 \qquad (2)$$

由式（1）得　　　　　　　　　　$F_{NB} = F_{NC}$

由式（2）得　　　　　　　　　　$F_{NB} = F_{NC} = \dfrac{F}{2\sin\dfrac{\alpha}{2}}$

4) 讨论：由结果可知 F_{NB} 与 F_{NC} 均随几何角度 α 而变化，角度 α 越小，则压力 F_{NB} 或 F_{NC} 就越大，因此，α 不宜过小。

3.4.2　力矩与平面力偶系

【项目分析】图 3-22 所示为钳工用丝锥攻螺纹，实际操作时往往用双手而不是用单手攻螺纹，其原因是什么呢？为了回答这些问题，本节将学习力矩和力偶的概念、力偶的性质、平面力偶系的合成与平衡条件及力的平移定理等知识。

1. 力对点之矩

用扳手拧螺母时（见图 3-23），力 F 对螺母拧紧的转动效果不仅与力 F 的大小有关，而且与转动中心 O 到力 F 的作用线的垂直距离 h 有关。因此，在力学中以物理量 Fh 及其转向来度量力使物体绕点 O 转动的效应，这个量称为力 F 对 O 点之矩，简称**力矩**，并记作

$$M_O(F) = \pm Fh \qquad (3-9)$$

式中，点 O 称为**矩心**；h 称为**力臂**；Fh 表示力使物体绕点 O 转动效果的大小，而正负号则表明：$M_O(F)$ 是一个代数量，可以用来度量力对物体的转动效应。正负号则表示力矩的转动方向，一般规定：**逆时针转向为正，顺时针转向为负**。力矩的单位为牛·米（N·m）。

从几何上看，力 F 对点 O 的力矩在数值上等于三角形 OAB 面积的两倍，如图 3-24 所示。

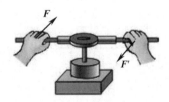
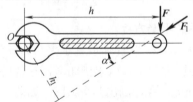
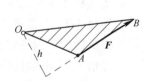

图 3-22　力偶应用实例　　　图 3-23　扳手拧螺母　　　图 3-24　力矩的计算

由力矩的定义和式（3-9）可知：

1）当力的作用线通过矩心时，力臂为零，力矩值为零。

2）力沿其作用线滑移时，不会改变力矩的值，因为此时并未改变力、力臂的大小及力矩的转向。

在计算力系的合力对某点的矩时，有时力臂的计算较繁琐，而将合力分解计算各分力对某点的力矩较简单，合力矩定理建立了合力对某点的力矩与其分力对同一点的力矩之间的关系。**合力矩定理**：平面汇交力系的合力对平面上任一点的力矩，等于力系中各分力对同点力矩的代数和。

$$M_O(F) = \sum M_O(F_i) \quad (3\text{-}10)$$

项目 3-8 如图 3-25a 所示，直齿圆柱齿轮的齿面受一啮合角 $\alpha=20°$ 的法向压力 $F_n=2\text{kN}$ 的作用，齿轮分度圆直径 $d=60\text{mm}$。试计算该力对轴心 O 的力矩。

分析 1：按力对点之矩的定义，有

$$M_O(F_n) = F_n h = F_n \frac{d}{2}\cos\alpha = 2 \times 30 \times \cos 20° \text{N·m}$$
$$= 56.4 \text{ N·m}$$

分析 2：按合力矩定理。

将 F_n 沿半径的方向分解成一组正交的圆周力 $F_t = F_n\cos\alpha$ 与径向力 $F_r = F_n\sin\alpha$。

有
$$M_O(F_n) = M_O(F_t) + M_O(F_r)$$
$$= F_t d/2 + 0 = F_n \cos\alpha \cdot d/2 = 2 \times \cos 20° \times 30 \text{N·m} = 56.4 \text{ N·m}$$

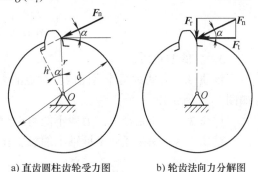

a) 直齿圆柱齿轮受力图 　　b) 轮齿法向力分解图

图 3-25　直齿圆柱齿轮的齿面受力情况

2. 力偶的概念

（1）力偶的定义　如本小节的项目分析所示，一对等值、反向、不共线的平行力组成的力系，称为**力偶**，用记号 (F, F') 表示，其中 $F = -F'$，组成力偶 (F, F') 的两个力的作用线所在的平面称为**力偶作用面**；力 F 和 F' 作用线之间的垂直距离 d 称为**力偶臂**。

（2）力偶的三要素　力偶对物体的转动效应取决于下列三要素：

1）力偶矩的大小；2）力偶的转向；3）力偶作用面的方位。

其中力偶矩为 F 与力偶臂 d 的乘积，即

$$M(F, F') = M = \pm Fd \quad (3\text{-}11)$$

力偶矩的大小也可以通过力与力偶臂组成的三角形面积的两倍来表示，如图 3-26 所示，即：$M = \pm 2\triangle OAB$。

正负号表示力偶的转动方向，一般规定，逆时针转动的力偶取正值，顺时针转动的力偶取负值。力偶矩的单位为 N·m 或 N·mm。

（3）力偶的等效条件　平面力偶的等效是指三要素相同的力偶可以相互置换，而不改变对刚体的作用效果。

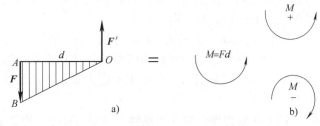

图 3-26　力偶矩的计算及符号表示

在保持力偶三要素不变的条件下，力偶可以：1）在作用平面内任意移动；2）可以改变力偶中力的大小、方向以及力偶臂的大小。

图 3-27 各图中力偶的作用效应都相同。力偶的力臂、力及其方向既然都可改变，就可简明地以一个带箭头的弧线并标出值来表示力偶，如图 3-27d 所示。

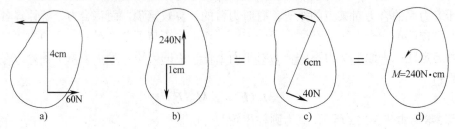

图 3-27 平面力偶的等效

3．力偶的性质

性质 1 力偶对其作用面内任意点的力矩恒等于此力偶的力偶矩，与矩心的位置无关。如图 3-28 所示。

性质 2 力偶无合力，力偶不能用一个力来代替。

性质 3 力偶在任何坐标轴上的投影和恒为零。如图 3-29 所示。

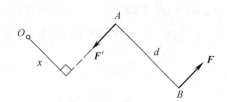

图 3-28 力偶矩与矩心无关

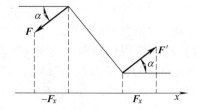

图 3-29 力偶在坐标轴上的投影和为零

4．平面力偶系的合成与平衡

由两个或两个以上的力偶组成的系统，称为**平面力偶系**。

（1）平面力偶系的合成 若在刚体上有若干个力偶作用，则其合力偶矩为

$$M = M_1 + M_2 + \cdots + M_n = \sum M_i$$

即合力偶的力偶矩等于平面力偶系中各个力偶矩的代数和。

项目 3-9 用多头钻床在水平放置的工件上同时钻四个直径相同的孔，如图 3-30 所示。每个钻头的切削力偶矩 $M_1 = M_2 = M_3 = M_4 = -15\text{N}\cdot\text{m}$，求工件受到的总切削力偶矩的大小。

分析：取工件为研究对象，作用于工件上的力偶有四个，在同一平面内，根据合力偶定理即可求出工件所受到的总切削力偶矩的大小。

$$M = M_1 + M_2 + M_3 + M_4 = 4 \times (-15)\text{N}\cdot\text{m} = -60\text{N}\cdot\text{m}$$

上式中负号表示总切削力偶顺时针转动，在机械加工中需要根据总切削力偶矩来考虑夹紧装置及设计夹具。

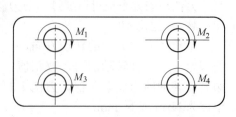

图 3-30 水平放置的工件

（2）平面力偶系的平衡条件 平面力偶系平衡的必要和充分条件是：**力偶系中各力偶矩的代数和等于零**，即

$$\sum M_i = 0 \tag{3-12}$$

项目 3-10 四连杆机构在图 3-31 所示位置平衡，已知 $OA = 60\text{cm}$，$O_1B = 40\text{cm}$，作用在摇杆 OA 上的力偶矩 $M_1 = 1\text{N}\cdot\text{m}$，不计杆自重，求力偶矩 M_2 的大小。

分析：1）受力分析。

先取 OA 杆为研究对象，受力分析如图 3-31b 所示，杆上作用有主动力偶矩 M_1，根据力偶平衡条件可知，在杆的两端点 O、A 上作用有大小相等、方向相反的一对力 F_O 及 F_A 与 M_1 平衡，而连杆 AB 为二力杆，所以 F_A

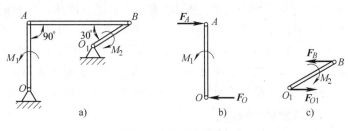

图 3-31 四连杆机构

的作用方向被确定。再取 O_1B 杆为研究对象，受力分析如图 3-31c 所示，此时杆上作用一个待求力偶 M_2，此力偶与作用在 O_1、B 两端点上的约束反力构成的力偶平衡。

2）对受力图 3-31b 列平衡方程

$$\sum M = 0 \quad M_1 - F_A \times OA = 0 \tag{1}$$

所以

$$F_A = \frac{M_1}{OA} = \frac{1\text{N}\cdot\text{m}}{60\text{cm}} = 1.67\text{N}$$

3）对受力图 3-31c 列平衡方程

$$\sum M = 0 \quad F_B \times O_1B\sin 30° - M_2 = 0 \tag{2}$$

因为

$$F_B = F_A = 1.67\text{N}$$

故由式（2）得

$$M_2 = F_A \times O_1B\sin 30° = 1.67 \times 0.4 \times 0.5\text{N}\cdot\text{m} = 0.33\text{N}\cdot\text{m}$$

5．力的平移定理

假设在刚体上的 A 点作用一力 F，如图 3-32a 所示，为了使这一力能够等效地平移到刚体的其他任意一点（如 O 点），先在 O 施加一对大小相等、方向相反的平衡力系（F，F'），这一对力的数值与作用在 A 点的力 F 数值相等，作用线与 F 平行，如图 3-32b 所示。

根据加减平衡力系公理，施加上述平衡力系后，力对刚体的作用效应不会发生改变。增加平衡力系后，作用在 A 点的力 F 与作用在 O 点的力 F' 组成一个力偶，称为**附加力偶**，此力偶矩 M 等于力 F 对 O 之矩，即

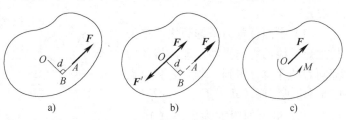

图 3-32 力向一点平移的结果

$$M = M_O(\boldsymbol{F}) = \pm Fd \tag{3-13}$$

于是原来作用在 A 点上的力 F，就与作用在 O 点的平移力 F 和附加力偶 M 等效替换，如图 3-32c 所示。

由上述分析可得**力的平移定理**：作用在刚体上的力 F，可以平移到刚体上任一点 O，但必须附加一力偶，此附加力偶的力偶矩等于原作用力对新作用点 O 之矩。

3.4.3 平面任意力系

【项目分析】 图 3-33a 所示为曲轴冲床简图,曲轮Ⅰ、连杆 AB 和冲头 B 组成。OA=R,AB=l。忽略摩擦和自重,当 OA 在水平位置、冲压力为 F 时系统处于平衡状态。请问:1)你能分析并画出曲轮、连杆及冲头的受力图吗?2)利用所学的知识你能求出冲头对导轨的侧压力吗?3)利用所学知识,你能求出作用在曲轮Ⅰ上的力偶矩 M 的大小吗?我们发现利用前面所学知识很容易解决前两个问题,但为了解决第 3)个问题,本节还将学习平面任意力系的简化、平面任意力系的平衡方程及应用等内容。

经过分析可知:

1)冲头 B 承受平面汇交力系作用(见图 3-33b),连杆 AB 为二力杆(见图 3-33c),曲轮承受平面任意力系作用(见图 3-33d)。

2)由于冲头承受平面汇交力系作用,在已知冲压力 F 的情况下,只要利用平面汇交力系的平衡方程式就可求出冲头对导轨的侧压力 F_N 和连杆 AB 受的力 F_B'。

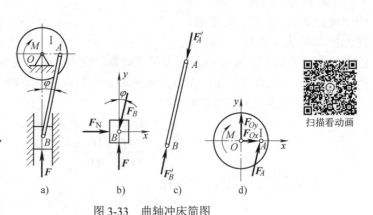

图 3-33 曲轴冲床简图

3)由于曲轮Ⅰ承受平面任意力系作用,难以利用已学过的平面汇交力系平衡和力偶系平衡方程,求解力偶矩 M 的大小。

1. 平面任意力系的简化

各力的作用线在同一平面内任意分布的力系称为**平面任意力系**。它是工程实际中最常见的一种力系,工程计算中的许多实际问题都可以简化为平面任意力系问题来处理。

(1)平面任意力系的简化,主矢与主矩 根据力的平移定理,将各力都向 O 点平移,得到一个汇交于 O 点的平面汇交力系(F_1'、F_2'、…、F_n'),以及一组相应的附加力偶系(M_1、M_2、…、M_n),如图 3-34b 所示,其中:

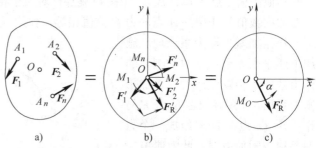

图 3-34 平面力系的简化过程与简化结果

$$F_1' = F_1, \quad F_2' = F_2, \quad \cdots, \quad F_n' = F_n$$
$$M_1 = M_O(F_1), \quad M_2 = M_O(F_2), \quad \cdots, \quad M_n = M_O(F_n)$$

1)平面汇交力系 F_1'、F_2'、…、F_n',可以合成为一个作用于 O 点的合矢量 F_R',如图 3-34c 所示。

$$F_R' = \sum F_i' = \sum F_i \tag{3-14}$$

它等于力系中各力的矢量和,单独的 F_R' 不能和原力系等效,它被称为原力系的**主矢**。

2）附加平面力偶系 M_1、M_2、$\cdots$、M_n 可以合成为一个合力偶矩 M_O，即

$$M_O = M_1 + M_2 + \cdots + M_n = \sum M_O(\boldsymbol{F}) \tag{3-15}$$

同理，M_O 改称为**主矩**，其大小和转向与简化中心的选择有关。

平面任意力系向任一点简化，其结果为作用在简化中心的一个主矢与一个在作用平面上的主矩。

（2）平面任意力系简化结果的讨论 平面任意力系向平面任意点 O 简化，一般可得到主矢 $\boldsymbol{F}'_R$ 和主矩 M_O，但这并不是简化的最终结果，进一步分析可能出现四种情况，参见表 3-2。

表 3-2 平面任意力系简化结果

序号	简化结果	结果说明
1	$F'_R=0$，$M_O=0$	物体在此力系作用下处于平衡状态
2	$F'_R=0$，$M_O\neq 0$	力系简化后，无主矢，而最终简化为一个力偶，其力偶矩就等于力系的主矩，与简化中心无关
3	$F'_R\neq 0$，$M_O=0$	力系的简化结果是一个力，而且这个力的作用线恰好通过简化中心
4	$F'_R\neq 0$，$M_O\neq 0$	简化结果为力螺旋，有主矢和主矩

2. 平面任意力系的平衡方程及应用

平面任意力系平衡的必要与充分条件为：力系的主矢和对任意点的主矩都等于零。即

$$\boldsymbol{F}'_R = \sum \boldsymbol{F}_i = \boldsymbol{0} \tag{3-16}$$

$$M_O = \sum M_O(\boldsymbol{F}) = 0 \tag{3-17}$$

将上组式子改写成为力的投影形式，可以得到表 3-3 中的三种形式。

表 3-3 平面任意力系平衡方程的投影形式

基本形式	二矩式	三矩式
$\sum F_x = 0$ $\sum F_y = 0$ $\sum M_O(\boldsymbol{F}) = 0$	$\sum F_x = 0$ 或 $\sum F_y = 0$ $\sum M_A(\boldsymbol{F}) = 0$ $\sum M_B(\boldsymbol{F}) = 0$	$\sum M_A(\boldsymbol{F}) = 0$ $\sum M_B(\boldsymbol{F}) = 0$ $\sum M_C(\boldsymbol{F}) = 0$

项目 3-11 无重水平梁的支承和载荷如图 3-35a 所示。已知 $F = qa$、力偶矩 $M = qa^2$ 的力偶。求支座 A 和 B 处的约束反力。

分析：选梁 AB 为研究对象，受力分析如图 3-35b 所示，列平衡方程，得

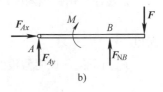

图 3-35 无重水平梁

$$\sum F_x = 0 \quad F_{Ax} = 0$$

$$\sum M_A(\boldsymbol{F}) = 0 \quad F_{NB} \times 2a - F \times 3a - M = 0$$

$$F_{NB} = (F \times 3a + M)/2a = 2qa$$

$$\sum F_y = 0 \quad F_{Ay} - F + F_{NB} = 0$$

$$F_{Ay} = F - F_{NB} = qa - 2qa = -qa$$

3. 平面任意力系平衡问题的解题步骤

若物体在平面任意力系的作用下平衡，则可利用平衡方程根据已知量去求解未知量。其步骤为：

1）确定研究对象，画出受力图。应取有已知力和未知力作用的物体，画出其分离体的受力图。

2）列平衡方程并求解。适当选取坐标轴和矩心。若受力图上有两个未知力互相平行，则可选垂直于此二力的坐标轴，列出投影方程。如不存在两未知力平行，则选任意两未知力的交点为矩心列出力矩方程，先行求解。一般水平和垂直的坐标轴可画可不画，但倾斜的坐标轴必须画。

☆ 综合项目分析

图 3-36a 所示为曲轴冲床简图，曲轮 I、连杆 AB 和冲头 B 组成。$OA = R$，$AB = l$。忽略摩擦和自重，当 OA 在水平位置、冲压力为 **F** 时系统处于平衡状态。求：1）作用在轮 I 上的力偶矩 M 的大小；2）轴承 O 处的约束反力；3）连杆 AB 受的力；4）冲头对导轨的侧压力。

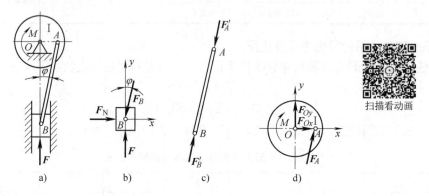

图 3-36 曲轴冲床简图

分析：1）首先以冲头为研究对象。冲头受冲压阻力 **F**、导轨约束反力 F_N 以及连杆（二力杆）的作用力 F_B 作用，受力如图 3-36b 所示，为一平面汇交力系。

设连杆与铅直线间的夹角为 φ，按图示坐标轴列平衡方程：

$$\sum F_y = 0 \qquad F - F_B \cos\varphi = 0$$

所以
$$F_B = F / \cos\varphi$$

F_B 为正值，说明假设的 F_B 的方向与实际方向相符，即连杆受压力（见图 3-36c）。

$$\sum F_x = 0 \qquad F_N - F_B \sin\varphi = 0$$

所以
$$F_N = F_B \sin\varphi = F \tan\varphi = F \frac{R}{\sqrt{l^2 - R^2}}$$

冲头对导轨侧压力的大小等于 F_N，方向与 F_N 相反。

2）再以曲轮 I 为研究对象。曲轮 I 受平面任意力系作用，包括力偶矩为 M 的力偶，连杆作用力 F_A 以及轴承的约束反力 F_{Ox}、F_{Oy}（见图 3-36d）。按图示坐标轴列平衡方程：

$$\sum M_O(F) = 0 \qquad F_A \cos\varphi R - M = 0$$

又因为
$$F_A = F_B$$

所以
$$M = F_A\cos\varphi R = FR$$
$$\sum F_x = 0 \qquad F_{Ox} + F_A\sin\varphi = 0$$
$$F_{Ox} = -F_A\sin\varphi = -F\frac{R}{\sqrt{l^2-R^2}}$$
$$\sum F_y = 0 \qquad F_{Oy} + F_A\cos\varphi = 0$$
$$F_{Oy} = -F_A\cos\varphi = -F$$

上式中负号说明力 F_{Ox}、F_{Oy} 的方向与图示假设的方向相反。

归纳总结

1. 理解并识别常见工程约束，如柔性约束、光滑面约束、光滑铰链约束以及固定端约束等。
2. 能区别平面汇交力系、平面力偶系、平面任意力学，并进行简单的定量计算。

思考与练习 3

3-1 回答下列问题：
1）图 3-37a 中所示三铰拱架上的作用力 F，可否依据力的可传性原理把它移到 D 点？为什么？
2）图 3-37b、c 中所画出的两个力三角形各表示什么意思？二者有什么区别？

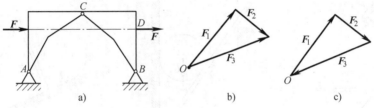

图 3-37 题 3-1 图

3-2 图 3-38 所示各物体受力图是否正确？若有错误请改正。

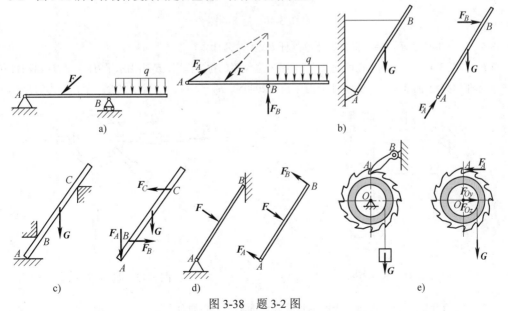

图 3-38 题 3-2 图

3-3 画出图 3-39 中每个标注字符物体的受力图，未画重力的物体的重量均不计，所有接触处均为光滑接触。

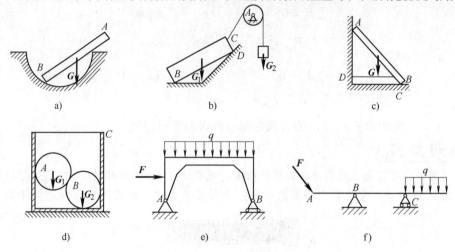

图 3-39 题 3-3 图

3-4 画出图 3-40 所示各杆的受力图，杆件的重量均不计。

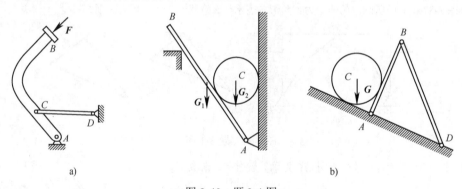

图 3-40 题 3-4 图

3-5 如图 3-41 所示，能否将力 F 平移到杆 BC 上，为什么？

3-6 如图 3-42 所示，固定在墙壁上的圆环受三条绳索的拉力作用，F_1 力沿水平方向，力 F_3 沿铅直方向，力 F_2 与水平线夹角为 40°。三力的大小分别为 $F_1 = 2000\text{N}$、$F_2 = 2500\text{N}$、$F_3 = 1500\text{N}$。试求三力的合力。

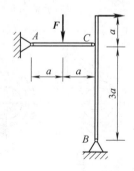

图 3-41 题 3-5 图

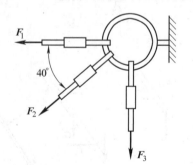

图 3-42 题 3-6 图

3-7 试分别用几何法和解析法求图 3-43 所示平面汇交力系的合力。

3-8 图 3-44 所示为机床夹具中的斜楔增力机构，楔角 $\alpha=10°$，推进斜楔的作用力为 $F_2=300\text{N}$，各接触面摩擦不计。试求立柱对工件的夹紧力 F_1 的值。

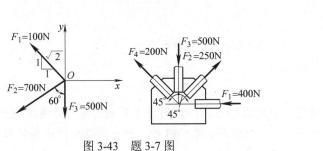

图 3-43 题 3-7 图   图 3-44 题 3-8 图

3-9 一个 450N 的力作用在 A 点，方向如图 3-45 所示，求：1）此力对 D 点的力矩；2）若要得到与 1）相同的力矩，应在 C 点所加水平力的大小与指向；3）要得到与 1）相同的力矩，在 C 点应加的最小力。

3-10 试计算图 3-46 中力 F 对点 O 之矩。

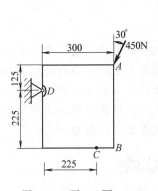
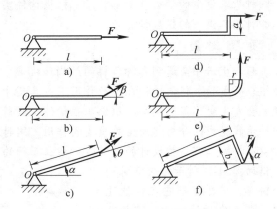

图 3-45 题 3-9 图   图 3-46 题 3-10 图

3-11 如图 3-47 所示，用端铣刀铣削一平面。铣刀有 8 个切削刃，每个切削刃上的切削力 $F_P=450\text{N}$，且作用于切削刃的中点，刀盘外径 $D=180\text{mm}$，内径 $d=90\text{mm}$，固定工件的两螺栓与工件光滑接触，且 $l=600\text{mm}$。求两螺栓 A、B 所受的力。

3-12 如图 3-48 所示的无重水平梁，已知 q、a，且 $F=qa$，$M=qa^2$。试求图示各梁的支座反力。

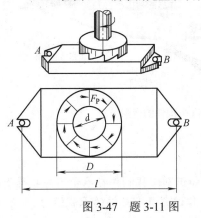
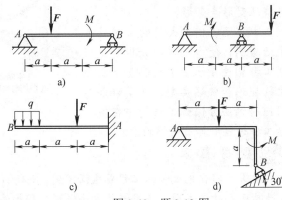

图 3-47 题 3-11 图   图 3-48 题 3-12 图

第4单元 工程构件的承载能力分析

能力目标

能根据工程构件的承载,准确识别工程构件的变形类型。

初步具有分析工程构件承载的能力。

学习目标

理解和掌握强度、刚度、稳定性、内力、应力、许用应力及应力集中等基本概念。

掌握构件承受轴向拉伸与压缩、剪切与挤压、圆轴扭转、平面弯曲四种基本变形的特点。

了解构件承受四种基本变形的强度计算。

学习重点和难点

截面法求解内力。

四种基本变形的受力和变形特点,根据构件实际承载识别变形类型。

四种基本变形的强度计算。

项目背景

工程和生活中会遇到各种各样的结构和机械,不管其结构多么复杂,它们都是由一个个构件组合而成的。任何构件在载荷作用下,其尺寸和形状都会发生变化,当载荷增加到一定程度时会发生变形甚至破坏。识别工程构件在载荷作用下发生的变形和破坏形式,对了解工程构件承载能力的分析起着至关重要的作用。同时通过历史上真实发生的机械工程事故,强化学生对机械工程结构设计的责任心;树立正确的工作态度,在工作过程中切忌过于自负。

借助图 4-1 所示的众所周知的小轿车,简单了解它在行驶过程中,其主要构件会产生何种变形。小轿车主要由发动机、变速器及传动系统等组成,这些组成部件又由许多构件组成,这些构件在载荷作用下会发生拉伸或压缩变形、扭转和弯曲变形、剪切与挤压变形等变形。

本单元将借助大量的工程或生活案例,使我们学会分析和识别工程构件在承受不同载荷下发生的变形和破坏类型,并了解采用何种方法可保证工程构件在实际工作过程中具有足够的承载能力。

图 4-1 汽车构件的变形分析

项目要求

本单元将借助大量的工程或生活案例,使我们学会分析和识别工程构件在承受不同载荷下发生变形和破坏类型,采用何种方法保证工程构件在实际工作过程具有足够的承载能力。

知识准备

4.1 构件承载能力认知

4.1.1 构件的承载能力

对图 4-1 所示的小轿车进行分析可知,机械和工程结构都是由许多构件组成的。构件工作时,会因承受一定的外力(包括载荷和约束反力)而发生变形。当构件所受的外力超过某一限度时,就会丧失承载能力而不能正常工作。为满足机械和工程结构的正常工作,构件应具有足够的承载能力。

构件的承载能力包括以下三个方面:

(1) 强度 强度是指在载荷作用下,构件抵抗破坏的能力。

(2) 刚度 刚度是指在载荷作用下,构件抵抗变形的能力。

(3) 稳定性 稳定性是指受压的细长杆或薄壁构件能够维持原有直线平衡状态的能力。

4.1.2 杆件变形的基本形式

实际构件的形状是多种多样的,简化后可分为杆、板、壳和块,如图 4-2 所示。凡是长度尺寸远远大于其他两个方向尺寸的构件称为**杆**。

图 4-2 构件的形状

杆件在不同载荷作用下,会产生各种不同的变形。杆件基本变形形式有四种,见表 4-1。工程中一些复杂的变形形式均可看成是上述两种或两种以上基本变形形式的组合,称为**组合变形**。

表 4-1 杆件基本变形的四种形式

变形基本形式	工程案例	受力简图
轴向拉伸与压缩	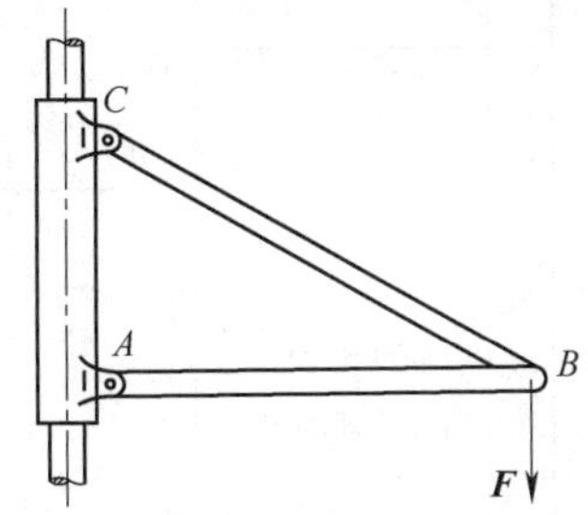	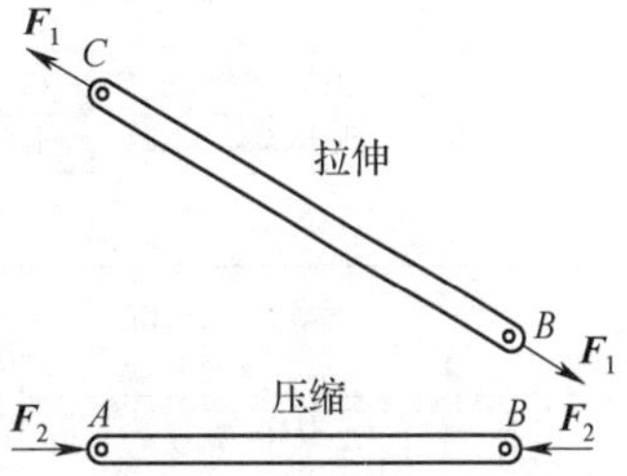 拉伸 / 压缩
剪切与挤压	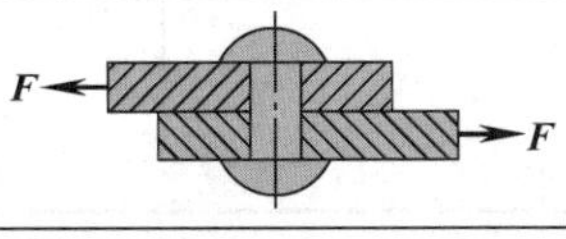	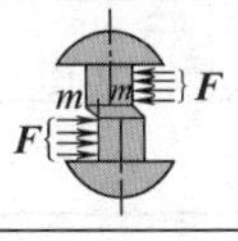
圆轴扭转	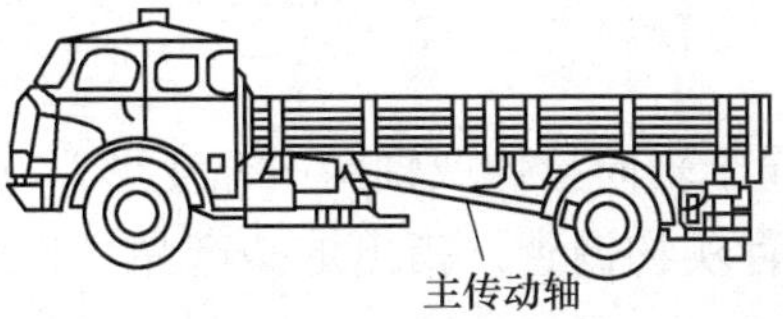 主传动轴	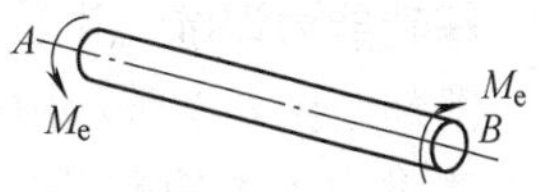

(续)

变形基本形式	工程案例	受力简图
平面弯曲	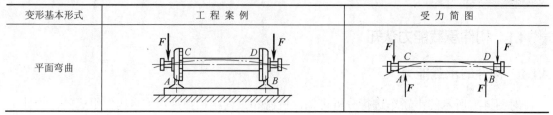	

4.2 轴向拉伸与压缩

4.2.1 轴向拉伸与压缩的概念

如果我们细心地观察和分析表 4-2 所示的各工程案例就会发现，这些杆件的形状和承载方式虽然各不相同，但是它们都具有相同的**受力特点和变形特点**，即作用于杆件上的外力大小相等、方向相反、作用线与杆件的轴线重合；杆件沿轴线方向伸长或缩短，这种变形称**轴向拉伸与压缩变形**，承受轴向拉伸（或轴向压缩）变形的杆为**拉（压）杆**。

表 4-2 轴向拉伸与压缩变形分析

工程案例	轴向拉伸与压缩变形分析	轴向拉伸与压缩计算简图
房屋桁架	受力特点：作用于杆件上的外力大小相等、方向相反、作用线与杆件的轴线重合	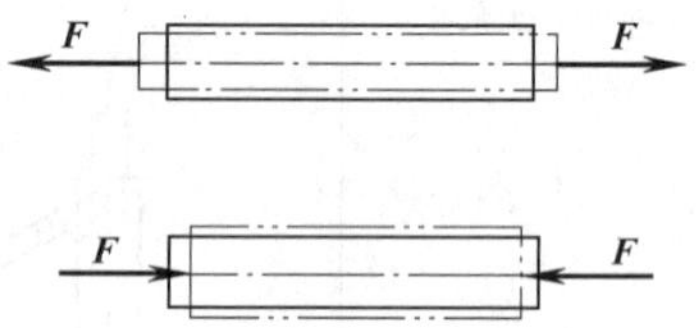
紧固螺栓		
活塞杆	变形特点：杆件沿轴线方向伸长或缩短	

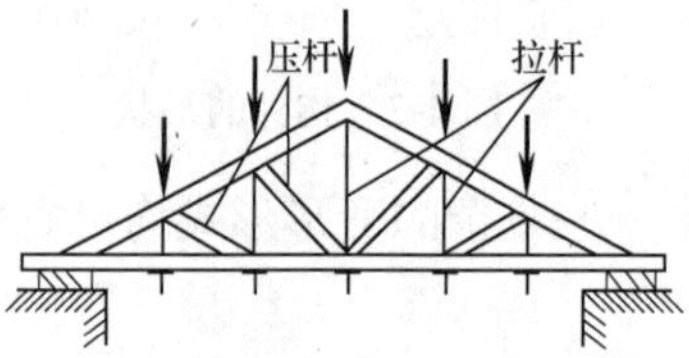

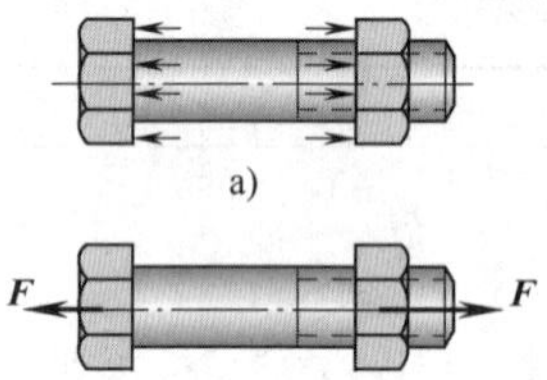

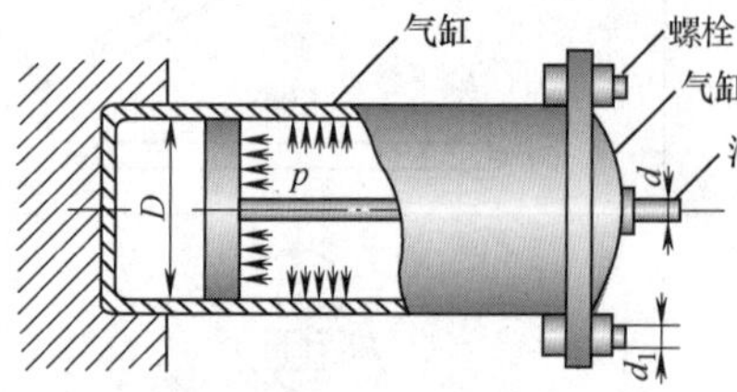

☆ 基础能力训练

1. 试判断图 4-3 所示构件中哪些属于轴向拉伸或轴向压缩变形？
2. 请对你周围的产品（设施）进行实物调查，指出这些产品（设施）中哪些构件发生的变形为轴向拉伸或轴向压缩变形？

4.2.2 拉（压）杆的内力与应力

1．内力与截面法

研究构件的承载能力时，把构件所承受的作用力分为外力和内力。**外力**是指其他构件对研究对象的作用力，包括载荷、约束反力；**内力**是指构件为抵抗外力作用，在其内部产生相互作用的力，如图4-4所示。构件横截面上的内力随着外力的增大而增大，当增大到某一极限值时，构件将发生破坏。

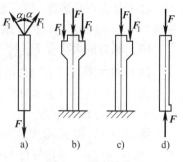

图 4-3 受力构件

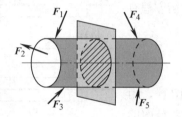 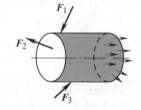 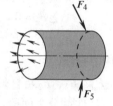

图 4-4 截面的内力

通常采用截面法求构件内力，用截面法求内力可归纳为四个字：

（1）**截** 欲求某一横截面的内力，沿该截面将构件假想地截成两部分。

（2）**取** 取其中任意部分为研究对象，而弃去另一部分。

（3）**代** 用作用于截面上的内力，代替弃去部分对留下部分的作用力。

（4）**平** 建立留下部分的平衡条件，由外力确定未知的内力。

截面法是求内力最基本的方法，但必须**注意**，应用截面法求内力时，截面不能选在外力作用点所处的截面上。

2．轴力与轴力图

（1）**轴力** 由于产生轴向拉伸与压缩变形的构件，其内力**垂直**于杆的横截面，且作用线与杆的轴线重合，因此称这种内力为**轴力**，常用符号 F_N 表示（见图4-5c、d）。

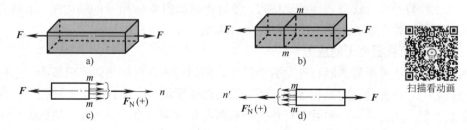

图 4-5 截面法

如图4-5a所示，拉杆在外力 F 的作用下处于平衡，利用截面法可求得轴力 F_N 的大小。图4-5c 取杆件的左端为研究对象，列平衡方程有

$$\sum F_x = 0, \quad F_N - F = 0$$

得

$$F_N = F$$

（2）轴力符号规定　为了区别拉伸、压缩两种变形，对轴力的正负号规定如下：产生拉伸变形，轴力为正；反之杆件受压，轴力为负（见图 4-5c、d）。轴力的单位为牛（N）或千牛（kN）。

（3）轴力的大小　$F_N(F'_N)$ = 截面一侧所有外力的代数和

（4）轴力图　表示轴力沿杆轴线方向变化的图形称为**轴力图**。常取横坐标 x 表示横截面的位置，纵坐标值表示横截面上轴力的大小，正的轴力（拉力）画在 x 轴的上方，负的轴力（压力）画在 x 轴的下方。

项目 4-1　图 4-6a 所示的等截面直杆受轴向力 $F_1 = 15\text{kN}$、$F_2 = 10\text{kN}$ 的作用。求出杆件 1-1、2-2 截面的轴力，并画出轴力图。

分析：1）外力分析。

解除约束后，画杆件的受力图如图 4-6b 所示。列平衡方程有

$$\sum F_x = 0, \quad F_A - F_1 + F_2 = 0$$

得

$$F_A = F_1 - F_2 = 15\text{kN} - 10\text{kN} = 5\text{kN}$$

2）内力分析。

外力 F_A、F_1、F_2 将杆件分为 AB 段和 BC 段，在 AB 段，用 1-1 截面将杆件截分为两段，取左段为研究对象，右段对截面的作用力用 F_{N1} 来代替。假定内力 F_{N1} 为正，如图 4-6c 所示。列平衡方程有

$$\sum F_x = 0 \quad F_{N1} + F_A = 0$$

得

$$F_{N1} = -F_A = -5\text{kN}$$

所得的结果为负值，表示所设 F_{N1} 的方向与实际相反，F_{N1} 为压力。

在 BC 段，用 2-2 截面将杆件截分为两段，取左段为研究对象，右段对截面的作用力用 F_{N2} 来代替。假定内力 F_{N2} 为正，如图 4-6d 所示。列平衡方程有

$$\sum F_x = 0 \quad F_A - F_1 + F_{N2} = 0$$

得

$$F_{N2} = F_1 - F_A = 15\text{kN} - 5\text{kN} = 10\text{kN}$$

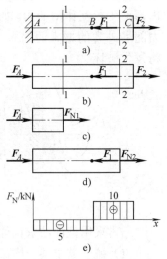

图 4-6　直杆的轴力与轴力图

3）画轴力图。

根据以上计算结果并选取适当的比例尺，便可作出如图 4-6e 所示的轴力图。由轴力图可见，杆的最大轴力发生在 BC 段，其值为 $F_{N2} = 10\text{kN}$。

3．拉（压）杆横截面上的应力

只根据轴力大小并不能判断杆件是否会破坏。例如有两根材料相同但粗细不同的杆件，在相同的拉力下，两杆的轴力是相等的。随着拉力的逐渐增大，细杆必定先被拉断。这说明杆件的强度不仅与轴力有关，而且与杆件的横截面面积有关，为此引入应力的概念。

应力是作用在杆件横截面上单位面积的内力。截面上的应力 p 可以进行分解，其中垂直于截面的应力称为正应力，用 σ 表示；平行于截面的应力称为切应力，用 τ 表示。对于受拉（压）的等截面直杆，内力在横截面上是均匀分布的，且与横截面垂直，其横截面上的应力为拉（压）应力。若用 σ 表示横截面上的正应力，则有

$$\sigma = \frac{F_N}{A} \tag{4-1}$$

式中，F_N 为横截面轴力（N）；A 为横截面面积（m^2）。

正应力 σ 的正负规定与轴力 F_N 一致：拉应力为正，压应力为负。

在国际单位制中，应力的单位是牛/米^2（N/m^2），又称**帕斯卡**，简称帕（Pa）。在实际应用中，这个单位太小，通常使用兆帕（MPa）或吉帕（GPa）。它们的换算关系为：$1N/m^2 = 1Pa$，$1MPa = 10^6 Pa$，$1GPa = 10^9 Pa$。

项目 4-2 蒸汽机的气缸如图 4-7a 所示，气缸内径 $D = 560\text{mm}$，内压强 $p = 2.5\text{MPa}$，活塞杆直径 $d = 100\text{mm}$。试求：活塞杆的正应力。

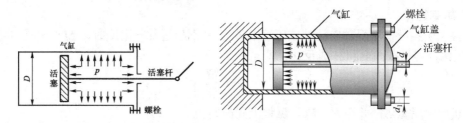

图 4-7 蒸汽机气缸示意图

分析：求活塞杆的正应力。

活塞杆受到的轴力为 $F_N = p \times \dfrac{\pi}{4}(D^2 - d^2)$

活塞杆的正应力为

$$\sigma = \frac{F_N}{A} = \frac{p \times \dfrac{\pi}{4}(D^2 - d^2)}{\dfrac{\pi}{4}d^2} = \frac{2.5 \times (560^2 - 100^2)}{100^2}\text{MPa} = 75.9\text{MPa}$$

4.2.3 拉（压）杆的变形及胡克定律

1. 拉（压）杆的变形

实验表明，当拉杆沿其轴向伸长时，其横向尺寸将缩小（见图 4-8a）；当压杆沿其轴向缩短时，其横向尺寸将增大（见图 4-8b）。

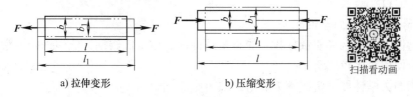

a) 拉伸变形　　b) 压缩变形

图 4-8 拉压杆的变形情况

设 l、b 为等截面直杆变形前的长度与横向尺寸，l_1、b_1 为等截面直杆变形后的长度和横向尺寸，则轴向与横向变形分别为

$$\Delta l = l_1 - l$$
$$\Delta b = b_1 - b$$

Δl 与 Δb 称为**绝对变形**，即总的伸长量或缩短量。

绝对变形的大小并不能反映杆的变形程度，为了度量杆的变形程度，需计算单位长度内的变形量。对于轴力为常量的等截面直杆，其变形处处相同。可将 Δl 除以直杆的原长 l，Δb 除以 b，表示直杆单位长度的变形量，即

$$\varepsilon = \frac{\Delta l}{l} = \frac{l_1 - l}{l} \tag{4-2}$$

$$\varepsilon' = \frac{\Delta b}{b} = \frac{b_1 - b}{b} \tag{4-3}$$

式中，ε 为轴向应变，为无量纲量；ε' 为横向应变，为无量纲量。

2. 胡克定律

实验表明：杆件所受轴向拉伸或压缩的外力 F 不超过某一限度时，Δl 与外力 F 及杆原长 l 成正比，与横截面面积 A 成反比，即

$$\Delta l \propto \frac{Fl}{A} \tag{4-4}$$

引进比例常数 E，并令 $F = F_N$，可将上式改写为

$$\Delta l = \frac{F_N l}{EA} \tag{4-5}$$

式中，E 称为材料的拉（压）**弹性模量**，可用它表明材料的弹性性质，其单位与应力单位相同。

式（4-5）即为**胡克定律**。它表明了在弹性范围内杆件轴力与纵向变形间的线性关系。

各种材料的弹性模量 E 是不同的，E 值可由实验测定。EA 是拉（压）杆的横截面面积 A 和材料弹性模量 E 的乘积，EA 值越大，杆件的变形 Δl 就越小，拉（压）杆抵抗变形的能力就越强，所以，EA 值可表征杆件抵抗轴向拉（压）变形的能力，称为杆件的**抗拉（压）刚度**。

将式（4-1）和式（4-2）代入式（4-5），可得到胡克定律的另一种表达形式，即

$$\sigma = E\varepsilon \tag{4-6}$$

式（4-6）表示在材料的弹性范围内，正应力与轴向应变成正比关系。

4.2.4 拉伸和压缩时材料的力学性能

构件的强度和变形不仅与构件的尺寸和所承受的载荷有关，而且与构件材料的力学性能有关。材料的力学性能是指材料承受外力作用时在强度和变形方面表现的各种性质，材料的力学性能是通过实验获得的。

1. 低碳钢的拉伸力学性能

碳含量低于 0.25%（质量分数）的碳素结构钢，称为**低碳钢**。低碳钢的力学性能比较典型，工程中使用也比较广泛。

低碳钢的力学性能分析在第 2 单元 2.1.1 中已经介绍。由图 4-9 可知，低碳钢的拉伸经历了弹性变形阶段、屈服阶段、强化阶段、缩颈现象四个阶段。

（1）比例极限 σ_p 试件拉伸开始阶段，其应力与应变成直线（Oa）关系，说明材料符合胡克定律 $\sigma = E\varepsilon$。图 4-9 中，直线 Oa 最高点 a 所对应的应力值 σ_p，是符合胡克定律的最大应力值，称为材料的**比例极限**。

胡克定律中的比例常数 E 是反映材料对弹性变形

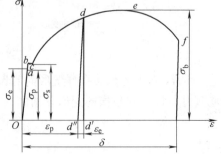

图 4-9 低碳钢的应力–应变图

抵抗能力的一个性能指标，称为**弹性模量**，$E = \dfrac{\sigma}{\varepsilon}$，即直线 Oa 的斜率。对于不同材料，其比例极限 σ_p 和弹性模量 E 也各不相同。如低碳钢中的普通碳素结构钢 Q235，比例极限约为 200MPa，弹性模量约为 200GPa。

（2）屈服强度（或屈服点）σ_s 屈服阶段的最低应力称为**屈服强度**，用 σ_s 表示，屈服强度为

$$\sigma_s = \dfrac{F_s}{A_0} \tag{4-7}$$

应力达到屈服强度时，材料将产生显著的塑性变形。而在工程应用中，零部件都不允许发生过大的塑性变形。当其应力达到材料的屈服强度时，便认为已丧失正常的工作能力。所以屈服强度 σ_s 是衡量塑性材料强度的重要指标。

（3）抗拉强度 σ_b 如图 4-9 中 e 点所对应的应力是试件拉断前所能承受的最大应力值，称为抗拉强度，用 σ_b 表示，抗拉强度为

$$\sigma_b = \dfrac{F_b}{A_0} \tag{4-8}$$

当横截面上的应力达到抗拉强度 σ_b 时，受拉杆件上将开始出现缩颈，并随即发生断裂。因此，抗拉强度 σ_b 是衡量材料强度的另一重要指标。

普通碳素结构钢 Q235 的屈服强度约为 $\sigma_s = 220\text{MPa}$，抗拉强度约为 $\sigma_b = 420\text{MPa}$。

☆ 基础能力训练

1）有一低碳钢试件，由试验测得其应变 $\varepsilon = 0.002$，已知低碳钢的比例极限 $\sigma_p = 200\text{MPa}$，弹性模量 $E = 200\text{GPa}$，问能否利用胡克定律 $\sigma = E\varepsilon$ 计算其正应力？为什么？

2）三种材料的 $\sigma—\varepsilon$ 曲线如图 4-10 所示，试说明哪种材料的强度高？哪种材料的塑性好？哪种材料在弹性范围内的刚度大？

2. 其他几种材料在拉伸时的力学性能

（1）其他塑性材料的力学性能 图 4-11 为其他几种塑性材料的 $\sigma—\varepsilon$ 曲线，它们的 $\sigma—\varepsilon$ 图中没有明显的屈服阶段。对于没有明显屈服阶段的塑性材料，通常人为地规定，把产生 0.2% 残余应变时所对应的应力作为**名义屈服强度**，并用 $\sigma_{0.2}$ 表示（见图 4-12）。

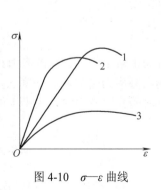
图 4-10 $\sigma—\varepsilon$ 曲线

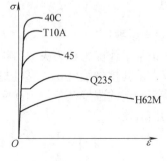
图 4-11 几种塑性材料的 $\sigma—\varepsilon$ 曲线

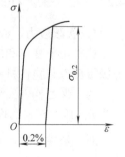
图 4-12 名义屈服强度

（2）铸铁在拉伸时的力学性能 铸铁是工程上广泛应用的脆性材料，如图 4-13 所示，它在拉伸时的 $\sigma—\varepsilon$ 曲线是一段微弯的曲线。由图可看出，应力与应变的关系没有明显的直线

部分,不符合胡克定律,没有屈服阶段;由断后的试件可看出无缩颈现象,断裂是突然出现的。但在应力较小时,也符合胡克定律,且有不变的弹性模量 E。因此,抗拉强度 σ_b 是衡量铸铁强度的唯一指标。

3. 材料压缩时的力学性能

(1) **低碳钢** 图 4-14 中的曲线 1 为低碳钢试件在压缩时的 σ—ε 曲线,将此图与低碳钢拉伸时的 σ—ε 曲线(图 4-14 中的曲线 2)比较,可以看出:在屈服阶段以前,两个图形曲线基本重合,即低碳钢压缩时,弹性模量 E、屈服强度 σ_s 均与拉伸时大致相同。过了屈服阶段,继续压缩时,试件的长度越压越扁,试件的横截面面积也不断地增大,试件不会断裂,所以低碳钢不存在抗压强度。

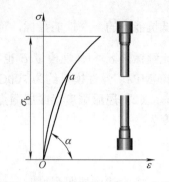

图 4-13 铸铁拉伸时的 σ—ε 曲线

(2) **铸铁** 铸铁压缩时的 σ—ε 曲线(图 4-15 中的曲线 2)与其拉伸时的 σ—ε 曲线(图 4-15 中的曲线 1)相比,受压时的强度极限 σ_{bc} 比拉伸时抗拉强度 σ_b 高 4~5 倍。铸铁试件受压断裂时,其破坏截面与轴线大致成 45° 的倾角,表明铸铁压缩时沿斜截面相对错动而破坏。脆性材料的 σ_{bc} 很高,因此常用于制作承压构件,如机器的底座、外壳和轴承座等受压零部件。

☆ **综合应用能力训练**

现有低碳钢和铸铁两种材料,在图 4-16 所示的简易支架结构中,AB 杆选用铸铁,AC 杆选用低碳钢是否合理?为什么?如何选材才最合理?

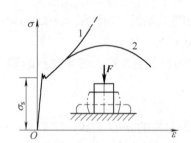

图 4-14 低碳钢试件在压缩时的 σ—ε 曲线

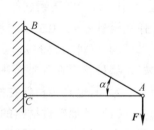

图 4-15 铸铁压缩时的 σ—ε 曲线

图 4-16 简易支架

4.2.5 拉(压)杆的强度计算

1. 极限应力、许用应力与安全系数

构件由于变形和破坏而丧失正常工作能力称为**失效**,材料丧失正常工作能力时的应力称为**极限应力**。脆性材料的极限应力是其抗拉强度 σ_b;塑性材料的极限应力是其屈服强度 σ_s。

为了保证构件安全可靠,需有一定的强度储备,因此应将材料的极限应力除以大于 1 的系数 n,作为材料的许用应力,用 $[\sigma]$ 表示。

对于塑性材料,有

$$[\sigma] = \frac{\sigma_s}{n_s} \tag{4-9}$$

对于脆性材料,有

$$[\sigma] = \frac{\sigma_b}{n_b} \tag{4-10}$$

式中,n_s、n_b 是与屈服强度或抗拉强度相对应的安全系数。

目前一般机械制造中常温、静载情况下，对于塑性材料，取 $n_s=1.5\sim 2.5$；对于脆性材料，由于材料均匀性较差，且易突然破坏，有更大的危险性，所以取 $n_b=2.0\sim 3.5$。工程中对不同的构件选取安全系数时，可查阅有关设计手册。

2．拉（压）杆的强度计算方法

为了保证拉（压）杆安全可靠地工作，必须使杆内的最大工作应力不超过材料的许用应力。于是得到构件轴向拉伸或压缩时的强度条件为

$$\sigma_{\max}=\frac{F_N}{A}\leqslant[\sigma] \quad (4\text{-}11)$$

根据强度条件，可以解决三类强度计算问题：**校核强度、设计截面尺寸、确定许可载荷**三方面的强度计算。

强度计算一般可按以下步骤进行：

（1）外力分析 分析构件所受全部的外力，明确构件的受力特点（例如是否为轴向拉伸或压缩），求解所有外力大小，作为分析计算的依据。

（2）内力计算 用截面法求解构件横截面上的内力，并用平衡条件确定内力的大小和方向。

（3）强度计算 利用强度条件，校核强度、设计横截面尺寸或确定许可载荷。

项目 4-3 蒸汽机的气缸如图 4-7a 所示，气缸内径 $D=560\text{mm}$，内压强 $p=2.5\text{MPa}$，活塞杆直径 $d=100\text{mm}$，许用应力为$[\sigma]=90\text{MPa}$。试校核活塞杆的强度。

分析：在项目 4-2 分析的基础上可知，活塞杆的正应力 $\sigma=75.9\text{MPa}$。

由强度条件可知 $\sigma=79.5\text{MPa}<[\sigma]=90\text{MPa}$，故活塞杆的强度安全。

项目 4-4 三角形结构尺寸及受力如图 4-17a 所示，AB 可视为刚体，CD 为圆截面钢杆，直径为 $d=40\text{mm}$，材料为 Q235 钢，许用应力为$[\sigma]=160\text{MPa}$，若载荷 $F=50\text{kN}$，试校核 CD 杆的强度。

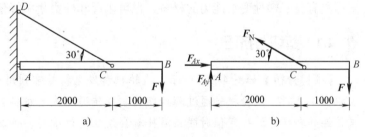

图 4-17 三角形结构

分析：AB 杆受力如图 4-17b 所示，列平衡方程有

$$\sum M_A=0 \quad F_N\sin 30°\times 2000-F\times 3000=0$$

解得

$$F_N=150\text{kN}$$

则由式（4-1）得 CD 杆横截面上的应力为

$$\sigma=\frac{F_N}{A}=\frac{F_N}{\frac{\pi d^2}{4}}=\frac{4\times 150\times 10^3}{\pi\times 40^2}\text{MPa}=119.43\text{MPa}$$

由计算结果知，$\sigma=119.43\text{MPa}<[\sigma]=160\text{MPa}$，故杆 CD 杆的强度安全。

4.2.6 应力集中

实际工程构件中，如果杆件某处出现横截面面积有突变，如圆杆上存在阶梯（见图 4-18a）、圆杆上有环形槽（见图 4-18b）、条状杆件存在圆孔（见图 4-18c）或带有切口时，在横截面

发生突变的区域，局部应力的数值将剧烈增加，而在离开这一区域稍远的地方，应力则迅速降低而趋于均匀。这种现象，称为**应力集中**。截面尺寸变化越急剧，孔越小，角越尖，应力集中的程度就越严重，局部出现的最大应力 σ_{max} 就越大，往往在平均应力还大大低于材料抗拉强度的条件下，该局部即先行开裂，进而由此延伸而导致整个零件破坏。因此在设计中应尽可能避免或降低应力集中的影响。如将图 4-19 左上方三种应力集中严重的零件结构，改为图 4-19 右下方结构，应力集中现象可明显缓解，结构改变体现在：将阶梯轴直径突变处改为有圆角过渡的轴肩；把轴上直角环形槽改为圆弧过渡的环形槽；在条板状杆件上的小圆孔两侧各开一个较小的"卸载孔"。

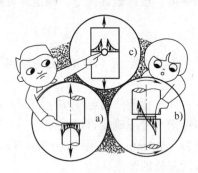

图 4-18 应力集中出现的部位

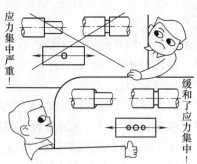

图 4-19 缓解应力集中的方法

需要指出的是，除了改善零部件的结构外，采用不同的材料也可缓解应力集中现象，如采用具有良好塑性变形能力的材料，也可以缓和应力集中峰值。

4.3 剪切与挤压

【**项目分析**】如图 4-20a 所示，汽轮机和发电机轴常利用凸缘联轴器和螺栓组联接起来，当机器工作时，汽轮机轴通过螺栓组将转矩传递给发电机轴，从而实现两轴同步运转。但是当传递的转矩超过一定值时联接螺栓就会发生剪切破坏，如图 4-20b 所示为联接螺栓发生了剪切破坏。

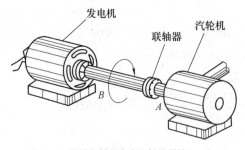

a) 汽轮机轴与发电机轴的联接   b) 联接螺栓发生剪切破坏

图 4-20 联轴器应用实例

项目要求：（1）分析发生剪切破坏的构件承受载荷的特点和变形特点；（2）采用何种方法可以保证构件具有足够的承载能力？

4.3.1 剪切与挤压的概念

1. 剪切变形

表 4-3 列举和分析了几个工程上利用联接件实现运动和动力传动的案例,通过观察和分析发现,它们具有相同的受力特点和变形特点,即杆件两侧作用有一对大小相等、方向相反、作用线平行且相距很近的外力;夹在两外力作用线之间的横截面发生了相对错动。构件产生的这种变形称为**剪切变形**,而产生相对错动的截面称为**剪切面**。剪切面上内力的作用线与外力平行,沿截面作用。沿截面作用的内力称为**剪力**,常用符号 F_Q 表示(见图 4-21)。

与剪力 F_Q 对应,剪切面上有切应力 τ(见图 4-21b),切应力在剪切面上的分布规律较复杂。通常假定切应力 τ 在剪切面上是均匀分布的,则切应力的实用计算公式为

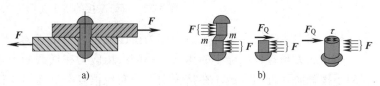

图 4-21 铆钉受剪时剪切面上的剪力和应力

$$\tau = \frac{F_Q}{A} \tag{4-12}$$

式中,F_Q 为剪切面上的剪力;A 为剪切面面积(受剪面积)。

表 4-3 剪切变形分析

工程案例		剪切变形分析	剪切变形计算简图
铆钉联接		受力特点:杆件两侧作用有一对大小相等、方向相反、作用线平行且相距很近的外力	
平键联接			
销钉联接		变形特点:夹在两外力作用线之间的剪切面发生了相对错动	

2. 挤压变形

一般情况下,联接构件发生剪切变形的同时,联接件和被联接件两构件在传力的接触面上同时出现局部受压,从而出现塑性变形的现象——压陷、起皱(见图 4-22c),这种现象称

为**挤压变形**。相应的接触面称为**挤压面**，图 4-22b 为铆钉挤压面，图 4-22c 为被联接件挤压面，挤压面一般垂直于外力方向。作用于接触面间的压力称为**挤压力**，用符号 F_{bs} 表示。

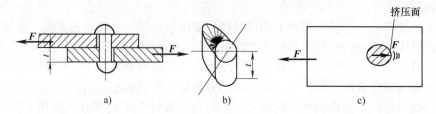

图 4-22 铆钉联接的挤压变形

挤压面上由挤压力引起的应力称为**挤压应力**，用符号 σ_{bs} 表示，如图 4-23 所示。

挤压应力与直杆压缩中的压应力不同：压应力在横截面上是均匀分布的；而挤压应力只限于接触面附近的区域，在挤压面上分布也很复杂。为简化计算，在挤压实用计算中，假设挤压应力在挤压计算面积上均匀分布，则

$$\sigma_{bs} = \frac{F_{bs}}{A_{bs}} \tag{4-13}$$

式中，σ_{bs} 为挤压面上的挤压应力；F_{bs} 为挤压面上的挤压力；A_{bs} 为挤压面积（正投影面积）。

3. 挤压面积的计算

若接触面为平面，则挤压面积为有效接触面积，如图 4-24a 所示的平键，$A_{bs} = hl/2$；若接触面是圆柱形曲面，如铆钉、销钉、螺栓等圆柱形联接件，其接触面近似为半圆柱面（见图 4-24b）。按照挤压应力均布于半圆柱面上的假设，挤压面积为半圆柱的正投影面积，即 $A_{bs} = d\delta$，d 为铆钉、销的直径，δ 为铆钉、销等与孔的接触长度。

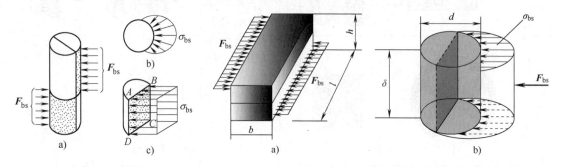

图 4-23 圆柱面挤压应力　　　　图 4-24 挤压面面积

4.3.2 抗剪强度与抗压强度计算

1. 抗剪强度计算

为了保证构件安全、可靠地工作，要求剪切面上工作切应力不得超过材料的许用切应力，即抗剪强度条件为

$$\tau = \frac{F_Q}{A} \leqslant [\tau] \tag{4-14}$$

式中，$[\tau]$ 为材料的许用切应力。

式（4-14）就是剪切实用计算中的强度条件。与轴向拉伸和压缩的强度条件一样，抗剪强度条件也可用来解决三类问题，即校核强度、设计截面尺寸和确定许可载荷。

项目 4-5　已知铝板的厚度为 t，抗剪强度为 τ_b。为了将其冲成图 4-25 所示形状，试求冲床的最小冲剪力。

分析：铝板受冲力后，沿图 4-26 所示的截面冲压成形，要保证铝板能被剪断，其最小冲力应由剪切强度条件来确定，即

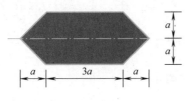

图 4-25　冲压零件形状

图 4-26　冲压成形

$$\tau = \frac{F_Q}{A} \geq \tau_b$$

得

$$F_Q \geq \tau_b A = \tau_b (6 + 4\sqrt{2}) at$$

所以冲床的最小冲剪力为

$$F_{\min} = F_{Q\min} = \tau_b (6 + 4\sqrt{2}) at$$

2．抗压强度计算

为保证构件不产生局部挤压塑性变形，要求工作挤压应力不允许超过许用挤压应力，即抗压强度条件为

$$\sigma_{bs} = \frac{F_{bs}}{A_{bs}} \leq [\sigma_{bs}] \tag{4-15}$$

式中，$[\sigma_{bs}]$ 为材料的许用挤压应力。

必须注意：如果两个接触构件的材料不同，$[\sigma_{bs}]$ 应按抗挤压能力较弱者选取，即应对抗压强度较小的构件进行计算。

项目 4-6　图 4-27 所示为轮毂与轮轴的键联接，该键联接传递的力偶矩为 M。已知：$M = 2kN \cdot m$，键的尺寸 $b = 16mm$，$h = 12mm$，轴的直径 $d = 80mm$，键材料的许用切应力 $[\tau] = 80MPa$，许用挤压应力 $[\sigma_{bs}] = 120MPa$。试按强度要求计算，键长 l 应等于多少？

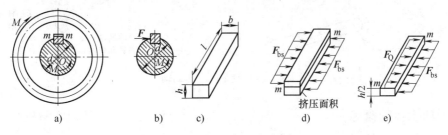

图 4-27　平键的受力分析

分析：先计算键所受到力 F。键应传递力矩 M，F 与 M 的关系为

$$F \frac{d}{2} = M$$

由此求得
$$F = \frac{2M}{d} = \frac{2 \times 2}{80 \times 10^{-3}} \text{kN} = 50\text{kN}$$
$$F_{bs} = F_Q = F = 50\text{kN}$$

如图 4-27d 所示，键受力 F_{bs} 后，沿截面 m—m 发生剪切变形，在侧面将受挤压。键的长度可由抗剪强度条件和抗压强度条件来确定。根据抗剪强度条件，有

$$\tau = \frac{F_Q}{A} = \frac{F}{bl} \leqslant [\tau]$$

得
$$l \geqslant \frac{F_{bs}}{b[\tau]} = \frac{50000}{16 \times 80} \text{mm} = 39\text{mm}$$

根据抗压强度条件，有
$$\sigma_{bs} = \frac{F_{bs}}{\frac{h}{2}l} \leqslant [\sigma_{bs}]$$

得
$$l \geqslant \frac{2F}{h[\sigma_{bs}]} = \frac{2 \times 50000}{12 \times 120} \text{mm} = 69.4\text{mm}$$

综合考虑键长 l 应取 70mm。

☆ **基础能力训练**

1) 挤压应力与一般的压应力有何区别？
2) 图 4-28a 所示为承受拉力作用的螺栓，试在图 4-28b 中指出螺栓的剪切面和挤压面。

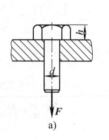
a)

b)

图 4-28 承受拉力作用的螺栓

4.4 圆轴扭转

【项目分析】 如图 4-29 所示，汽车发动机将功率通过主传动轴 AB 传递给后桥，驱动车轮行驶。现已知主传动轴所承受的外力偶矩、主传动轴的材料及尺寸，请分析：①主传动轴承受何种外载荷？②该轴将产生何种变形？③如何保证该传动轴具有足够的承载能力？

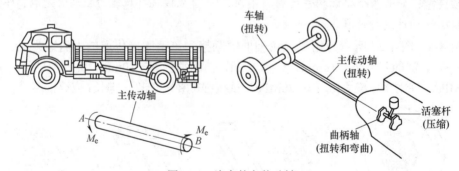

图 4-29 汽车的主传动轴

4.4.1 圆轴扭转的概念

表 4-4 列举和分析了几个工程案例，通过观察这些工程案例发现，它们具有相同的受力特点和变形特点，即承受两个大小相等、转向相反、作用面垂直于圆轴轴线的外力偶矩；圆轴承受外力偶矩作用时，其横截面将产生绕轴线的相互转动，这种变形称为**扭转变形**。发生扭转变形的圆轴任意两横截面间相对转动的角度称为**扭转角**，用 φ 表示；圆轴表面的纵向直

线也转了一个角度 γ，变为螺旋线，γ 称为**切应变**。

4.4.2　扭矩和扭矩图

在研究圆轴扭转的变形和承载能力之前，首先要先计算外力偶矩。在工程实际中，作用在轴上的外力偶矩的大小是未知的，常常通过已知轴所传递的功率和轴的转速求解出外力偶矩，即

$$M_e = 9550\frac{P}{n} \tag{4-16}$$

式中，M_e 为轴上的外力偶矩（N · m）；P 为轴传递的功率（kW）；n 为轴的转速（r/min）。

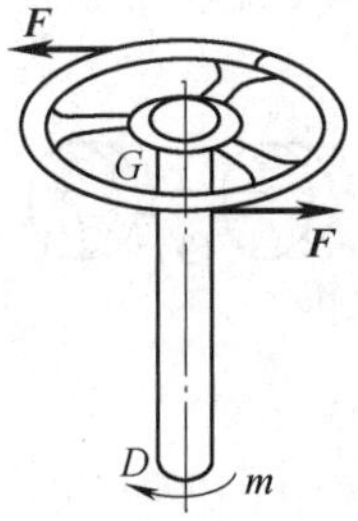

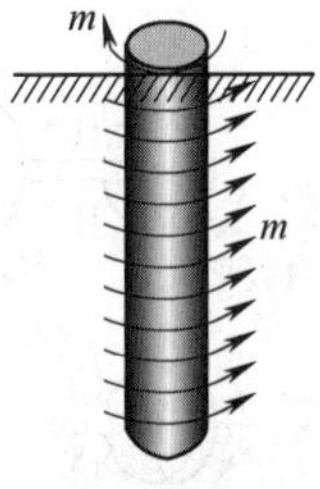

表 4-4　圆轴扭转变形分析

工 程 案 例	圆轴扭转变形分析		圆轴扭转变形计算简图
 方向盘操纵杆 钻探机钻杆 汽轮机带动发电机转动的结构简图	受力特点	承受两个大小相等、转向相反、作用面垂直于圆轴轴线的外力偶矩	
	变形特点	两外力偶矩作用面之间的任意两个横截面将绕轴线产生相对转动	

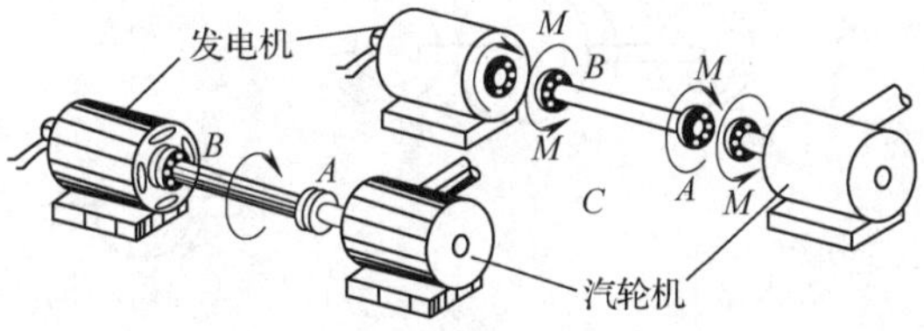

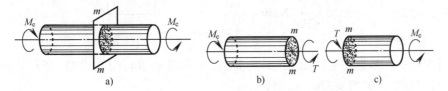

1．扭矩

求出作用在圆轴上的外力偶矩后，就可以用截面法求解圆轴横截面的内力。现以图 4-30a 所示两端承受外力偶矩 M_e 作用的圆轴为例，来说明求任意横截面上 m—m 内力的方法。

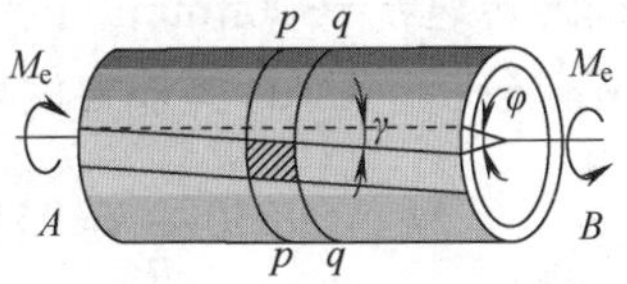

图 4-30　截面法确定圆轴横截面上的扭矩

用假想截面 m—m 将圆轴截成两段，任取一段（如左段）为研究对象，如图 4-30b 所示。由于截取部分处于平衡状态，因此横截面 m—m 上有一个内力偶矩与外力偶矩 M_e 平衡，这个内力偶矩称为**扭矩**，用符号 T 表示，单位为 N · m 或 kN · m。由平衡条件 $\sum M = 0$ 可知

$$M_e - T = 0$$

横截面上的内力偶矩大小为　　$T = M_e$

任一横截面上扭矩的大小还可由下式确定：

T = 截面一侧（左或右）所有外力偶矩的代数和

扭矩正负号按"右手螺旋法则"确定，该法则规定：四指表示扭矩的转向，大拇指的指向与该截面的外法线方向相同时，该扭矩为正（见图 4-31a、b），反之为负（见图 4-31c、d）。当轴上作用有多个外力偶矩时，需按外力偶矩所在的截面将轴分成数段，再逐段求出其扭矩。

2. 扭矩图

当轴上同时作用两个以上的外力偶矩时，为了形象地表示各截面扭矩的大小和正负，以便分析危险截面，常需画出扭矩随截面位置变化的图形，这种图形称为**扭矩图**。扭矩图绘制以横坐标 x 表示横截面的位置，以纵坐标 T 表示横截面上的扭矩，正负扭矩分别画在 x 轴上、下方。

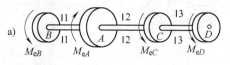

图 4-31 扭矩正负号规定

项目 4-7 传动轴如图 4-32a 所示，主动轮 A 输入功率 $P_A = 120\text{kW}$，从动轮 B、C、D 输出功率分别为 $P_B = 30\text{kW}$，$P_C = 40\text{kW}$，$P_D = 50\text{kW}$，轴的转速 $n = 300\text{r/min}$。试作出该轴的扭矩图。

分析：1）计算外力偶矩，由式（4-16）得

$$M_{eA} = 9550\frac{P_A}{n} = 9550 \times \frac{120}{300}\text{N}\cdot\text{m}$$
$$= 3.82\text{kN}\cdot\text{m}$$

同理可得

$$M_{eB} = 9550\frac{P_B}{n} = 9550 \times \frac{30}{300}\text{N}\cdot\text{m}$$
$$= 0.96\text{kN}\cdot\text{m}$$

$$M_{eC} = 9550\frac{P_C}{n} = 9550 \times \frac{40}{300}\text{N}\cdot\text{m}$$
$$= 1.27\text{kN}\cdot\text{m}$$

$$M_{eD} = 9550\frac{P_D}{n} = 9550 \times \frac{50}{300}\text{N}\cdot\text{m}$$
$$= 1.59\text{kN}\cdot\text{m}$$

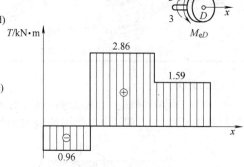

图 4-32 传动轴

2）计算扭矩，根据作用在轴上的外力偶矩，将轴分成 BA、AC、CD 三段，用截面法分别计算各段的扭矩，如图 4-32b、c、d 所示。

BA 段：$T_1 = -M_{eB} = -0.96\text{kN}\cdot\text{m}$

AC 段：$T_2 = M_{eA} - M_{eB} = 2.86\text{kN}\cdot\text{m}$

CD 段：$T_3 = M_{eD} = 1.59\text{kN}\cdot\text{m}$

3）作扭矩图，根据以上数据，按比例绘制扭矩图（见图 4-32e）。

从扭矩图可以看出，在集中力偶矩作用处，其左右截面扭矩不同，此处发生突变，突变值等于集中力偶矩的大小；最大扭矩发生在 AC 段，$T_{\max} = 2.86\text{kN}\cdot\text{m}$。

讨论 1 对同一根轴来说，若把主动轮 A 和从动轮 B 的位置对调，即把主动轮布置于轴

的左端（见图 4-33a），则得到该轴的扭矩图，如图 4-33b 所示。这时轴的最大扭矩发生在 AB 段内，且 $T_{max} = 3.82\text{kN}\cdot\text{m}$。

比较图 4-32e 和图 4-33b 可知，传动轴上主动轮和从动轮的布置位置不同，轴所承受的最大扭矩也随之改变。因此，在布置轮子位置时，要尽可能降低轴内的最大扭矩值。

讨论 2 扭矩图的简捷画法，即"它上你上，它下你下"。"它"指的是外力偶矩，"你"指的是扭矩，这样不用截面法就可以绘制扭矩图，图 4-34 为采用简捷画法绘制的扭矩图，与截面法绘制的图一致。

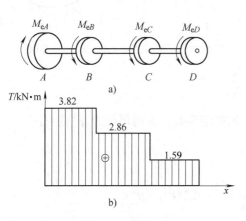

图 4-33 扭矩图

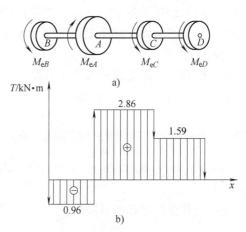

图 4-34 扭矩图的简捷画法

4.4.3 圆轴扭转的强度计算

1. 圆轴扭转时横截面上的切应力

（1）圆轴扭转时的平面假设
应用截面法可以求得扭转时圆轴横截面上的扭矩，但不能确定横截面上的应力。为了研究横截面上的应力，需观察圆轴扭转时变形现象，分析应力在横截面上的分布规律。
在图 4-35a 上取一段圆轴，在其圆轴

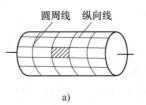
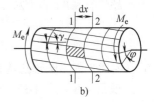

图 4-35 圆轴扭转变形试验

表面画一组平行于轴线的纵向线和若干等距的圆周线，形成许多矩形。然后在垂直于轴线的平面内，施加外力偶矩 M_e，使轴产生扭转变形，在微小变形的情况下，可以观察到以下现象：

1) 各圆截面的形状、大小及间距均保持不变，只是绕圆轴的轴线发生刚性转动。
2) 所有纵向线都倾斜了相同的角度 γ，原来轴上的矩形变成了平行四边形。

上述现象表明：圆轴的横截面变形后仍为平面，其形状和大小不变，仅绕轴线发生相对转动（无轴向移动），这一假设称为圆轴扭转时的**平面假设**。

按照平面假设，可得如下推论：

1）横截面上无正应力。圆轴扭转变形时，由于相邻横截面间距不变，且形状大小也不变，所以横截面上没有正应力。

2）横截面上有切应力。圆轴扭转变形时，相邻横截面间发生相对转动，横截面上各点相对错动，发生了剪切变形，所以横截面上有切应力。

3）切应力方向与半径垂直。因半径长度不变，故切应力方向必与半径垂直。

（2）圆轴的扭转切应力分布规律　由平面假设和变形关系可知，圆轴扭转横截面上各点切应力的大小沿半径呈线性分布，圆心处为零，同一圆周上各点的切应力相等，边缘各点切应力最大，横截面上切应力分布如图 4-36a、b 所示。

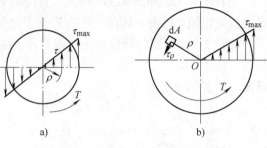

图 4-36　圆轴横截面上的切应力分布规律

圆轴横截面边缘处的最大切应力为

$$\tau_{\max} = \frac{T}{W_p} \tag{4-17}$$

式中，T 为横截面上的扭矩；W_p 称为圆截面的**抗扭截面系数**，常用单位为 m³ 或 mm³。

圆形截面的抗扭截面系数为 $W_p = \dfrac{\pi d^3}{16} \approx 0.2 d^3$

空心圆截面抗扭截面系数为 $W_p = \dfrac{I_p}{\dfrac{D}{2}} = \dfrac{\pi D^3 (1-\alpha^4)}{16} \approx 0.2 D^3 (1-\alpha^4)$

式中，I_p 为极惯性矩；D、d 分别为空心圆截面的外径和内径，内外径之比 $\alpha = \dfrac{d}{D}$。

2. 圆轴扭转的强度计算

为了保证圆轴在扭转变形中不会因强度不足而发生破坏，应使圆轴横截面上的最大切应力不超过材料的许用切应力，即

$$\tau_{\max} = \frac{T}{W_p} \leqslant [\tau] \tag{4-18}$$

式（4-18）称为**圆轴扭转的强度条件**。

项目 4-8　图 4-37 所示汽车发动机通过主传动轴 AB 将功率传递给后桥，驱动车轮行驶。设主传动轴所承受的最大外力偶矩 $M_e = 1.5\text{kN} \cdot \text{m}$，轴的直径 $d = 53\text{mm}$，试求主传动轴的最大切应力。

分析：1）求扭矩。根据平衡条件得　$T = M_e = 1.5\text{kN} \cdot \text{m}$

2）该轴的最大切应力为 $\tau_{\max} = \dfrac{T}{W_p}$

计算式中的抗扭截面系数

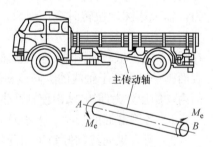

图 4-37　汽车主传动轴

$$W_p = \frac{\pi d^3}{16} = \frac{\pi \times 53^3}{16} \text{mm}^3 = 2.92 \times 10^4 \text{mm}^3$$

则有

$$\tau_{\max} = \frac{T}{W_p} = \frac{1.5 \times 10^6}{2.92 \times 10^4} \text{MPa} = 51.4 \text{MPa}$$

项目 4-9 项目 4-8 中汽车主传动轴采用 45 钢制成，轴的直径 $d = 53$mm，$[\tau] = 60$MPa，当主传动轴承受的最大外力偶矩为 $M_e = 1.5$kN·m 时，1）校核主传动轴的强度；2）在扭转强度相同的情况下，用空心轴代替实心轴，求空心轴外径 $D = 90$mm 时的内径值；3）确定空心轴与实心轴的重量比。

分析：1）校核实心轴的强度。

根据项目 4-8 计算可得主传动轴的最大切应力 $\tau_{max} = 51.4$MPa，因为轴两端只承受一个外力偶矩，所以轴各横截面的危险程度相同，轴各横截面上的最大切应力均相同。按式（4-18）校核主传动轴的扭转强度

$$\tau_{max} = \frac{T}{W_P} = \frac{1.5 \times 10^6}{2.92 \times 10^4} = 51.4\text{MPa} < [\tau] = 60\text{MPa}$$

由此可以得出结论：主传动轴的强度是安全的。

2）确定空心轴的内径。

根据扭转强度相同的要求，空心轴横截面上的最大切应力也必须等于 51.4MPa。若设空心轴的内径为 d_2，则有

$$\tau_{max1} = \tau_{max2}$$

$$\frac{T}{W_{p1}} = \frac{T}{W_{p2}} \qquad \frac{T}{0.2d^3} = \frac{T}{0.2D^3(1-\alpha^4)}$$

$$\alpha = \sqrt[4]{1 - \left(\frac{d}{D}\right)^3} = 0.945$$

据此，空心轴的内径 $d_2 = \alpha D = 0.945 \times 90\text{mm} = 85\text{mm}$

3）计算空心轴与实心轴的重量比：

$$\eta = \frac{W_1}{W_2} = \frac{A_1}{A_2} = \frac{\frac{\pi(D^2 - d^2)}{4}}{\frac{\pi d_1^2}{4}} = \frac{D^2 - d^2}{d_1^2} = \frac{90^2 - 85^2}{53^2} = 0.31$$

与拉（压）杆的强度问题相似，应用式（4-18）可以解决圆轴扭转的三类强度问题，即校核扭转强度、设计圆轴截面尺寸及确定许可载荷。

4.5 平面弯曲

【**项目分析**】如图 4-38 所示的化工容器，借助 4 个耳座支架在 4 根长度相等的工字钢梁的中点上，工字钢梁再由四根混凝土柱支持。请问：①你能根据所学的知识画出单根工字钢梁的计算简图，并判断 AB 梁的变形情况吗？②如果已知工字钢梁的长度、型号、容器的总重量及材料许用弯曲应力，你能判断该构件的承载能力吗？学完本节关于梁的简化、截面应力的计算、直梁的强度计算等相

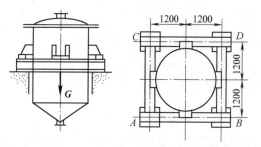

扫描看动画

图 4-38 化工容器结构图

关知识后，就能解决上述问题了。

4.5.1 平面弯曲的概念

表 4-5 列举和分析了几个工程案例，它们都是在垂直横梁的外力作用下，发生微小弯曲。经过观察和分析发现，它们具有相同的受力特点和变形特点，即外力垂直于杆的轴线，轴线由直线变成了曲线，这种变形称为**弯曲变形**。通常将只发生弯曲（或弯曲为主）变形的构件，称为**梁**。

表 4-5 平面弯曲变形分析

工程案例		平面弯曲变形分析	平面弯曲计算简图
桥式起重机		受力特点：外力垂直于杆的轴线	
火车轮轮轴			
油管道托架			
化工反应塔		变形特点：轴线由直线变成了曲线	

工程结构与机械中的梁，其横截面往往具有对称轴（见图 4-39），对称轴（y）与梁的轴线（x）构成的平面称为**纵向对称面**（见图 4-40）。若作用在梁上的外力（包括力偶）都位于纵向对称面内，且力的作用线垂直于梁的轴线，则变形后的曲线将是平面曲线，并仍位于纵向对称面内，这种弯曲称为**平面弯曲**。下文仅讨论平面弯曲问题。

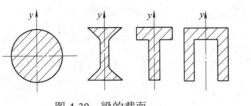

图 4-39 梁的截面

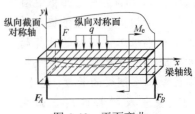

图 4-40 平面弯曲

工程上梁的截面形状、载荷及支承情况一般都比较复杂，为了便于分析和计算，必须对梁进行简化，包括梁本身的简化、载荷简化以及支座的简化，见表 4-6。

表 4-6 梁的计算简图及分类表

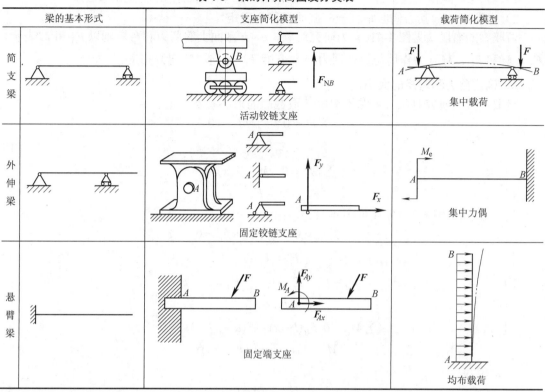

☆ 基础能力训练

如图 4-38 所示的化工容器，借助 4 个耳座支架在 4 根长度相等的工字钢梁的中点上，工字钢梁再由四根混凝土柱支持。请问：①你能根据所学的知识画出单根工字钢梁的计算简图吗？并判断 AB 梁的变形情况吗？②如果已知工字钢梁的长度、型号、容器的总重量及材料许用弯曲应力，你能判断该构件的承载能力吗？

4.5.2 平面弯曲的内力——剪力和弯矩

1. 剪力和弯矩的概念

梁在弯曲过程中所产生的内力可用截面法求得，如图 4-41a 所示，假想沿 n—n 截面将梁分为两段（见图 4-41b、c），由于整个梁是平衡的，它的任一部分也应处于平衡状态。为了维持左段（见图 4-41b）平衡，n—n 截面上必然存在两个内力分量：

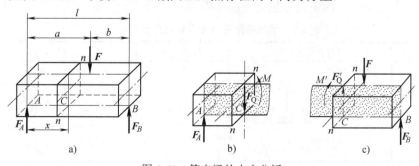

图 4-41 简支梁的内力分析

1) 力 F_Q，其作用线平行于外力并通过截面形心（沿截面作用），称为**剪力**。
2) 力偶矩 M，其力偶面垂直于横截面，称为**弯矩**。

若取梁的右段（见图4-41c）为研究对象，n—n 截面上的剪力和弯矩则以 F_Q' 和 M' 表示。F_Q'、M' 和 F_Q、M 互为作用与反作用力，大小相等，方向（转向）相反。

2. 确定剪力和弯矩的大小

设取左段为研究对象（见图4-41b）。取截面的形心 C 为矩心，由
$$\sum F_y = 0 \quad F_A - F_Q = 0$$

得 $$F_Q = F_A \tag{1}$$

由 $$\sum M_C = 0 \quad M - F_A x = 0$$

得 $$M = F_A x \tag{2}$$

也可取右段为研究对象（见图4-41c），由
$$\sum F_y = 0 \quad F_Q' - F + F_B = 0$$

得 $$F_Q' = F - F_B \tag{3}$$

因为 $$F_A + F_B - F = 0 \quad F_A = F - F_B$$

所以 $$F_Q = F_Q'$$

由 $$\sum M_C = 0 \quad F_B(l-x) - F(a-x) - M' = 0$$

得 $$M' = F_B l - F a + (F - F_B)x \tag{4}$$

由 $\sum M_A = 0$ 得
$$F_B l - F a = 0 \tag{5}$$

将式（5）代入式（4）得
$$M' = (F - F_B)x \tag{6}$$

将式（2）代入式（6）得
$$M' = F_A x = M$$

式（1）～式（4）表明，梁任一截面上的内力 F_Q（F_Q'）与 M（M'）的大小，由该截面一侧（左侧或右侧）的外力确定，其公式为

$$\left. \begin{array}{l} F_Q(F_Q') = \text{截面一侧所有外力的代数和} \\ M(M') = \text{截面一侧所有外力对截面形心力矩的代数和} \end{array} \right\} \tag{4-19}$$

3. 剪力和弯矩正负号规定

为了使同一截面两侧的剪力和弯矩正负号相同，通常要规定梁某截面剪力与弯矩正负号。梁横截面剪力和弯矩的正负号规定见表4-7。

表4-7 梁横截面剪力和弯矩的正负号规定

外力	剪力正负号规定	外力	剪力正负号规定
左上右下（+）	$F_Q(+)$	左下右上（−）	$F_Q(-)$

（续）

外 力 矩	弯矩正负号规定	外 力 矩	弯矩正负号规定
左顺右逆（+）	上凹下凸 $M(+)$	左逆右顺（−）	下凹上凸 $M(-)$

☆ **基础能力训练**

如图 4-42 所示的悬臂梁，已知其受集中力 F 作用，试根据上述所学知识，判断截面 n—n 的弯矩和剪力的大小及正负号。

4. 剪力图和弯矩图

一般情况下，梁内剪力和弯矩随着横截面的不同而不同，如果用 x 表示横截面位置，则 F_Q 和 M 都是 x 的函数，即 $F_Q = F_Q(x)$、$M = M(x)$，两式分别称为**剪力方程**和**弯矩方程**。把剪力方程和弯矩方程用其函数图像表达出来，分别称为**剪力图**和**弯矩图**。

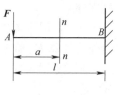

图 4-42 悬臂梁

绘制剪力图和弯矩图的基本方法是先建立剪力方程和弯矩方程，然后按方程作图。下面通过几个项目讲授剪力图和弯矩图的绘制。

项目 4-10 桥式起重机横梁长为 L，起吊重量为 F，如图 4-43a 所示，不计梁的自重，试绘制其 F_Q 图和 M 图，并确定 F_Q 和 M 的最大值。

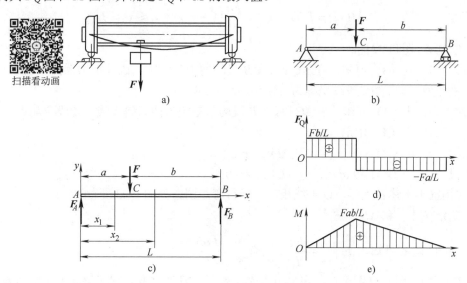

图 4-43 起重机

分析：1）画横梁的计算简图，如图 4-43b 所示。

2）求起重机横梁的支座反力。

取梁的整体作为研究对象，并画出其受力图，如图 4-43c 所示。

列平衡方程可得

$$\sum M_B = 0, \quad -F_A L + Fb = 0$$

整理得
$$F_A = \frac{Fb}{L} = \frac{b}{a+b}F$$

同理列平衡方程可得
$$\sum M_A = 0, \quad F_B L - Fa = 0$$

整理得
$$F_B = \frac{Fa}{L} = \frac{a}{a+b}F$$

3) 建立 F_Q 方程和 M 方程。

梁的 C 处横截面有集中力作用，故 AC 段的剪力方程和弯矩方程与 CB 段的不同，需要分别建立。

设 AC 段和 CB 段的任一横截面位置分别以 x_1、x_2 表示，如图 4-43c 所示，并以截面左侧的外力计算 F_Q 和 M，则它们的方程为

AC 段

$$F_Q(x_1) = F_A = \frac{Fb}{L} \qquad 0 < x_1 < a \qquad (1)$$

$$M(x_1) = F_A x_1 = \frac{Fb}{L} x_1 \qquad 0 \leqslant x_1 \leqslant a \qquad (2)$$

CB 段

$$F_Q(x_2) = F_A - F = -\frac{Fa}{L} \qquad a < x_2 < L \qquad (3)$$

$$M(x_2) = F_B(L - x_2) = \frac{Fa}{L}(L - x_2) \qquad a \leqslant x_2 \leqslant L \qquad (4)$$

4) 绘制 F_Q 图和 M 图。

由式 (1)、式 (3) 可知，在 AC 段、CB 段的剪力为常数，因此剪力图为两条水平线，AC 段纵坐标为 Fb/L；BC 段纵坐标为 $-Fa/L$（见图 4-43d）。

由式 (2)、式 (4) 可知，在 AC 段、CB 段的弯矩图为两条斜直线，各段两端点的坐标，分别由式 (2)、式 (4) 确定。

AC 段：$x = 0$ 时 $M = 0$；$x_1 = a$ 时 $M = Fab/L$。

CB 段：$x_2 = a$ 时 $M = Fab/L$；$x_2 = L$ 时 $M = 0$。

按比例描出上述各点后，以直线相连，便得弯矩图，如图 4-43e 所示。

5) 确定 $|F_Q|_{max}$ 和 $|M|_{max}$。

由图 4-43c、d 可知，$|F_Q|_{max} = \frac{Fa}{L}$、$|M|_{max} = \frac{Fab}{L}$。

小结：由 F_Q 图、M 图可见，在集中力作用处剪力发生突变，突变值等于集中力的大小；在集中力作用处 M 图发生转折。

项目 4-11 如图 4-44a 所示，齿轮轴受集中力偶作用，已知 M、a、b、L，试绘制 F_Q 图和 M 图，并确定 F_Q 和 M 的最大值。

分析：1) 求解梁的支座反力。

$$F_A = -F_B = \frac{M}{L}$$

2）建立剪力和弯矩方程。

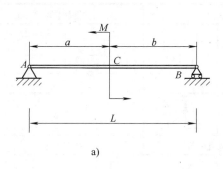
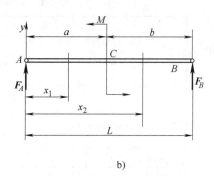
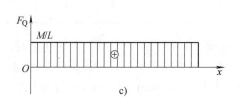
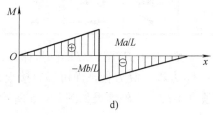

图 4-44 集中力偶作用的简支梁

对于 AC 段，有

$$F_Q(x_1) = F_A = \frac{M}{L} \qquad 0 < x_1 \leqslant a \qquad (1)$$

$$M(x_1) = F_A x_1 = -\frac{M}{L} x_1 \qquad 0 \leqslant x_1 < a \qquad (2)$$

对于 CB 段，有

$$F_Q(x_2) = F_A = \frac{M}{L} \qquad a \leqslant x_2 < L \qquad (3)$$

$$M(x_2) = F_A x_2 - M = \frac{M}{L}(x_2 - L) \qquad a < x_2 \leqslant L \qquad (4)$$

3）绘制剪力图和弯矩图。

由式（1）、式（3）可知，F_Q 是一条平行于 x 轴且位于 x 轴上方的水平线，$\left|F_Q\right|_{\max} = \frac{M}{L}$。

由式（2）、式（4）可知，在 AC 段 M 图为上升的斜直线，截面 C 的左侧弯矩值为 Ma/L，CB 段内 M 图为一向上倾斜的斜直线，截面 C 的右侧弯矩值为 $-Mb/L$，在集中力偶作用处，弯矩图发生突变，突变值的绝对值等于集中力偶的大小，如图 4-44d 所示。由图 4-44c、d 可知，$\left|F_Q\right|_{\max} = \frac{M}{L}$，$\left|M\right|_{\max} = \frac{Ma}{L}$（假设 $a>b$）。

小结：由 F_Q 图、M 图可见，在集中力偶作用处弯矩发生突变，突变值即等于集中力偶的大小；在集中力偶作用处 F_Q 图不变。

5．剪力图和弯矩图的简捷作法

为了简捷地绘制 F_Q 和 M 图，综合以上所述案例，寻找出 F_Q 和 M 图随载荷不同而变化的规律，见表 4-8。

表 4-8 梁的剪力图、弯矩图的规律

载荷类型	无载荷段 $q(x)=0$			集中力		集中力偶	
F_Q 图	水平线			产生突变		无影响	
M 图	$F_Q>0$ 斜直线	$F_Q=0$ 水平线	$F_Q<0$ 斜直线	有 C 处有折角		产生突变	

根据表 4-8 中 F_Q 图、M 图的规律，便可判断 F_Q 图、M 图的大致形状，因而作图时，无需建立 F_Q 方程、M 方程，而可以直接根据 F_Q 图、M 图的规律绘图，这样既简便又迅速。

项目 4-12 一外伸梁如图 4-45a 所示，已知 $F=16\text{kN}$，$L=4\text{m}$。试画出梁的剪力图和弯矩图。

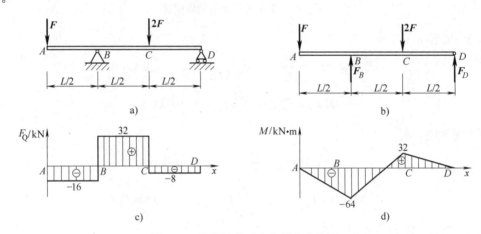

图 4-45 外伸梁的受力分析和内力图

分析：1）画出梁的受力图，如图 4-45b 所示。

2）求出支座反力。

取梁 AB 为研究对象，列平衡方程

$$\sum M_B=0, \quad F_D\times L-2F\times\frac{L}{2}+F\times\frac{L}{2}=0$$

得

$$F_D=F-\frac{F}{2}=8\text{kN}$$

$$\sum F_y=0, \quad F_B-2F+F_D-F=0$$

得

$$F_B=3F-F_D=(3\times16-8)\text{kN}=40\text{kN}$$

3）分段——根据各段受力情况将全梁分为 AB、BC、CD 三段。

4）判断各段 F_Q 图、M 图的大致形状。

段名	AB	BC	CD
F_Q 图	——	——	——
M 图	＼或＼	＼或＼	＼或＼

5）分段绘制 F_Q 图（见图 4-45c）。

段名	AB		BC		CD	
截面	A^+	B^-	B^+	C^-	C^+	D^-
F_Q/kN	−16	−16	+32	+32	−8	−8
	−16		+32		−8	

6）分段绘制 M 图（见图 4-45d）。

段名	AB		BC		CD	
截面	A^+	B^-	B^+	C^-	C^+	D^-
M /(kN·m)	0	−64	−64	+32	+32	0

4.5.3 平面弯曲的强度计算

1. 纯弯曲的概念

一般情况下，梁在发生弯曲变形时横截面上都存在剪力和弯矩，我们称这种弯曲为**横力弯曲**。图 4-46 所示简支梁的 CD 段上，只有弯矩，没有剪力，这种弯曲变形称为**纯弯曲**。

为了观察纯弯曲梁的变形情况，在图 4-47 上取一矩形截面梁，在梁的表面上作垂直于纵向线 aa 和 bb 的横向线 mm 和 nn（见图 4-47a），然后在梁两端施加一对外力偶矩 M_e（见图 4-47b），使梁发生纯弯曲变形，可以发现：

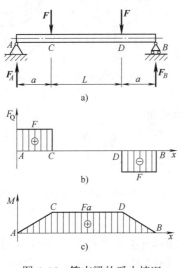

图 4-46 简支梁的受力情况

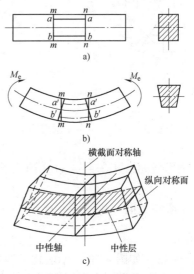

图 4-47 等直梁变形几何关系

1）横向线 mm 和 nn 仍为直线，且仍与纵向线正交，但发生了相对转动。
2）纵向线 aa 和 bb 变成了曲线，靠近凹边的线段缩短（a'a'）；靠近凸边的线段伸长（b'b'）。由此得出纯弯曲变形的平面假设：

1）横截面上无剪力。

2）横截面上既有拉应力又有压应力,弯曲变形时,梁的一部分纵向纤维伸长,另一部分缩短,从缩短到伸长,变化是逐渐而连续的。

如图4-47c所示,由缩短区过渡到伸长区,必存在一层既不伸长也不缩短的纤维,称为**中性层**,它是梁上缩短区与伸长区的分界面。中性层与横截面的交线,称为**中性轴**,变形时,横截面绕中性轴发生相对转动。

2. 纯弯曲时横截面上的正应力

梁的强度计算主要取决于横截面上的最大正应力,由上述分析可知,纯弯曲梁沿横截面不同高度位置,纵向纤维从缩短到伸长是线性变化的。因此,横截面上的正应力也是呈线性分布,离中性轴最远的边缘处分别达到压应力和拉应力的最大值,如图4-48所示。产生最大应力的截面和点,分别称为**危险截面**和**危险点**。

横截面上最大正应力为

$$\sigma_{\max} = \frac{M}{W_z} \tag{4-20}$$

式中,M 为横截面上的最大弯矩(N·mm);W_z 称为**抗弯截面系数**,它只与截面的形状和大小有关,其单位为 m^3 或 mm^3。

如图4-49所示,对于常见的矩形截面、圆形截面及空心圆截面,W_z 分别为:

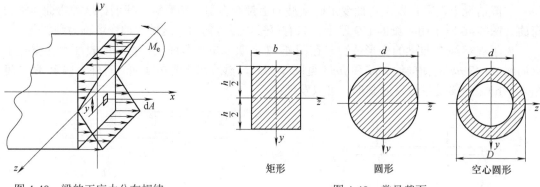

图4-48 梁的正应力分布规律   图4-49 常见截面

1）矩形截面:$W_z = \dfrac{bh^2}{6}$(宽度为b、高度为h的矩形截面)。

2）圆形截面:$W_z = \dfrac{\pi d^3}{32} \approx 0.1 d^3$(直径为$d$的圆形截面)。

3）空心圆截面:$W_z = \dfrac{\pi D^3}{32}(1-\alpha^4) \approx 0.1 D^3 (1-\alpha^4)$($D$为外径,$d$为内径,$\alpha = d/D$为内、外径比值)。

项目4-13 如图4-50所示的化工容器,借助4个耳座支架在4根各长2.4m的工字钢梁的中点上,工字钢梁再由四根混凝土柱支持。容器包括物料重 $G = 110$kN,工字钢梁的抗弯截面系数 $W_z = 1.41 \times 10^5 mm^3$,试确定单根工字钢梁的 $\sigma_{\max}$。

分析:1)绘制每根钢梁的计算简图。

将每根钢梁简化为简支梁,如图4-50b所示,通过耳座加给每根钢梁的外力为

$$F = G/4 = 110\text{kN}/4 = 27.5\text{kN}$$

2)计算简支梁的支座反力。

单根钢梁的受力图如图 4-50c 所示,列平衡方程可求得混凝土支柱对梁的约束反力为

$$F_A = F_B = F/2 = 27.5\text{kN}/2 = 13.75\text{kN}$$

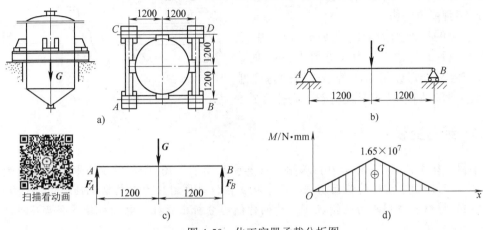

图 4-50 化工容器承载分析图

3)绘制单根钢梁的弯矩图。

根据前文介绍的方法绘制简支梁弯矩图,如图 4-50d 所示,最大弯矩发生在集中力作用处的截面上,最大弯矩值为

$$M_{\max} = F_A \times \frac{l}{2} = \frac{1}{4} F \times l$$

$$= \frac{1}{4} \times 27.5 \times 10^3 \times 2400 \text{N} \cdot \text{mm} = 1.65 \times 10^7 \text{N} \cdot \text{mm}$$

4)计算单根钢梁的最大弯曲应力。

应用式(4-20),可得

$$\sigma_{\max} = \frac{M_{\max}}{W_z} = \frac{1.65 \times 10^7}{1.41 \times 10^5} \text{MPa} = 117.02 \text{MPa}$$

3. 梁的弯曲强度条件

与拉伸、压缩杆的强度设计相似,工程设计中为了保证梁足够安全,梁的危险截面上的最大正应力必须小于许用应力,即

$$\sigma_{\max} = \frac{M}{W_z} \leqslant [\sigma] \tag{4-21}$$

项目 4-14 在项目 4-13 中各条件不变的情况下,已知钢材弯曲许用应力 $[\sigma] = 120\text{MPa}$,试校核单根工字钢梁的强度。

分析:在项目 4-13 计算与分析基础上可知:

1)危险截面发生在集中力作用处(见图 4-50d),此处的弯矩最大。因此,单根钢梁的最大弯曲应力为

$$\sigma_{\max} = \frac{M_{\max}}{W_z} = \frac{1.65 \times 10^7}{1.41 \times 10^5} \text{MPa} = 117.02 \text{MPa}$$

2)工字钢截面对称于中性轴,而且材料的 $[\sigma^+] = [\sigma^-] = [\sigma]$,所以单根工字钢梁的强度计算采用式(4-21),即

$$\sigma_{max} = \frac{M_{max}}{W_z} = \frac{1.65 \times 10^7}{1.41 \times 10^5} \text{MPa} = 117.02\text{MPa} < [\sigma] = 120\text{MPa}$$

故单根工字钢梁的强度足够。

☆ 综合能力分析

丁字尺的截面为矩形。设 $h/b \approx 12$,由经验可知,当垂直长边 h 加力(见图4-51a)时,丁字尺很容易变形或折断,若沿长边加力(见图4-51b)时,则不易变形或折断,为什么?

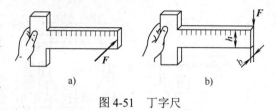

图4-51 丁字尺

4.6 组合变形

【项目分析】图4-52所示为钻床结构及其受力简图,图4-53所示为电动机轴的受力简图。如果在已知钻床立柱的截面形状、尺寸及立柱材料许用应力或电动机轴尺寸、受力大小、电动机轴的材料、许用应力的情况下,请问你能否分析出立柱、电动机轴承受哪几种载荷?属于哪种组合变形?

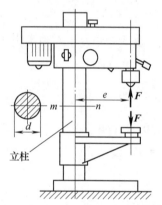

图4-52 钻床结构及其受力简图

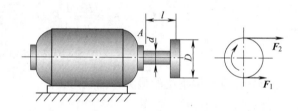

图4-53 电动机轴的受力简图

4.6.1 组合变形的概念

在工程实际中,很多构件往往同时发生两种或两种以上的基本变形,如图4-54所示,车刀加工零件时会产生弯曲和压缩变形;图4-55所示钻机中的钻杆工作时会产生压缩和扭转变形;图4-56所示齿轮轴工作时会产生弯曲和扭转变形。构件受力后同时发生两种以上的基本变形,称为**组合变形**。

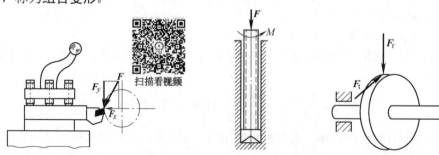

图4-54 车刀加工零件受力情况   图4-55 钻机中的钻杆受力情况   图4-56 齿轮轴受力情况

4.6.2 组合变形的分析与应用

1. 拉伸（压缩）与弯曲组合变形的分析与应用

简易吊车的横梁 AB 杆和厂房建筑中的立柱承受的外力和变形，以及它们的受力特点见表 4-9。

表 4-9 拉伸（压缩）与弯曲的组合变形分析

工程案例	计算简图	外力分析	变形分析	受力特点
简易吊车		横梁 AB 承受的外力有：F_{Ax}、F_{Ay}、F_{Tx}、F_{Ty}、F	（1）F_{Ax} 与 F_{Tx}——使梁 AB 产生压缩变形 （2）F_{Ay}、F_{Ty}、F——使梁 AB 产生弯曲变形 结论：梁 AB 承受的是压缩与弯曲组合变形	作用在对称平面内的外力与轴线相交成某一角度
厂房的立柱		厂房建筑中的立柱承受的外力是与轴线不重合的 F	（1）F 平移到轴线与轴力 F_N——使立柱产生压缩变形 （2）F 平移到轴线产生的附加力偶矩——使立柱产生弯曲变形 结论：立柱产生的是压缩与弯曲组合变形	与构件轴线平行而不重合

结论： 由表 4-9 分析可知，作用在对称平面内的外力与轴线相交成某一角度，或与构件轴线平行而不重合，都将使构件产生拉伸（压缩）与弯曲组合变形。

☆ **综合应用能力训练**

1）图 4-57 所示为房架的檩条示意图，试根据以前所学知识画出房架的檩条计算简图，分析房架檩条承受的外力，并判断该房架檩条会产生哪种组合变形？

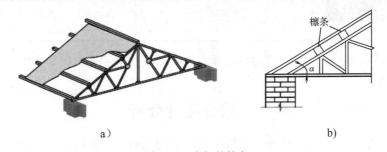

a)　　　　　　　　　　b)

图 4-57 房架的檩条

2）图 4-58a 所示为弓箭示意图，图 4-58b 为弓箭手射箭示意图，试分析弓箭手拉满弓时弓承受的外力，并判断弓将产生何种组合变形？

a) 弓箭示意图　　　　　　　　　　　b) 弓箭手射箭示意图

图 4-58　射箭示意图

2. 圆轴弯扭组合变形的分析与应用

电动机传动轴和高速公路标志牌的立柱承受的外力和变形，以及它们的受力特点见表 4-10。

表 4-10　圆轴弯扭组合变形分析

工程案例	计算简图	外力分析	变形分析	受力特点
电动机传动轴		圆轴 AB 承受的载荷有：外力 $F = F_1 + F_2$；外力偶矩 $M_e = (F_2 - F_1)D/2$	（1）外力 $F = F_1 + F_2$——使圆轴 AB 产生弯曲变形 （2）外力偶矩 M_e——使圆轴 AB 产生扭转变形 结论：圆轴 AB 承受的是弯扭组合变形	圆轴同时承受垂直轴线的力和外力偶矩作用
高速公路标志牌		高速公路标志牌立柱承受外力 F 和外力偶矩 M_e	（1）外力 F——高速公路标志牌立柱产生弯曲变形 （2）力偶矩 M_e——高速公路标志牌立柱产生扭转变形 结论：立柱产生的是弯扭组合变形	

结论：由表 4-10 分析可知，圆轴同时承受垂直轴线的力和外力偶矩作用时，构件产生圆轴弯扭组合变形。

☆ 综合项目分析

项目回顾：我们本单元的任务是通过学习，学会正确分析和识别工程构件在承受不同载荷下发生的变形和破坏类型，并对构件承载能力进行简单的定量分析。通过下面案例对本单元的任务进行综合训练。

如图 4-59 所示，两块钢板用三个直径相同的钢铆钉搭接而成。已知钢板承受的载荷为 F，

钢板宽为 b、厚为 δ，铆钉直径为 d，许用切应力为 $[\tau]$，许用挤压应力为 $[\sigma_{bs}]$，许用拉应力为 $[\sigma]$。请利用所学知识完成以下任务。

1）根据钢板承受载荷情况，对钢板进行变形和承载能力分析。
2）根据铆钉承受载荷情况，对铆钉进行变形和承载能力分析。

分析： 1）钢板的变形及承载能力分析

① 钢板的变形分析：由图 4-60a 分析可知，钢板承受的外力与轴线重合，钢板在外力 **F** 作用下，沿轴向伸长，故发生轴向拉伸变形。

② 钢板的承载能力分析：用截面法可求出横截面 1—1，2—2 的轴力，轴力图如图 4-60b 所示。由分析可知，截面 2—2 的轴力最大，$F_{N2}=F$，因此，只需对 2—2 截面进行承载能力分析。

保证钢板的承载能力的强度条件为

$$\sigma = \frac{F_N}{A} = \frac{F}{(b-2d)\delta} \leqslant [\sigma]$$

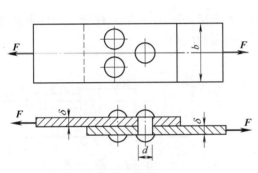

图 4-59 钢板搭接

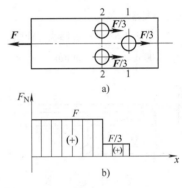

图 4-60 钢板的轴力图

2）铆钉的变形及承载能力分析

① 铆钉的变形分析。由于外力作用线与铆钉轴线垂直，故单个铆钉将发生剪切与挤压变形。

② 铆钉的承载能力分析。对于铆钉群，当各铆钉的材料与直径均相同时，各铆钉剪切面上的剪力和挤压面上的挤压力相等，各铆钉的剪力和挤压力为 $F_Q = F_{bs} = \dfrac{F}{3}$，剪切面面积 $A = \pi d^2/4$，挤压面的挤压面积 $A_{bs} = d\delta$。

要保证铆钉具有足够的剪切与挤压承载能力，抗剪强度和抗压强度计算式应满足：

$$\tau = \frac{F_Q}{A} = \frac{F_Q}{\dfrac{\pi d^2}{4}} \leqslant [\tau], \quad \sigma_{bs} = \frac{F_{bs}}{A_{bs}} = \frac{F_Q}{d\delta} \leqslant [\sigma_{bs}]$$

归纳总结

1. 机械设备被广泛应用在生活和生产的方方面面，当设备承受载荷时其各组成构件将承受不同的载荷，会发生不同的变形与失效，正确判断与识别机械构件的承载和变形是正确分析机械设备工作运行的基础，因此本单元的重点之一是正确掌握构件基本变形的受力特点、变形特点。

2. 当设备构件发生变形与失效时，机械设备就不能正常工作，为了能正确分析机械设备失效的原因，制定合理的操作与维护规程，要求学生能够对失效构件进行简单定量分析。

思考与练习 4

4-1 求图 4-61 所示各杆指定横截面上的轴力,并作出轴力图。

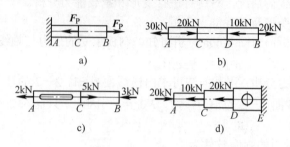

图 4-61 题 4-1 图

4-2 图 4-62 所示的杆 AB 用三根杆 1、2、3 支撑,在 B 端受一力作用。试求三根杆的内力各是多少?并判断它们受拉还是受压。

4-3 求图 4-63 所示阶梯状直杆横截面 1—1、2—2 和 3—3 的轴力,并作出轴力图。若杆各段的横截面面积 $A_1 = 200mm^2$、$A_2 = 300mm^2$、$A_3 = 400mm^2$,求各横截面上的应力。

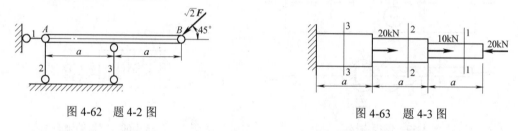

图 4-62 题 4-2 图   图 4-63 题 4-3 图

4-4 图 4-64 所示的圆钢杆上有一槽。已知钢杆受拉力 $F = 15kN$ 作用,钢杆直径 $d = 20mm$。试求 1—1 和 2—2 截面上的应力(槽的面积可近似看成矩形,不考虑应力集中)。

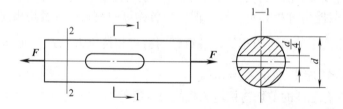

图 4-64 题 4-4 图

4-5 图 4-65 所示为一块厚 10mm、宽 200mm 的旧钢板,其截面被直径 $d = 20mm$ 的圆孔所削弱,圆孔的排列对称于杆的轴线。钢板承受轴向拉力 $F = 200kN$。材料的许用应力 $[\sigma] = 170MPa$,若不考虑应力集中的影响,试校核该钢板的强度。

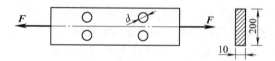

图 4-65 题 4-5 图

4-6 分析联接件结构在承受图 4-66 所示载荷作用下，工作时的剪切面和挤压面面积，剪切面和挤压面上的剪切力及挤压力。

4-7 图 4-67 所示为冲床的冲头，在力 F 作用下冲剪钢板，设钢板厚 $t = 10\text{mm}$，钢板材料的抗剪强度 $\tau_b = 360\text{MPa}$，当需冲剪一个直径 $d = 20\text{mm}$ 的圆孔时，试计算所需的冲力 F 等于多少？

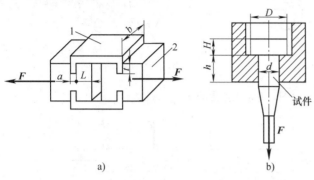
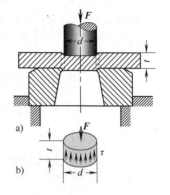

图 4-66 联接件的结构图　　　　图 4-67 冲剪钢板示意图

4-8 扭转切应力与扭矩方向是否一致？判定图 4-68 所示的切应力分布图，哪些是正确的？哪些是错误的？

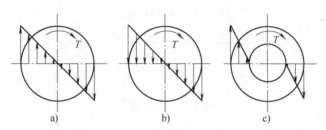

图 4-68 扭转时横截面上切应力分布图

4-9 试作出图 4-69 所示各杆的扭矩图，并指出图中各杆指定截面的扭矩。

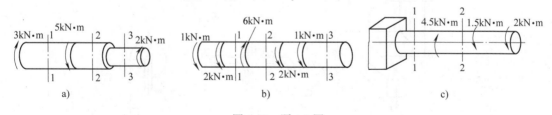

图 4-69 题 4-9 图

4-10 图 4-70 所示为一传动轴做匀速转动，轴上装有五个轮子，主动轮 2 的输入功率为 65kW，从动轮 1、3、4、5 依次输出的功率为 20kW、12kW、25kW 和 8kW，轴的转速 $n = 200\text{r/min}$。试求：(1) 作该轴的扭矩图；(2) 通过调整轴上轮子的位置，指出最合理的布置方式。

4-11 某传动轴的横截面上的最大扭矩为 $T = 1.5\text{kN} \cdot \text{m}$，材料的许用切应力 $[\tau] = 50\text{MPa}$。(1) 若用实心圆轴，试确定其直径 d；(2) 若改为空心圆轴，且 $\alpha = 0.9$，试确定其内径 d_1 和外径 D_1；(3) 比较空心轴和实心轴的重量。

4-12 用一张纸铲起台上的碎屑时,采用图 4-71a 所示的铲法,显然不行,只能采用图 4-71b 所示的方法,为什么?

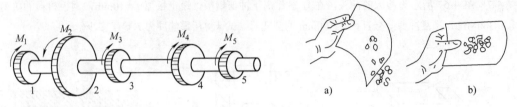

图 4-70 传动轴　　　　　　　图 4-71 纸铲碎屑

4-13 试画出图 4-72 所示各图的 F_Q 图、M 图,并求出梁上的 $|F_{Qmax}|$、$|M_{max}|$。

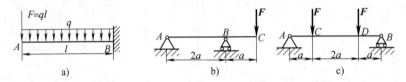

图 4-72 题 4-13 图

4-14 简支梁受力如图 4-73 所示。梁为实心圆柱,其直径 $d=40\text{mm}$,求梁横截面上的最大正应力。

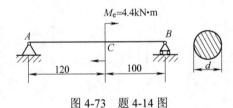

图 4-73 题 4-14 图

4-15 图 4-74 所示各杆的 AB、BC、CD(或 BD)各段横截面上有哪些内力?各段产生什么组合变形?

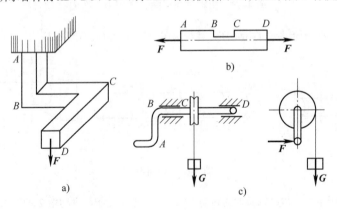

图 4-74 题 4-15 图

第四模块
常用机构和机械传动的分析与应用

第5单元 平面机构的结构分析

能力目标
能分析平面机构的结构，正确识别构件和运动副的数目和类型。
能正确绘制平面机构的运动简图，并准确判断平面机构运动的确定性。

学习目标
掌握构件、运动副的概念，能识别并掌握代表常用构件及运动副的简图符号，能根据实际机构画出其机构运动简图。
熟练掌握自由度与约束的概念及平面机构自由度的计算，熟练掌握平面机构具有确定相对运动的条件，在计算平面机构自由度时，能正确判断并处理复合铰链、局部自由度、虚约束。

学习重点和难点
平面机构的运动副及其分类、平面机构运动简图的绘制、自由度与约束的概念、平面机构的自由度计算、平面机构具有确定相对运动的条件。
机构运动简图绘制、机构的自由度计算。

项目背景
汽车与我们每天的出行息息相关，它既是一种交通运输工具，也是一种典型的交通运输机械，它的存在改变了我们的生活，使我们能够随时随地前往想去的地方。

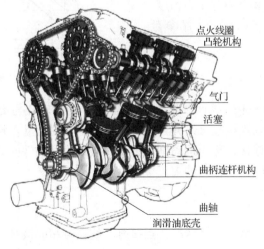 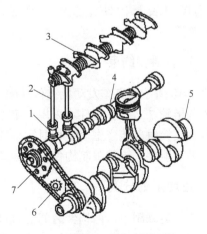

a) 汽车发动机内部结构图　　　　　　　b) 汽车发动机链传动配气机构

图 5-1　汽车发动机内部结构图及汽车发动机链传动配气机构
1—挺柱　2—推杆　3—摇臂轴总成　4—凸轮轴　5—曲轴　6—链条　7—链轮

汽车一般由发动机、底盘、车身及电气设备等四个基本部分组成。发动机是汽车的心脏，为汽车的行走提供动力，图 5-1a 为汽车发动机的内部结构图。发动机的工作原理是借助凸轮机构、曲柄滑块机构（也称为曲柄连杆机构）等将汽油（柴油）或天然气的热能，通过在密封气缸内燃烧气体膨胀时，推动活塞做功，转变为机械能，以驱动汽车行驶。

为了学会分析机械的工作原理、运动特性及结构，本单元将以汽车发动机作为载体，学习正确分析平面机构的结构、绘制平面机构运动简图及判断平面机构的运动确定性，另外，还将通过大量的工程实际案例进行相关能力训练。

项目要求

如图 5-1 所示，汽车发动机由许多构件组成，各构件间具有相对运动。为了准确分析汽车发动机的工作原理、运动特性及结构，需了解发动机的构件组成，正确绘制机构运动简图。因此本单元的学习要求是能正确分析平面机构的结构、绘制平面机构运动简图及判断平面机构的运动确定性。

知识准备

5.1 构件和运动副

机械一般由若干常用机构组成，而机构是由两个以上且具有确定相对运动的构件组成的。若组成机构的所有构件在同一平面或平行平面中运动，则称该机构为**平面机构**。目前工程中上常见的机构大多属于平面机构，本单元只讨论平面机构。

5.1.1 构件的自由度

在图 5-2 中，构件 AB 代表一个在平面内自由运动的构件，它具有随任意点 A 沿 x 方向和 y 方向移动以及绕 A 点转动共三个独立运动的可能性。构件做独立运动的可能性，称为构件的**自由度**。可见，一个在平面内自由运动的构件有三个自由度，它可由图中表示构件位置的三个独立运动的位置参数 x、y、φ 来表示。

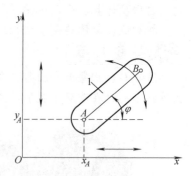

图 5-2 构件的自由度

5.1.2 运动副和约束

图 5-1b 所示为汽车发动机链传动配气机构，推杆 2 与摇臂轴总成 3、凸轮轴 4 与挺柱 1、链条 6 与链轮 7 之间各构件均采用一定方式连接起来，并且都具有确定的相对运动。这种由两构件直接接触并能产生一定相对运动的连接，称为**运动副**。运动副限制了两构件间某些独立运动的可能性，这种限制构件独立运动的作用称为**约束**。

5.1.3 运动副的分类

在平面运动副中，两构件之间的直接接触有三种情况：点接触、线接触和面接触。平面运动副按两构件接触的几何特征分为低副和高副。

1. 低副

两构件通过面接触构成的运动副称为**低副**（见图 5-3）。按两构件间的相对运动形式不同，低副又分为转动副（见图 5-3a、b）和移动副（见图 5-3c、d），每个低副有两个约束。

（1）转动副 转动副是两构件只能做相对转动的运动副。轴承与轴颈的连接、铰链连接等，都属于转动副。转动副的符号表示如图 5-4a 所示，小圆中心表示转动轴线位置。

（2）移动副 移动副是两构件只能做相对移动的运动副。移动副的符号如图 5-4b 所示，直线表示移动导路或其中心线的位置。

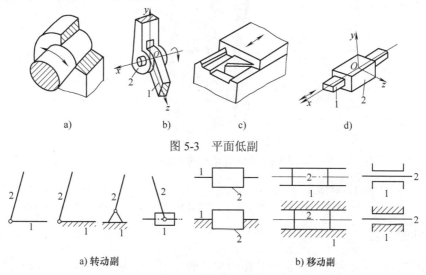

图 5-3 平面低副

a) 转动副　　　　　　　　　b) 移动副

图 5-4 低副符号表示

2. 高副

两构件间呈点、线接触的运动副称为**高副**，如图 5-5 所示，车轮与钢轨、凸轮与从动件、轮齿啮合等，分别组成高副。

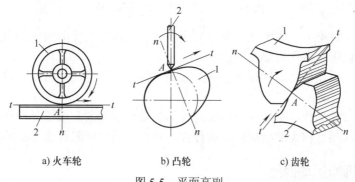

a) 火车轮　　　b) 凸轮　　　c) 齿轮

图 5-5 平面高副

高副用两构件在直接接触处的轮廓表示，每个高副有一个约束。对于凸轮、滚子，习惯上画出全部的轮廓；对于齿轮，常用细点画线画出其节圆。当组成运动副的构件之一固定时，在该构件上应画斜线，表示为固定件。

☆ **基础能力训练**

请判断图 5-6 所示汽车发动机的基本结构图中，凸轮轴 1 与进气门 3、进气门 3 或排气门 4 与机体 7、活塞 8 与气缸 6、活塞 8 与连杆 9、连杆 9 与曲轴 10、齿形带 13 与张紧轮 12，是采用何种运动副连接起来的？

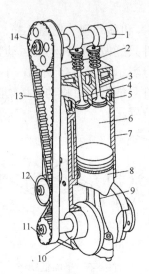

图 5-6 汽车发动机的基本结构图

1—凸轮轴 2—气门弹簧 3—进气门 4—排气门 5—气缸盖 6—气缸 7—机体 8—活塞
9—连杆 10—曲轴 11—曲轴齿形带轮 12—张紧轮 13—齿形带 14—凸轮轴齿形带轮

5.1.4 构件的分类

机构中的构件可分为三类,运动简图中构件的表示法如图 5-7 所示。

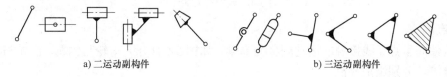

a) 二运动副构件　　　　　　　　b) 三运动副构件

图 5-7 运动简图中构件的表示法

(1) 固定件(机架)　固定件(机架)是用来支撑活动构件的构件。研究机构中活动构件的运动时,常以固定件作为参考坐标系。

(2) 原动件　原动件是运动规律已知的活动构件,它的运动是由外界输入的,故又称为**输入构件**。

(3) 从动件　从动件是机构中随着原动件的运动而运动的其余活动构件。其中,输出机构为预期运动的从动件称为**输出构件**或**执行件**,其他从动件则起传递运动的作用。

5.2 平面机构运动简图

在研究机构的运动时,实际构件的外形和结构往往很复杂,但在分析或是设计新的机构运动时,为了突出与运动有关的因素,应撇开实际机构中与运动无关的因素(如构件的形状、组成构件的零件数目和运动副的具体结构等),用简单的线条和符号表示构件和运动副,并按一定的比例定出各运动副的相对位置,表示机构各构件间真实运动关系的图称为**平面机构运动简图**。

没有按一定比例表示出各运动副间准确的相对位置,只能表示机构组合方式的机构图称为**平面机构示意图**。机构运动简图符号见表 5-1。

表 5-1 机构运动简图符号（摘自 GB/T 4460—2013）

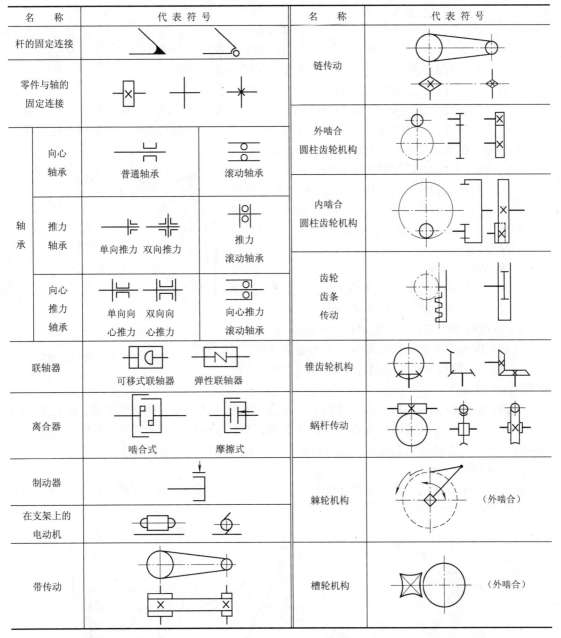

绘制平面机构运动简图的一般步骤：

1）分析机构运动的传递情况，找出固定件、原动件和从动件。

2）从原动件开始，按照运动的传递顺序，分析各构件间的运动形式，从而确定连接构件和运动副的数目和类型。

3）测量各运动副间的相对位置。

4）选择适当的视图平面和原动件位置，以便清楚地表达各构件间的运动关系。平面机构通常选择与构件运动平行的平面作为投影面。

5）选择适当的比例尺 μ_L，按照各运动副间的距离和相对位置，用简单的线条和运动副符号画出平面机构运动简图。

$$\mu_L = \frac{构件的实际长度}{构件的图示长度}$$

项目 5-1 试绘出图 5-8a 所示抽水唧筒的平面机构运动简图。

分析：1）分析机构的运动，判断构件的类型和数目。

图 5-8 所示的抽水唧筒由手柄 1、杆件 2、活塞（图中未画）及活塞杆 3 和抽水筒 4 等构件组成，其中抽水筒 4 是固定件，手柄 1 是原动件，其余构件是从动件。当手柄 1 往复摆动时，活塞杆 3 在抽水筒中做往复运动将水抽出。

2）分析各构件间运动副的类型和数目。

手柄 1 绕抽水筒 4 上 A 点转动，两者在 A 点形成转动副。手柄 1 与杆件 2 在 B 点形成转动副，杆件 2 与活塞杆 3 在 C 点也形成转动副，活塞杆 3 与抽水筒 4 之间形成移动副。

3）选择视图平面。

为了能清楚表达各构件之间的相对运动关系，通常选择平行于构件运动的平面作为视图平面。

4）选取适当比例尺，量取运动副间的距离。

比例尺应根据实际机构和图幅大小来适当选取。

5）用规定的构件和运动副符号绘制平面机构运动简图（见图 5-8b）。

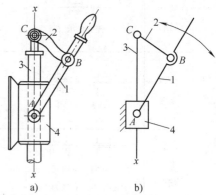

图 5-8 抽水唧筒及其机构运动简图
1—手柄 2—杆件 3—活塞杆 4—抽水筒

先画出抽水筒 4 和手柄 1 的转动副中心 A 及活塞杆 3 的移动导路直线 x 轴，然后按比例画出手柄 1 和杆件 2 的转动副中心 B 及杆件 2 和活塞杆 3 的转动副中心 C，最后用构件和运动副符号把各点连接起来，并标注构件号及表示原动件运动方向的箭头。

☆ **基础能力训练**

请画出汽车发动机罩壳（见图 5-9a）、手摇打气筒（见图 5-9b）、摆动座椅（见图 5-9c）的机构示意图。

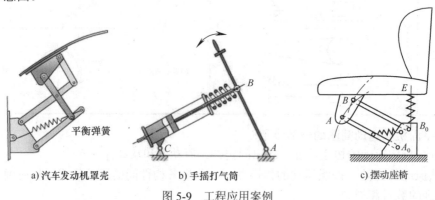

a) 汽车发动机罩壳　　b) 手摇打气筒　　c) 摆动座椅

图 5-9 工程应用案例

5.3 机构具有确定相对运动的条件

机构是由具有确定相对运动的构件组合而成的。任意拼凑起来的构件不一定能运动，即使能够运动,也不一定具有确定的相对运动。那么构件应如何组合才能运动?在什么条件下才具有确定的相对运动呢?这对分析现有机构或创新机构很重要。为了使所设计的机构能够具有运动的确定性,必须研究机构的自由度和机构具有确定相对运动的条件。

5.3.1 平面机构具有确定相对运动的条件

机构自由度是指机构相对于固定件(机架)所具有独立运动的可能性。当构件与构件用运动副连接后,它们之间的某些独立运动便受到限制,自由度将随之减少。以中国空间站天和机械臂为例,分析天和机械臂的可实现自由度,机械臂的功能和作用,进而帮助理解机构自由概念。

1. 平面机构自由度的计算

设一个平面机构由 N 个构件组成,其中必有一个构件为机架,则活动构件数为 $n=N-1$。这些活动构件在未用运动副连接前,其自由度总数为 $3n$;当用 P_L 个低副和 P_H 个高副使构件联接成机构后,则会引入($2P_L+P_H$)个约束,即减少了($2P_L+P_H$)个自由度。若用 F 表示机构的自由度,则平面机构自由度的计算公式为

$$F = 3n - 2P_L - P_H \tag{5-1}$$

项目 5-2 计算图 5-8 所示的抽水唧筒机构的自由度。

分析:该机构除机架外,活动构件数 $n=3$,三个转动副 A、B、C 和一个移动副,共 4 个低副,即 $P_L=4$,无高副,即 $P_H=0$,则该机构的自由度为

$$F = 3n - 2P_L - P_H = 3\times 3 - 2\times 4 - 0 = 1$$

该机构自由度为 1。

2. 平面机构具有确定相对运动的条件

图 5-10a 所示四杆机构中,$n=3(1、2、3)$、$P_L=4(A、B、C、D)$、$P_H=0$、原动件 $W=1$,括号中数字代表构件号,字母代表运动副,由式(5-1)得

$$F = 3n - 2P_L - P_H = 3\times 3 - 2\times 4 - 0 = 1 = W > 0$$

本机构具有确定的相对运动。

图 5-10b 所示五杆机构中 $n=4(1、2、3、4)$、$P_L=5(A、B、C、D、E)$、$P_H=0$、若 $W=1$,由式(5-1)得

$$F = 3n - 2P_L - P_H = 3\times 4 - 2\times 5 - 0 = 2 \neq W$$

本机构相对运动不确定。

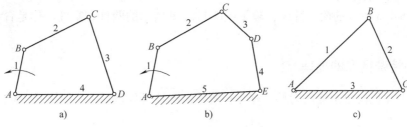

图 5-10 平面连杆机构

若杆 4 也成为原动件,即 $W=2(1、4)$,则满足 $F=2=W>0$,这时该机构具有确定的相对运动。

图 5-10c 所示三杆机构中,$n=2(1、2)$、$P_L=3(A、B、C)$、$P_H=0$,由式(5-1)得

$$F = 3n - 2P_L - P_H = 3\times 2 - 2\times 3 - 0 = 0 = W$$

说明本构件系统内部没有相对运动的可能。

由上述分析可知，**平面机构具有确定相对运动的条件是**：机构自由度 F 等于原动件数 W，由于机构必有接受外界运动的原动件，即 $W>0$，故平面机构具有确定相对运动的条件的表达式为

$$F = 3n - 2P_L - P_H = W > 0 \tag{5-2}$$

项目 5-3 图 5-11a 所示为简易冲床，动力由齿轮 1 输入，带动同轴的凸轮 2 推动杆 3，使推杆 4（冲头）上下移动以达到冲压的目的。1) 试画出简易冲床的运动简图；2) 通过自由度计算判断该机构是否有确定相对运动；3) 如果不满足有确定相对运动的条件，请提出修改意见并画出机构运动简图。

分析：1) 简易冲床的运动简图如图 5-11b 所示。

2) 计算简易冲床自由度，通过分析知该机构 $n=3$、$P_L=4$、$P_H=1$，由式（5-1）得

$$F = 3n - 2P_L - P_H = 3 \times 3 - 2 \times 4 - 1 \times 1 = 0$$

机构自由度 $F=0$，所以简易冲床不能运动，设计不合理。

3) 根据式（5-1）知，通过增加活动杆件、减少运动副或低副变高副等途径，可以获得具有确定相对运动的机构，按上述思路修改后的机构运动简图如图 5-11c、d 所示。

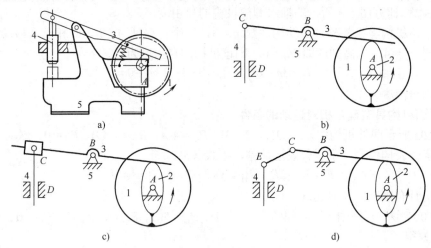

图 5-11 简易冲床及其机构运动简图

☆ 综合应用能力训练

对于图 5-11a 所示的简易冲床，除了图 5-11c、d 所示的两种方案外，你是否还有其他的修改方案？

5.3.2 几种特殊情况的处理

在计算平面机构自由度的时候，有几种特殊情况须经处理后，才能用式（5-1）计算机构自由度。

1. 复合铰链

两个以上构件在同一处用转动副相连接组成的运动副称为**复合铰链**。图 5-12a 为三个构件在同一处构成复合铰链的立体结构图，图 5-12b 为复合铰链示意图，这三个构件共组成两个共轴线转动副。当由 m 个构件组成复合铰链时，则连接处就有（$m-1$）个转动副。在计算机构自由度时，应注意这种情况，以免漏算运动副的数目。

图 5-12 复合铰链

项目 5-4 试计算图 5-13 所示直线机构的自由度,并判断该机构是否具有确定的相对运动。

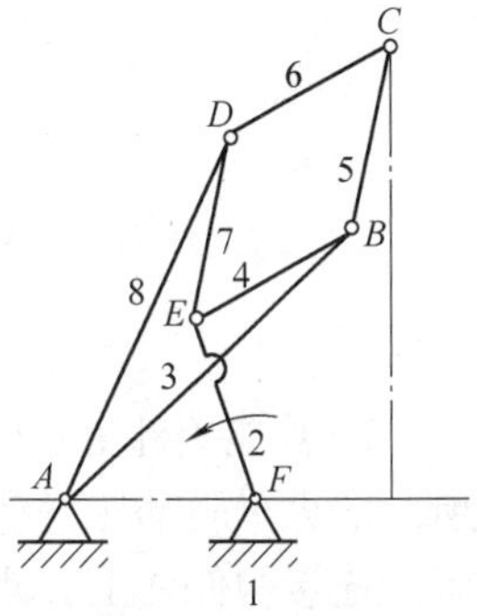

分析:机构具有 7 个活动构件,即 $n = 7(2、3、4、5、6、7、8)$,直线机构在 A、B、D、E 四处形成由 3 个构件组成的复合铰链,在 C、F 处形成转动副,这样机构共有 10 个转动副,即 $P_L = 10$,$P_H = 0$,由式(5-1)得,机构的自由度为

$$F = 3n - 2P_L - P_H = 3 \times 7 - 2 \times 10 - 0 = 1$$

构件 2 是原动件,原动件数目等于机构的自由度数,即 $F = W > 0$,所以该机构具有确定的相对运动。

图 5-13 直线机构

2. 局部自由度

不影响整个机构运动的局部的独立运动,称为**局部自由度**。在计算机构自由度时,应将局部自由度除去。如图 5-14a 所示的凸轮机构,为了减少高副接触处的磨损,在从动件上安装一个滚子 3,使其与凸轮轮廓线滚动接触。显然,滚子绕其自身轴线 C 的转动完全不会影响凸轮与从动件 2 间的相对运动,因此,滚子绕其自身轴线的转动属于局部自由度。在计算机构的自由度时,可将滚子与从动件看成一个构件,如图 5-14b 所示,这样就去除了局部自由度。这时,该机构 $n = 2$、$P_L = 2$、$P_H = 1$,则其自由度为

$$F = 3n - 2P_L - P_H = 3 \times 2 - 2 \times 2 - 1 = 1$$

即此凸轮机构中只有一个自由度。

局部自由度虽不影响机构的运动关系,但可以减少高副接触处的摩擦和磨损。因此,在机械中有很多具有局部自由度的结构,如滚动轴承、滚轮等。

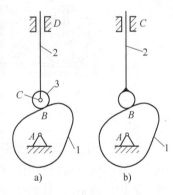

图 5-14 局部自由度

3. 虚约束

机构中与别的约束起重复约束作用的约束,称为**虚约束**。在计算机构自由度时,应当除去不计。平面机构中的虚约束常出现在下列场合:

1)两构件间形成多个具有相同作用的运动副,分为三种情况:

① 两构件在同一轴线上形成多个转动副,只有一个转动副起独立约束作用,其余都是虚约束。如图 5-15a 所示,轮轴 1 与机架 2 在 A、B 两处,组成两个转动副,从运动关系看,只有一个转动副起约束作用,计算自由度时应按一个转动副计算。

② 两构件形成多个导路平行或重合的移动副,只有一个移动副起作用,其余都是虚约束。如图 5-15b 所示,压板机构在 A、B、C 三处组成三个移动副,其中有两个为虚约束。在计算机构自由度时只能算一个移动副,其余的为虚约束。

③ 两构件在多处接触形成的高副。如图 5-15c 所示,同样在计算机构自由度时,应只考

虑一处高副，其余为虚约束。

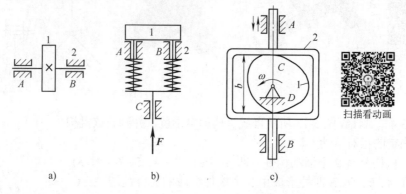

图 5-15　多个运动副的虚约束

2）被连接件上点的轨迹与机构上连接点的轨迹重合时，这种连接将出现虚约束。图 5-16a 所示的火车驱动轮联动机构为平行四边形机构，火车驱动轮联动机构运动简图如图 5-16b 所示，连接构件 2 上 E 点的轨迹就与机构连杆 BC 上 E 点的轨迹重合。在计算机构自由度时，应按图 5-16c 处理，将构件 2 及其引入的两个转动副视为虚约束除去不计。

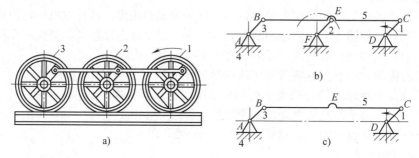

图 5-16　平行四边形机构中的虚约束

3）机构中对传递运动不起独立作用的对称部分也是虚约束。如图 5-17b 所示的行星轮系，为使整个轮系受力均匀，安装三个相同的行星轮对称分布。从运动关系看，只需一个行星轮 2 就能满足运动要求，如图 5-17a 所示，其余行星轮及其所引入的高副均为虚约束，应除去不计。

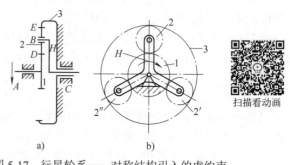

图 5-17　行星轮系——对称结构引入的虚约束

该机构自由度 $F=3n-2P_L-P_H=3\times3-2\times3-2=1$。

应当注意，对于虚约束，从机构的运动观点来看是多余的，但从增强构件刚度，改善机构受力状况等方面来看，都是必需的。对于有虚约束的机构，在制造和装配时，必须满足几何精度要求，否则虚约束会变为真实约束，并将阻碍机构正常运行。

综上所述，在计算平面机构自由度时，必须考虑是否存在复合铰链、局部自由度和虚约束等，并将局部自由度和虚约束除去不计，才能得到正确的结果。

项目 5-5 计算图 5-18a 所示平面机构的自由度,并指出其中是否有复合铰链、局部自由度及虚约束(应说明属于哪一类虚约束),并判断该运动机构是否有确定的相对运动(图中带箭头的构件为原动件),为什么?

分析:机构中三杆汇交的 G 点为复合铰链,C 处滚子有一个局部自由度,两个导路平行的移动副(I、K)形成虚约束。将滚子与顶杆视为一体(见图 5-18b),去掉一个虚约束移动副,复合铰链 G 处的转动副为 2 个,得 $n=9$、$P_L=12$、$P_H=2$。

该机构的自由度为

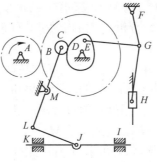
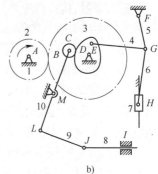

图 5-18 案例 5-5 图

$$F = 3n - 2P_L - P_H = 3 \times 9 - 2 \times 12 - 2 = 1$$

构件 2 是原动件,原动件数目等于机构的自由度数,即 $F = W = 1 > 0$,所以该机构具有确定的相对运动。

☆ 综合项目分析

回顾任务要求:为了学会准确对机械进行工作原理、运动特性及结构分析,必须能正确分析平面机构的结构、绘制平面机构运动简图及判断平面机构的运动确定性。现以单缸内燃机为载体看看如何实施我们要完成的任务。

图 5-19 所示为单缸内燃机,它的工作原理是利用燃料在气缸内燃烧产生的热能,使气体受热膨胀推动活塞移动,再经过连杆传递到曲轴使其旋转做功。当气体推动活塞 4 做往复运动时,通过连杆 3 使曲柄 2 做连续转动,从而将燃气的压力能转换为曲柄的机械能。齿轮、凸轮和推杆的作用是按一定的运动规律按时开闭阀门,完成吸气和排气。单缸内燃机由机架(气缸体)1、曲柄 2、连杆 3、活塞 4、进气阀 5、排气阀 6、推杆 7、凸轮 8 和齿轮 9、10 组成。

试利用所学知识完成以下任务:
1)分析单缸内燃机的结构。
2)绘制单缸内燃机的机构运动简图。
3)判断该机构是否具有确定的相对运动。

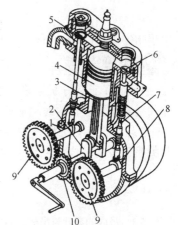

图 5-19 单缸内燃机结构图
1—机架(气缸体) 2—曲柄 3—连杆
4—活塞 5—进气阀 6—排气阀
7—推杆 8—凸轮 9、10—齿轮

(1)单缸内燃机结构分析 由图 5-19 分析可知,单缸内燃机中有三种机构:①曲柄滑块机构:由活塞 4、连杆 3、曲柄 2 和机架 1 构成,作用是将活塞的往复直线运动转换成曲柄的连续转动;②齿轮机构:由齿轮 9、10 和机架 1 构成,作用是改变转速的大小和方向;③凸轮机构:由凸轮 8、推杆 7 和机架 1 构成,作用是将凸轮的连续转动转变为推杆的往复移动,完成有规律地启闭阀门的工作。

(2)单缸内燃机三种结构的运动副类型分析
1)曲柄滑块机构:活塞 4 与机架形成面接触的移动副,活塞 4 与连杆 3、连杆 3 与曲柄

2、曲柄 2 与机架 1 连接形成转动副。

2）齿轮机构：由齿轮 9 与齿轮 10 接触形成高副，齿轮 9、10 与机架 1 连接形成转动副。

3）凸轮机构：凸轮 8 与推杆 7 接触形成高副，凸轮 8 与机架 1 连接形成转动副，推杆 7 与机架 1 间形成面接触的移动副。经分析，单缸内燃机共有 8 个转动副、3 个移动副和 2 个高副。

（3）平面机构运动简图的绘制

1）选择视图平面，画出活塞 2 与连杆 3 构成的转动副 A。

2）选取适当的比例尺，按各运动副间的图示距离和相对位置，选择适当的瞬时位置，用规定的符号画出其他运动副 B、C、D、E、F、G、H、I、J、L、M。

3）用规定的线条和符号连接各运动副，并标上构件代号、运动副代号和原动件的运动方向。图 5-20 即单缸内燃机的机构运动简图。

（4）机构运动确定性的判断 分析图 5-20 所示单缸内燃机机构运动简图可知：构件 1、7、8、9 分别组成两组凸轮机构，由于结构对称，形成虚约束，故计算机构自由度时只取其中一组凸轮机构进行计算。单缸内燃机机构中构件 4 是原动件，构件 2 与 10、构件 8 与 9 固结一体，活动构件数 $n=5$，滚子与推杆 7 在 I、G 处形成局部自由度，低副 $P_L=6$、高副 $P_H=2$，机构的自由度为

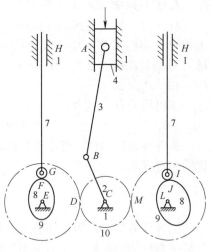

图 5-20　单缸内燃机的机构运动简图

$$F = 3n - 2P_L - P_H = 3\times 5 - 2\times 6 - 2 = 1$$

由于 $W=F=1>0$，所以机构具有确定的相对运动。

归纳总结

1. 为了正确分析应用在生产和生活中各种机械设备的工作原理、运动特性及结构特点，往往需要绘制出机构的运动简图或机构示意图，因此应掌握运动副和构件的类型及符号表示。

2. 要使各种机械设备实现预期运动特性，必须对机构的运动确定性进行判断，因此应掌握平面机构的自由度计算和机构运动确定性的判断方法。

思考与练习 5

5-1　吊扇的扇叶与吊架、书桌的桌身与抽屉、机车直线运动时的车轮与路轨，各组成哪一类运动副？试分别用运动副符号表示。

5-2　观察你的雨伞，试画出其机构运动简图或机构示意图。

5-3　图 5-21a、b 分别为牛头刨床、小型压力机的设计方案简图，试判断两设计方案是否合理？为什么？如不合理，请绘出合理的设计方案简图。

5-4　试绘制图 5-22 所示各机构的运动简图，并计算各机构的自由度。

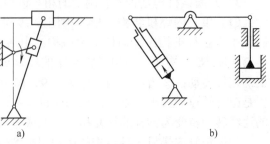

图 5-21　题 5-3 图

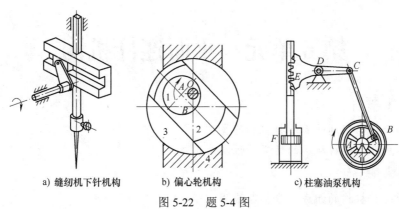

a) 缝纫机下针机构 b) 偏心轮机构 c) 柱塞油泵机构

图 5-22 题 5-4 图

5-5 计算图 5-23 所示各机构的自由度，并判断各机构是否具有确定的相对运动。

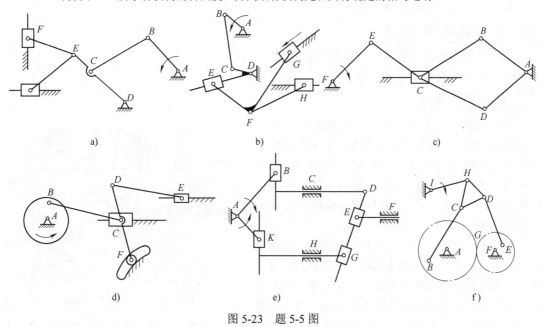

图 5-23 题 5-5 图

5-6 计算图 5-24 所示各机构的自由度，并指出其中是否有复合铰链、局部自由度、虚约束。最后判断该机构是否有确定运动（图中带箭头的构件为原动件），为什么？

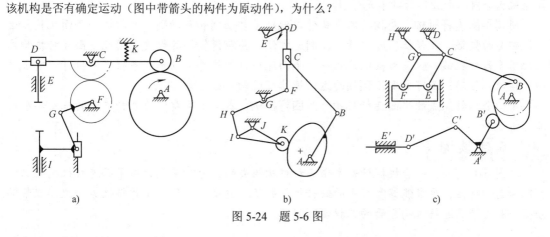

图 5-24 题 5-6 图

第6单元　平面连杆机构

能力目标

能够准确分析与识别平面连杆机构的类型。
能了解各种典型连杆机构的运动特性及应用工况。

学习目标

了解平面连杆机构的组成、分类及应用。
熟练掌握铰链四杆机构的基本类型、运动特点、应用及演化,铰链四杆机构存在曲柄的条件。
熟悉平面四杆机构的工作特性。

学习重点和难点

铰链四杆机构类型判断、铰链四杆机构的演化。
平面四杆机构的运动特性分析。

项目背景

牛头刨床是刨削类机床中应用较广的一种机床,图6-1为牛头刨床传动示意图。牛头刨床的主运动为电动机→带传动→齿轮变速机构→摆动导杆机构→滑枕往复运动→刨刀切削运动;牛头刨床的进给运动为电动机→带传动→齿轮变速机构→棘轮机构→工作台横向进给运动。

通过分析可知,为了实现预期的运动,牛头刨床主要由带传动、齿轮变速机构、棘轮机构、摆动导杆机构及曲柄连杆机构等组成,在工作时借助摆动导杆机构的运动特性来提高工作效率。为了更好

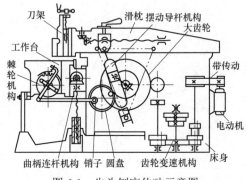

图 6-1　牛头刨床传动示意图

地掌握相关知识,本单元我们将学习平面四杆机构的基本类型、应用、工作特性及设计的基本方法等知识,以帮助分析和解决平面连杆机构方面的工程实际问题。而带传动、齿轮变速机构、棘轮机构等内容则放到后续单元学习。

所谓**平面连杆机构**,是指将所有构件以低副(转动副和移动副)联接成的平面机构。由于低副是面接触、压强低、磨损量小,制造方便,易获得较高的精度,因此平面连杆机构广泛应用于各种机械、仪表和机电产品中。平面连杆机构构件运动形式多样,不仅可以实现转动、摆动、移动,还可实现按预期的运动规律或运动轨迹运动。

由四个构件组成的平面连杆机构称为**四杆机构**,本单元主要学习四杆机构的基本类型及工作特性等。

项目要求

由图6-1可知,一台机械设备是由各种机构组成的,为了正确分析平面连杆机构的工作原理和运动特性,要求能够掌握平面四杆机构的基本类型、应用、工作特性等知识,以帮助分析和解决平面连杆机构方面的工程实际问题。

知识准备

6.1 铰链四杆机构的认知

四个构件均采用转动副联接的平面机构,称为**铰链四杆机构**(见图6-2)。机构中与机架4相连的构件1、3称为**连架杆**,其中能绕机架做整周转动的连架杆称为**曲柄**,只能绕机架做摆动的连架杆称为**摇杆**,不与机架相连的构件2称为**连杆**,连杆连接着两个连架杆。

6.1.1 铰链四杆机构的类型

铰链四杆机构有三种类型:曲柄摇杆机构、双曲柄机构及双摇杆机构。

1. 曲柄摇杆机构

铰链四杆机构的两个连架杆中,若一个是曲柄,另一个是摇杆,则称为**曲柄摇杆机构**。**其功能是**:将原动件连续转动转换为从动件摆动,或将原动件摆动转换为从动件连续转动。

图6-3所示为脚踏式人力脱粒机,以脚踏踏板 CD 为原动件,通过连杆 CB 带动曲柄 AB 旋转,再带动脱粒鼓轮连续旋转。缝纫机踏板机构也是采用以摇杆为原动件的曲柄摇杆机构。

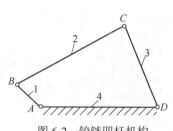

图6-2 铰链四杆机构

a) 脱粒机实物简图　　b) 脱粒机机构的运动简图

图6-3 脚踏式人力脱粒机

图6-4a所示为雷达天线俯仰机构,该机构以曲柄1为原动件,通过连杆2,使与摇杆3固结的抛物面雷达天线做一定角度的摆动,以调整俯仰角度。图6-4b所示为水稻插秧机的秧爪运动机构,利用连杆 BC 延伸端的复杂运动实现秧爪 E 往水田里插下秧苗的动作。

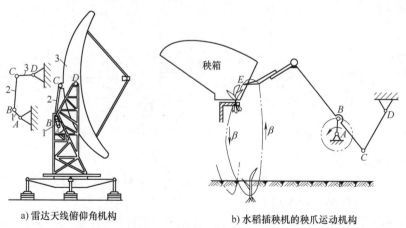

a) 雷达天线俯仰角机构　　b) 水稻插秧机的秧爪运动机构

图6-4 曲柄摇杆机构的应用

2. 双曲柄机构

铰链四杆机构的两个连架杆若都是曲柄,则称为**双曲柄机构**(见图6-5)。**其功能是**:将原动件等速转动转换为从动件等速同向、不等速同向、等速反向等多种转动。

图 6-6 所示为惯性筛，原动件曲柄 AB 匀速转动，从动件曲柄 CD 则做变速转动，通过 CE 杆带动筛子变速往复直线运动，筛面上的物料由于惯性而来回抖动，从而实现筛选。

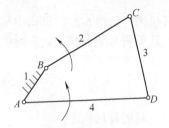

图 6-5 双曲柄机构

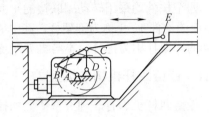

图 6-6 惯性筛

在双曲柄机构中，如果两曲柄的长度相等，且连杆和机架的长度也相等，则称为**平行四边形机构**或**平行双曲柄机构**（见图 6-7）。平行四边形机构两曲柄 1、3 做同速同向转动，连杆 2 做平动。如图 6-8 所示，掘土机的驱动铲斗机构采用平行四边形机构，铲斗与连杆 BC 固结，故做平动，可使其中物料在运行时不致泼出。

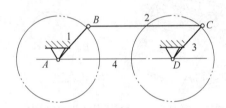

图 6-7 平行四边形机构

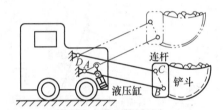

图 6-8 掘土机的驱动铲斗机构

图 6-9 所示机构的构件 1 和构件 3 长度相等，但不平行，因此曲柄 1 和曲柄 3 做不同速反向转动，该类机构称为**反平行四边形机构**。如图 6-10 所示，公共汽车的车门开关机构采用的就是反平行四边形机构，以保证与曲柄 1 和 3 固结的车门能同时开关。

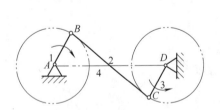

图 6-9 反平行四边形机构

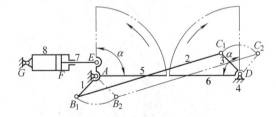

图 6-10 公共汽车的车门开关机构

3. 双摇杆机构

铰链四杆机构的两个连架杆若都是摇杆，则称为**双摇杆机构**。**其功能是**：将原动件的一种摆动转换为从动件的另一种摆动。

图 6-11a 所示的港口鹤式起重机的提升机构属于双摇杆机构，原动件 AB 摆动时，连架杆 CD 也随着摆动，并使连杆 BC 上的 E 点的轨迹近似水平，在该点所吊重物做水平移动，从而避免不必要的升降所引起的能耗。

图 6-11b 所示为电风扇摇头机构，摇头机构 ABCD 是双摇杆机构，图中 AD 是固定不动

的机架，风扇电动机既带动前面的叶片转动，又带动后面的蜗杆传动，蜗杆带动蜗轮缓慢转动，蜗轮与双摇杆机构中的连杆 BC 固结一体，BC 的位置变动，使得摇杆 AB、CD 分别绕 A、D 铰链摆动起来，而摇杆 AB 与风扇电动机（即风扇头）是一体的，于是只要风扇转动，风扇头就会慢慢地来回摆动。

图 6-11c 所示为汽车、拖拉机中的前轮转向机构，它是具有等长摇杆的双摇杆机构，该机构又称为**等腰梯形机构**。

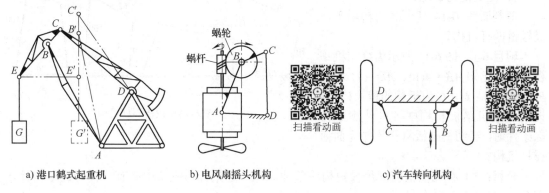

a) 港口鹤式起重机　　b) 电风扇摇头机构　　c) 汽车转向机构

图 6-11　双摇杆机构的应用

☆ **基础能力训练**

请根据所学的知识判断图 6-12 和图 6-13 所示机构属于铰链四杆机构中的哪类机构？同时简述其工作原理。

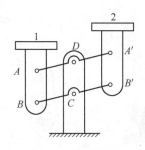

图 6-12　天平机构

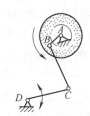

图 6-13　脚踏砂轮机构

6.1.2　铰链四杆机构类型的判别

1. 铰链四杆机构存在曲柄的条件

机构中相邻构件能否相对转整周，由各构件长度间的关系决定。铰链四杆机构中，曲柄存在的条件为：

1) 长度和条件：机构中最短构件与最长构件长度之和小于或等于其余两构件长度之和，即

$$l_{\max} + l_{\min} \leqslant l' + l'' \tag{6-1}$$

2) 最短构件条件：连架杆与机架中必有一杆为最短构件。

2. 铰链四杆机构基本类型的判别方法

1) 当最短构件与最长构件长度之和小于或等于其余两构件的长度之和时，即

$$l_{\max} + l_{\min} \leqslant l' + l''$$

① 若以最短构件相邻边为机架,则机构为曲柄摇杆机构。
② 若以最短构件为机架,则机构为双曲柄机构。
③ 若以最短构件对边为机架,则机构为双摇杆机构。

2) 当最短构件与最长构件长度之和大于其余两构件的长度之和,即 $l_{max} + l_{min} > l' + l''$ 时,则无论以哪个构件为机架,机构均为双摇杆机构。

☆ **基础能力训练**

请判断图 6-14 所示各机构属于何类铰链四杆机构?

项目 6-1 图 6-15 所示为缝纫机踏板机构,已知 $AB = 4cm$、$AD = 11cm$、$BC = 16cm$,若 BC 为机构的最长构件,请问缝纫机踏板机构中各构件满足什么条件时,缝纫机踏板机构才能为曲柄摇杆机构?

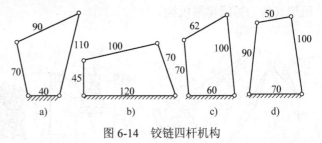

图 6-14 铰链四杆机构

分析: 1) 存在曲柄应满足最短构件条件,即:连架杆与机架中必有一杆为最短构件,因此 AB 应为最短构件。

2) 应满足长度和条件,即:$l_{max} + l_{min} \leq l' + l''$。

缝纫机踏板机构中 $l_{min} = AB = 4cm$、$l_{max} = CB = 16cm$、$l' = AD = 11cm$、$l'' = CD$,则由 $l_{max} + l_{min} \leq l' + l''$ 得

$4mm + 16mm \leq 11mm + l''$

$l'' \geq 9cm$

由于 BC 为机构的最长构件,故要使缝纫机踏板机构成为曲柄摇杆机构,则 CD 的长度应满足 $9cm \leq CD < 16cm$。

3) 在满足 $l_{max} + l_{min} \leq l' + l''$ 的条件下,取最短构件的邻边为机架,可获得曲柄摇杆机构,故当 AB 为最短构件且 $9cm \leq CD < 16cm$ 时,缝纫机踏板机构将成为曲柄摇杆机构。

a) 缝纫机踏板机构

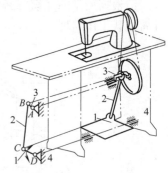

b) 缝纫机机构运动简图及结构示意图

图 6-15 缝纫机踏板机构

1—缝纫踏板 2—连杆 3—曲轴 4—机架

6.2 平面四杆机构的演化

在实际工作机械中,铰链四杆机构还远远不能满足需要,生产实践中,常常采用多种不同外形、结构和特性的四杆机构,这些类型的四杆机构都可看作由铰链四杆机构通过不同方法演化而来的,常用的演化方法有:①变转动副为移动副;②取不同的构件做机架;③扩大转动副和移动副的尺寸。

1. 曲柄滑块机构

图 6-16 所示为曲柄摇杆机构演化为曲柄滑块机构的过程,其采用的演化方法为变转动副为移动副。图 6-16a 所示曲柄摇杆机构铰链中心 C 的轨迹为以 D 为圆心、以 CD 为半径的圆

弧。当 CD 长增至无穷大时，则如图 6-16b 所示，C 点轨迹变成直线。于是摇杆 3 演化为直线运动的滑块，转动副 D 演化为移动副，该机构演化为图 6-16c 所示的曲柄滑块机构。

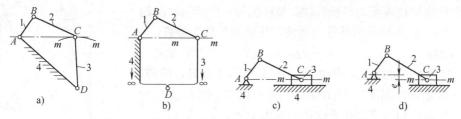

图 6-16 铰链四杆机构演化为曲柄滑块机构的过程

若 C 点运动轨迹正对曲柄转动中心 A，则机构称为**对心曲柄滑块机构**（见图 6-16c）；若 C 点运动轨迹 mm 的延长线与回转中心 A 之间存在偏心距 e（见图 6-16d），则机构称为**偏置曲柄滑块机构**。

曲柄滑块机构的功能：将原动件的转动转换为从动件的移动，或将原动件的移动转换为从动件的转动。其被广泛应用在冲床（见图 6-17）、空气压缩机、活塞式内燃机（见图 6-18）等机械中。

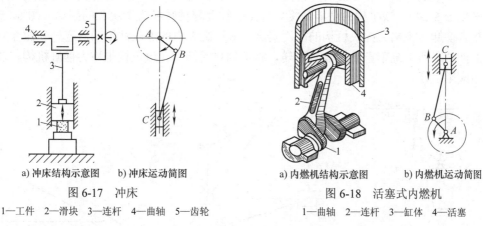

图 6-17 冲床　　　　　　　　　　　　图 6-18 活塞式内燃机
1—工件　2—滑块　3—连杆　4—曲轴　5—齿轮　　　1—曲轴　2—连杆　3—缸体　4—活塞

图 6-19 所示为爬杆机器人，这种机器人能够模仿尺蠖的动作向上爬行，其爬行机构就是曲柄滑块机构的应用。

在曲柄滑块机构或其他含有曲柄的四杆机构中，当曲柄长度很短时，由于存在结构设计困难，工程中常将曲柄设计成偏心轮或偏心轴的形式，这样不仅克服了结构设计问题，而且提高了偏心轴的强度和刚度。曲柄为偏心轮结构的连杆机构称为**偏心轮机构**，如图 6-20 所示。

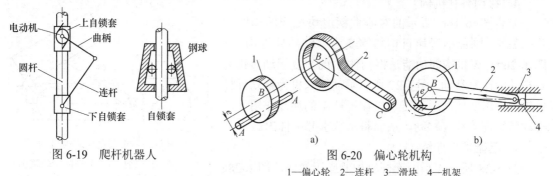

图 6-19 爬杆机器人　　　　　　图 6-20 偏心轮机构
1—偏心轮　2—连杆　3—滑块　4—机架

2. 导杆机构

若将图 6-16c 所示的对心曲柄滑块机构的构件 1 作为机架，则曲柄滑块机构将演变为导杆机构。导杆机构中形成移动副的构件为 3、4，其中块状构件称为**滑块**，杆状构件称为**导杆**。

图 6-21a 中 $l_2 < l_1$（注：$l_1 = AB$, $l_2 = BC$），此时连架杆 2 是曲柄，导杆 4 只能绕机架摆动，故此机构称为**摆动导杆机构**。**该机构的功能**是将曲柄 2 的转动转换为导杆摆动。图 6-22 所示牛头刨床驱动机构为摆动导杆机构的应用实例。

图 6-21b 中 $l_1 < l_2$（注：$l_1 = AB$, $l_2 = BC$），机架为最短构件，与机架相邻的两个连架杆 2、4 均能绕机架转整周，导杆 4 是转动导杆，故此机构称为**转动导杆机构**。这种机构的功能是将曲柄 2 的等速转动转换为导杆的变速转动。图 6-23 所示的插床插刀机构为转动导杆机构的应用实例。

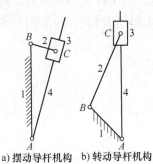

图 6-21 导杆机构
1—机架 2—曲柄 3—滑块 4—导杆

3. 摇块机构

若将图 6-16c 所示的对心曲柄滑块机构的构件 2 作为机架，则曲柄滑块机构将演变为摇块机构（见图 6-24），**该机构的功能**是将导杆 4 的往复移动转换为滑块 3 的摆动。图 6-25 所示的货车自动卸料机构为摇块机构的应用实例。液压缸 3 内的液压油推动活塞杆 4 做往复移动，从而推动车厢 1 绕车身 2 的 B 点翻转，将货物自动卸下，该机构也称为**摆缸机构**，在液压机械中应用广泛。

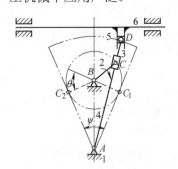

图 6-22 牛头刨床驱动机构
1—机架 2—曲柄 3、5—滑块
4—导杆 6—滑枕

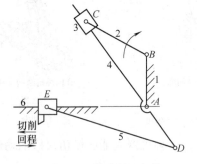

图 6-23 插床插刀机构
1—机架 2—曲柄 3—滑块
4—导杆 5—连杆 6—刀架

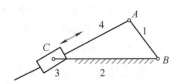

图 6-24 摇块机构
1—曲柄 2—机架
3—滑块 4—导杆

4. 移动导杆机构

若将图 6-16c 所示的对心曲柄滑块机构的构件 3 作为机架，则曲柄滑块机构将演变为移动导杆机构（见图 6-26），**该机构的功能**是将构件 1 的往复摆动转化为导杆 4 的往复移动。图 6-27 所示手动压水机为移动导杆机构的应用实例。手动压水机在压杆 1 的往复作用下，带动活塞杆 4 往复移动，从而将水从水井中抽出。

☆ **基础能力训练**

图 6-28 所示为平面连杆机构的应用案例，图 6-28a

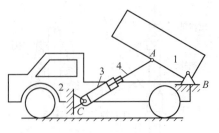

图 6-25 货车自动卸料机构
1—车厢 2—车身 3—液压缸 4—活塞杆

所示为折叠桌椅机构，图 6-28b 所示为玩具步行机构，试利用所学知识分析图 6-28 所示平面连杆机构的应用案例，判断它们属于哪种平面连杆机构？

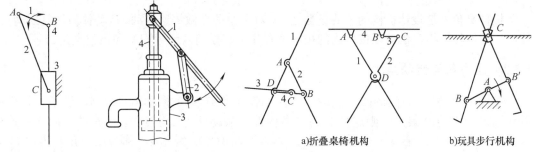

图 6-26　移动导杆机构　　图 6-27　手动压水机　　图 6-28　平面连杆机构的应用案例

6.3　平面四杆机构的工作特性

在实际生产中，不仅要求平面连杆机构能实现预期的运动规律并满足机器的运动要求，而且希望它具有良好的运动特性和传力性能。衡量机构运动特性和传力性能的指标有行程速度变化系数、压力角及传动角等参数，本节将讨论这些参数的概念及对平面连杆机构运动特性和传力性能的影响。

6.3.1　急回特性

图 6-29 所示的曲柄摇杆机构中，AB 为曲柄，它是原动件，以 ω 等速转动，BC 为连杆，CD 为摇杆。当摇杆 CD 处于 C_1D 位置时为初始位置，处于 C_2D 位置时为终止位置，摇杆两极限位置之间所夹角度称为摇杆的**摆角**，用 ψ 表示。它是从动件摆动范围，故称为**行程**。当从动件 CD 处于两个极限位置时，曲柄 AB 所对应两个位置 AB_1 和 AB_2 间所夹锐角 θ，称为曲柄的**极位夹角**。

当曲柄 AB 以等角速度 ω 顺时针方向由 AB_1 转到 AB_2 时，其转角 $\phi_1 = 180°+\theta$，摇杆随着向右摆过角度 ψ，此行程若做功，则称为**工作行程**，此时，C 点走过弧长 $\overarc{C_1C_2}$，经历时间 t_1，工作行程的平均速度 $v_1 = \overarc{C_1C_2}/t_1$。当曲柄继续由 AB_2 转到 AB_1 时，其转角 $\phi_2 = 180°-\theta$，摇杆随着向左摆回角度 ψ，此行程若不做功，则称为**空回行程**，此时，C 点走过弧长 $\overarc{C_2C_1}$，经历时间 t_2，空回行程的平均速度 $v_2 = \overarc{C_2C_1}/t_2$。$v_2$ 与 v_1 之比为

$$K = \frac{v_2}{v_1} = \frac{\overarc{C_2C_1}/t_2}{\overarc{C_1C_2}/t_1} = \frac{t_1}{t_2}$$

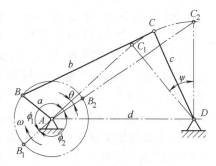

图 6-29　曲柄摇杆机构的急回特性分析

式中，K 称为**行程速度变化系数**。

因曲柄等速转动，故 $\omega = \phi_1/t_1 = \phi_2/t_2$，代入上式，则

$$K = \frac{v_2}{v_1} = \frac{t_1}{t_2} = \frac{\phi_1/\omega}{\phi_2/\omega} = \frac{\phi_1}{\phi_2} = \frac{180°+\theta}{180°-\theta} \tag{6-2}$$

若 $K>1$，则表示该机构空回行程的速度大于工作行程的速度，机构具有急回特性，提高

了生产效率。由式（6-2）可知，θ越大，急回特性越显著。由式（6-2）得

$$\theta = 180° \times \frac{K-1}{K+1} \tag{6-3}$$

极位夹角 θ 是设计机构的重要参数之一。对于原动件做等速转动、从动件做往复摆动（或移动）的四杆机构，都可以按机构的极限位置作出其摆角（或行程）和极位夹角。

6.3.2 压力角与传动角

在图 6-30 所示的铰链四杆机构中，原动件 1 经连杆 2 推动从动件 3，若不计构件质量和运动副中的摩擦力，则连杆 2 为二力构件。从动件上 C 点所受力 **F** 的方向（沿连杆 BC）与 C 点的绝对速度 v_C 方向（与 CD 垂直）间所夹的锐角 α，称为**压力角**。力沿 v_C 方向的分力 $F_t = F\cos\alpha$，它能推动从动件做有效功，是有效分力；沿 v_C 垂直方向的分力 $F_r = F\sin\alpha$，它引起摩擦阻力，产生有害的摩擦功，是有害分力。可见压力角越小，有效分力越大，有害分力越小，机构越省力，效率越高，所以压力角 α 是判断机构传力性能的重要参数。

传动角 γ 是压力角 α 的余角，也是判断机构传力性能的参数。机构的传动角越大，传力性能越好。由于 α 和 γ 互为余角，故只需采用一个参数就能判断出机构的传力性能。

机构运行时，α 和 γ 随从动件位置的变化而变化，为保证该机构具有良好的传力性能，要限制工作行程的最大压力角 $α_{max}$ 或最小传动角 $γ_{min}$。对于一般机械，通常取 $γ_{min} ≥ 40°$；对于颚式破碎机及冲床等大功率机械，最小传动角应当取大些，可取 $γ_{min} ≥ 50°$；对于小功率的控制机构和仪表，$γ_{min}$ 可略小于 40°。为此，必须确定 $γ = γ_{min}$ 时机构的位置，并检验 $γ_{min}$ 的值是否大于上述的最小允许值。

1）对于曲柄摇杆机构，当以曲柄为原动件时，最小传动角出现在曲柄与机架共线的两位置处，如图 6-30 所示。

2）对于曲柄滑块机构，当以曲柄为原动件时，最小传动角出现在曲柄与机架垂直的位置，如图 6-31 所示。

3）如图 6-32 所示的摆动导杆机构中，当以曲柄为原动件时，在任何位置曲柄（原动件）通过滑块传给导杆（从动件）的力的方向，与导杆受力的速度方向始终一致，所以传动角始终等于 90°。

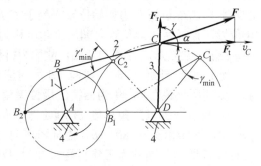

图 6-30 铰链四杆机构的压力角和传动角

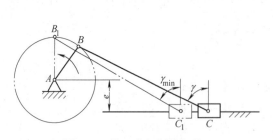

图 6-31 偏心曲柄滑块机构

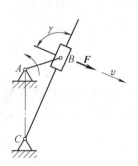

图 6-32 摆动导杆机构

6.3.3 死点位置

如图 6-33 所示的曲柄摇杆机构中,以摇杆 CD 为原动件,曲柄 AB 为从动件。当连杆 BC 与曲柄 AB 两次共线时,传动角 $\gamma = 0°$ ($\alpha = 90°$),这时无论连杆 BC 传递给曲柄 AB 的作用力有多大,都不能使曲柄 AB 转动,此时机构所处的位置称为**死点位置**。

在图 6-34 所示的缝纫机踏板机构中,踏板 3(原动件)往复摆动,通过连杆 2 驱动曲柄 1(从动件)做连续转动,再经过带传动使机头主轴转动。在实际使用过程中,缝纫机有时会出现踏不动或倒车现象,这就是由死点位置引起的。在正常运转时,借助安装在机头主轴上的飞轮(即带轮)的惯性作用,可以使缝纫机踏板机构的曲柄顺利冲过死点位置。

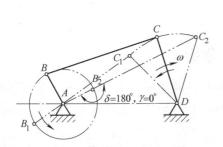

图 6-33 曲柄摇杆机构死点位置

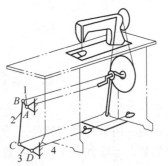

图 6-34 缝纫机踏板机构
1—曲柄 2—连杆 3—踏板 4—机架

对于连续运转的机器,可以采取以下措施使机构顺利通过死点位置:
1)对从动件曲柄施加转动力矩,使其通过死点位置。
2)在从动件曲柄上加飞轮,利用惯性通过死点位置,如缝纫机踏板机构。
3)采用错位排列的方式顺利通过死点位置,例如图 6-35 所示的机车车轮联动机构。

机构的死点位置并非总是起消极作用的。在工程中,也常利用死点位置来实现一定的工作要求。如图 6-36 所示的电气设备开关的分合闸机构,合闸时机构处于死点位置,此时触头接合力 F_Q 和弹簧力 F 对构件 CD 产生的力矩无论多大,也不能推动构件 AB 转动而分闸。当超负荷需要分闸时,通过控制装置(图中未示出)产生较小的力来推动构件 AB,使机构离开死点位置,构件 CD 便能转动从而达到分闸的目的,如图 6-36 中的虚线所示。

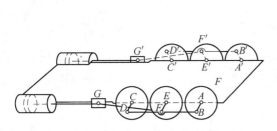

图 6-35 机车车轮联动机构

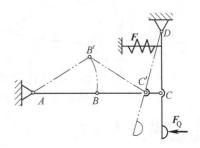

图 6-36 电气设备开关的分合闸机构

☆ **综合应用能力训练**

在工程实际和日常生活中，常利用死点位置来实现一定的工作要求，例如图 6-37 所示为机构死点位置的两个应用实例。图 6-37a 所示为折叠式靠椅，靠背 AD 可视为机架，靠背脚 AB 可视为原动件。图 6-37b 所示为夹紧工件用的连杆式快速夹具，它就是利用死点位置来夹紧工件的。请利用你的生活常识或查阅相关资料，判断折叠式靠椅和连杆式快速夹具分别属于哪种平面四杆机构？分析并简述它们的工作原理，绘制出它们的机构运动示意图。

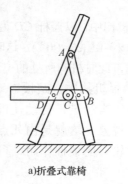
a) 折叠式靠椅

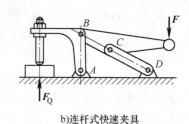
b) 连杆式快速夹具

图 6-37 机构死点位置应用案例

☆ 综合项目分析

回顾任务要求，在机械工程中，为了更简便、更经济和更好地实现机械和设备预期的功能，往往需要巧妙地利用各种机构特性，并辅以特殊的构件形状，完成复杂的任务。这样设计，常能以简单的装置，收到事半功倍的效果。

图 6-38 所示为铸件供应装置，其主传动机构是一个双摇杆机构 ABCD，液压缸 5 为原动件。在液压缸 5 的驱动下，摇杆机构左右摆动，在实线位置时，能承接来自加热炉的热铸锭（工件 7），在虚线位置时，将热铸锭倾倒在升降台 6 上，在中间过程中应保证热铸锭运送安全可靠。要实现上述功能，其关键在于巧妙地设计连杆 3 的形状。

图 6-39 所示的抓斗机构由两个对称的摇杆滑块机构组成。它有两根由吊车控制的钢丝绳，提升钢丝绳Ⅱ时，拉动滑块 4 向上，左、右抓斗 3 在重力作用下自动向中间闭拢，将散料抓入料斗中。料斗提升至卸料位置时，再提升钢丝绳Ⅰ使滑块 1 上移，把料斗打开卸料。该机构在设计时，就是巧妙地利用重力和以不同构件为原动件实现抓斗机构预期的运动规律。

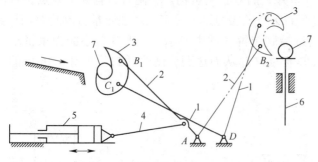

图 6-38 铸件供应装置
1、2—摇杆 3、4—连杆 5—液压缸 6—升降台 7—工件

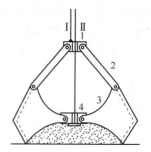

图 6-39 抓斗机构
1、4—滑块 2—连杆 3—抓斗

归纳总结

1. 平面连杆机构被广泛应用在生产和生活中，不同的平面连杆机构具有不同的运动特

性，掌握平面连杆机构的类型识别和演化形式，会正确分析和识别机械传动装置中的平面连杆机构。

2．能根据机械设备要实现的预期运动规律，选用适当的平面连杆机构。

思考与练习 6

6-1 图 6-40a、b 同是剪板机，试分析它们各由什么机构组成，并画出二者的机构运动简图。

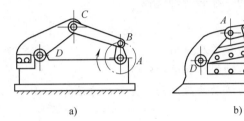

图 6-40 剪板机

6-2 构思一个执行构件做移动、自由度为 1 的机构。

6-3 构思一个双自由度机构，并标明原动件。

6-4 如图 6-41 所示，设已知平面四杆机构各构件的长度：l_{AB} = 240mm、l_{BC} = 600mm、l_{CD} = 400mm、l_{AD} = 500mm。试回答下列问题：

（1）当取构件 4 为机架时，是否有曲柄存在？

（2）若各构件长度不变，能否以选不同构件为机架的办法获得双曲柄机构和双摇杆机构？如何获得？

6-5 如图 6-42 所示的铰链四杆机构中，已知各构件长度 l_{AB} = 20mm，l_{BC} = 60mm，l_{CD} = 85mm，l_{AD} = 50mm，要求：

（1）试判断该机构是否有曲柄。

（2）若以构件 AB 为原动件，判断此机构是否存在急回运动，若存在，试确定其极位夹角。

（3）试画出该机构的最小传动角。

（4）在什么情况下此机构有死点位置？

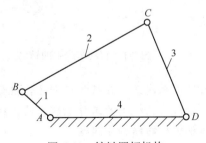 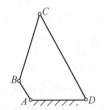

图 6-41 铰链四杆机构　　　图 6-42 铰链四杆机构

6-6 一铰链四杆机构，已知 l_{BC} = 500mm，l_{CD} = 350mm，l_{AD} = 300mm，AD 为机架，试问：

（1）若此机构为曲柄摇杆机构，且 AB 为曲柄，求 l_{AB} 的最大值。

（2）若此机构为双曲柄机构，求 l_{AB} 的最小值。

（3）若此机构为双摇杆机构，求 l_{AB} 的取值范围。

第7单元 凸轮机构

能力目标

能分析与识别凸轮机构的工作原理、类型及应用。
能简单分析凸轮机构的运动规律和运动特性。

学习目标

掌握凸轮机构的工作原理、分类及应用。
掌握凸轮机构从动件常用运动规律和运动特性。
掌握用图解法设计对心直动从动件盘形凸轮轮廓的方法。

学习重点和难点

凸轮机构的工作原理。
凸轮机构的类型和特点。
凸轮机构从动件常用运动规律和运动特性。
用图解法设计对心直动从动件盘形凸轮轮廓。

项目背景

凸轮机构是机械中的一种常用机构,常用于将原动件的连续转动转变为从动件的往复移动或摆动,使从动件获得预先给定的运动规律,因而广泛用于自动化和半自动化机械中。

图 7-1 所示为自动车床中的转塔式自动换刀装置,该装置通过凸轮机构实现进刀和换刀功能。根据图示案例,你能否分析出机构的运动情况、设计出符合工作要求的凸轮机构?本单元将通过学习凸轮机构的工作原理、凸轮机构从动件常用运动规律和运动特性、凸轮轮廓的设计及凸轮机构的结构等知识,解决上述问题。

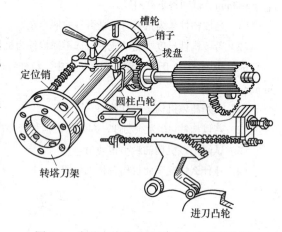

图 7-1 自动车床中的转塔式自动换刀装置

项目要求

图 7-1 所示案例包含凸轮机构,通过项目训练能正确分析和识别凸轮机构运动情况;能根据工作要求选用适合的凸轮机构类型;会分析凸轮机构的工作原理、凸轮机构从动件常用运动规律和运动特性、凸轮轮廓的设计及凸轮机构的结构等问题。

知识准备

7.1 凸轮机构的特点、应用和分类

凸轮机构的工作原理是:当凸轮连续转动或移动时,借助凸轮的轮廓,使从动件实现预期的运动规律。

7.1.1 凸轮机构的应用及特点

1. 凸轮机构的应用

图 7-2 和图 7-3 是凸轮机构的几个应用实例。图 7-2a 所示为内燃机配气机构，工作时盘形凸轮 1 连续转动，推动从动件气阀 2 有规律地实现进、排气阀的开启与闭合。

图 7-2b 为冲床送料机构，工作中移动凸轮 1 随冲头往返运动，推动装有圆柱滚子的从动件 2 做相应的水平往返运动，以实现卸料送料工作。

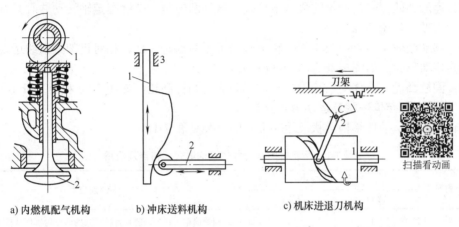

a) 内燃机配气机构　　b) 冲床送料机构　　c) 机床进退刀机构

图 7-2　凸轮机构应用实例（一）

图 7-2c 为机床进退刀机构，工作中圆柱凸轮 1 转动，通过凸轮的凹槽控制从动件 2 按预设的规律摆动，再通过齿轮齿条的传动实现进刀退刀。

图 7-3a 为录音机卷带机构中的凸轮机构。凸轮 1 处于图示最低位置，在弹簧 6 的作用下，安装于带轮轴上的摩擦轮紧靠卷带轮 5，从而将磁带卷紧。停止放音时，凸轮 1 随按键上移，其轮廓压迫从动件 2 顺时针摆动，使摩擦轮与卷带轮分离，从而停止卷带。

图 7-3b 为缝纫机拉线机构。当圆柱凸轮转动时，嵌在槽内的滚子 A 迫使从动件（挑线爪）绕轴 O 转动，从而在 B 处拉动缝线工作。

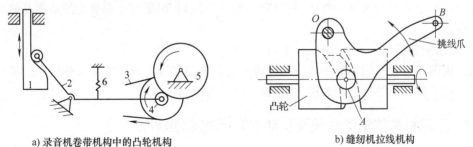

a) 录音机卷带机构中的凸轮机构　　b) 缝纫机拉线机构

图 7-3　凸轮机构应用实例（二）

1—凸轮　2—从动件　3—磁带　4—摩擦轮　5—卷带轮　6—弹簧

从上述实例可知，凸轮机构一般由凸轮、从动件和机架三部分组成。

2. 凸轮机构的特点

与连杆机构相比，凸轮机构结构简单、紧凑、设计方便，便于准确地实现给定的运动规律和轨迹；但由于凸轮轮廓与从动件之间为点接触或线接触，易于磨损，所以多用于传力不大的机械、仪表、控制机构中。

7.1.2 凸轮机构的分类

凸轮机构的结构形式多种多样，可以按凸轮的形状分类，也可以按从动件结构形状及运动形式分类。

1. 按凸轮的形状分类

（1）**盘形凸轮** 它是凸轮的最基本形式，这种凸轮是一个绕固定轴转动并且具有变化半径的盘形零件，如图 7-2a 所示。

（2）**移动凸轮** 当盘形凸轮的回转中心趋于无穷远时，凸轮相对机架做直线运动，这种凸轮称为移动凸轮，如图 7-2b 和图 7-3a 所示。

（3）**圆柱凸轮** 将移动凸轮卷成圆柱体即成为圆柱凸轮，如图 7-2c 和图 7-3b 所示。

2. 按从动件结构形状及运动形式分类

凸轮机构按从动件结构形状及运动形式的分类见表 7-1。

表 7-1 凸轮机构从动件的结构形式、特点及应用

从动件结构形式	从动件运动形式		主要特点及应用
	移动	摆动	
尖顶从动件		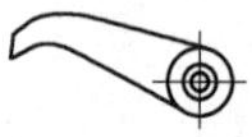	结构最简单，且尖顶能与各种形式的凸轮轮廓保持接触，可实现任意的运动规律。但尖顶易磨损，故只适用于低速、轻载的凸轮机构
滚子从动件	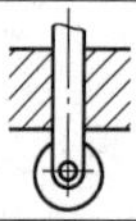	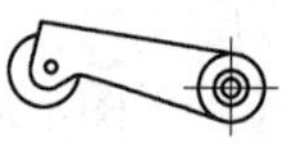	滚子与凸轮为滚动摩擦，磨损小，承载能力较大，但运动规律有一定限制，且滚子与转轴之间有间隙，故不适用于高速的凸轮机构
平底从动件	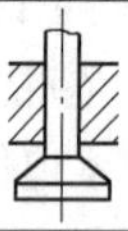	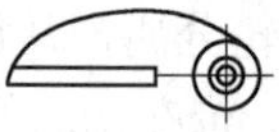	结构紧凑，润滑性能和动力性能好，效率高，故适用于高速的凸轮机构。但要求凸轮轮廓曲线不能呈凹形，因此从动件的运动规律受到限制

此外，为了使凸轮与从动件始终保持接触，还可以利用重力、弹簧力或依靠凸轮上的凹槽来实现。

☆ **基础能力训练**

请分析图 7-1 所示的自动车床中的转塔式自动换刀装置，该装置是否使用了凸轮机构？采用了何种类型的凸轮机构？使用凸轮机构可以实现何种运动？

7.2 凸轮机构的运动过程及从动件常用的运动规律

7.2.1 凸轮机构的运动过程及有关名称

图 7-4 为凸轮机构运动过程，图示位置时凸轮转角为零，从动件位移也为零，从动件尖顶位于离凸轮轴心 O 最近的位置 A，称为**起始位置**。以凸轮轮廓最小向径为半径所作的圆称为**基圆**，基圆半径用 r_0 表示。从动件离轴心最近的位置 A 到最远的位置 B 间移动的距离为 h，称为**行程**。图 7-4b 为凸轮机构的从动件位移曲线。

（1）推程 当凸轮以角速度 ω 按逆时针等速转动时，从动件尖顶被凸轮轮廓由最低点（A）推至最高点（B'），这一行程称为**推程**，凸轮相应转过的角度 ϕ_0 称为**推程运动角**。从动件在推程做功，称为**工作行程**。

（2）远休止 凸轮继续转动，从动件尖顶在最高点 B' 停留不动，称为**远休止**。此时凸轮转过的角度 ϕ_s 称为**远休止角**。

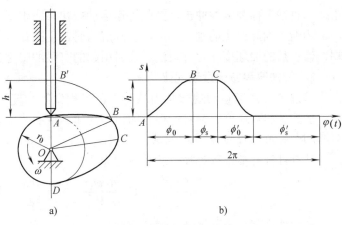

图 7-4 凸轮机构运动过程

（3）回程 凸轮继续转动，从动件在重力或弹簧力作用下由最高点（B'）回到最低点（A），这一行程称为回程，凸轮相应转过的角度 ϕ'_0 称为**回程运动角**。从动件在回程不做功，称为**空回行程**。

（4）近休止 凸轮继续转动，从动件停留在离凸轮轴心最近的位置 A，称为**近休止**，此时凸轮转过的角度 ϕ'_s 称为**近休止角**。

凸轮转过一周，从动件经历推程、远休止、回程、近休止四个运动阶段，是典型的升—停—回—停的双停歇循环，从动件也可以是一次停歇或没有停歇的循环。

行程 h 以及各阶段的转角，即 ϕ_0、ϕ_s、ϕ'_0、ϕ'_s 是描述凸轮机构运动的重要参数。

☆ **基础能力训练**

图 7-5 所示为凸轮机构运动简图，凸轮的实际轮廓线为一圆，其圆心为 A 点，半径 $R = 40\text{mm}$，$l_{OA} = 25\text{mm}$。试确定凸轮的基圆半径和从动件的行程。

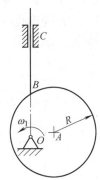

图 7-5 凸轮机构运动简图

7.2.2 从动件常用的运动规律

从动件的运动规律就是指从动件在运动过程中，其位移 s、速度 v、加速度 a 随时间 t 的变化规律。由于凸轮一般以角速度 ω 等速转动，故其转角 φ 与时间 t 成正比，所以从动件的运动规律常表示为与凸轮转角 φ 的关系，如图 7-4b 所示。

从动件常用的运动规律有等速运动规律、等加速等减速运动规律、简谐（余弦加速度）运动规律等。本单元只讲解等速运动规律、等加速等减速运动规律。

1．等速运动规律（直线运动规律）

设凸轮以角速度 ω 等速转动，当凸轮转过推程运动角 ϕ_0 时，从动件等速上升 h，其推程运动方程为

$$s = \frac{h\varphi}{\phi_0} \qquad v = \frac{h\omega}{\phi_0} \qquad a = 0 \tag{7-1}$$

图 7-6 为等速运动线图。由图可知，从动件在运动起点和终点瞬时的加速度 a 为无穷大，所以此时由从动件的加速度而产生的惯性力在理论上也趋于无穷大，致使机构产生强烈的冲

击,这种冲击称为**刚性冲击**,因此等速运动规律只应用于中、小功率和低速场合。

为避免由此产生的刚性冲击,实际应用时常用圆弧或其他曲线修正位移线图的始、末两端,修正后的加速度 a 为有限值,此时引起的有限冲击称为**柔性冲击**。

2. 等加速等减速运动规律

等加速等减速运动规律是指从动件前半程做等加速运动规律,后半程做等减速运动规律,加速度和减速度的绝对值相等的运动规律。从动件做等加速等减速运动的位移各为 $h/2$,对应的凸轮转角各为 $\phi_0/2$,分别相等。

从动件推程前半程等加速运动方程为

$$s = \frac{2h\varphi^2}{\phi_0^2} \quad v = \frac{4h\omega\varphi}{\phi_0^2} \quad a = \frac{4h\omega^2}{\phi_0^2} \quad \left(0 \leq \varphi \leq \frac{\phi_0}{2}\right) \tag{7-2a}$$

从动件推程后半程等减速运动方程为

$$s = h - \frac{2h}{\phi_0^2}(\phi_0 - \varphi)^2 \quad v = \frac{4h\omega}{\phi_0^2}(\phi_0 - \varphi) \quad a = -\frac{4h\omega^2}{\phi_0^2} \quad \left(\frac{\phi_0}{2} \leq \varphi \leq \phi_0\right) \tag{7-2b}$$

图 7-7 为等加速等减速运动规律的位移、速度、加速度线图。

从动件等加速等减速运动线图如图 7-7 所示。由图可见,等加速等减速运动规律在运动起点 A、中点 B、终点 C 的加速度发生有限值突变,因而从动件的惯性力也将产生有限值的突变,引起冲击也较为平缓。这种由于加速度发生有限值突变所产生的冲击称为**柔性冲击**。这种运动只适用中、低速场合。

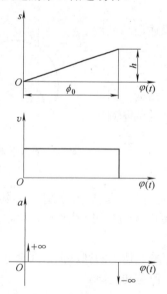

图 7-6 等速运动线图

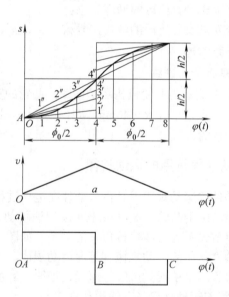

图 7-7 等加速等减速运动线图

等加速等减速运动规律的位移线图画法(见图 7-7):将推程运动角 ϕ_0 分成两等份,每等份为 $\frac{\phi_0}{2}$;将行程分成两等份,每等份为 $\frac{h}{2}$。将 $\frac{\phi_0}{2}$ 分成若干等份,得 1、2、3、…,过这些点作横坐标的垂线。将 $\frac{h}{2}$ 分成相同的等份 1′、2′、3′、…,连接 $O1'$、$O2'$、$O3'$、… 与相应的横坐标的垂线分别相交于 1″、2″、3″、…。最后将各交点连成光滑的曲线,该曲线便是等加速上升的位移线图,等减速上升的位移线图可用同样的方法求得。

7.3 凸轮轮廓曲线的设计

根据机器的工作要求,在确定了凸轮机构的类型及从动件的运动规律、凸轮的基圆半径和凸轮转动方向后,便可开始凸轮轮廓曲线的设计了。凸轮轮廓曲线的设计方法有图解法和解析法。图解法简单直观,但不够精确,只适用于设计精度要求较低的凸轮和一些圆弧直线凸轮;解析法是借助计算机辅助设计求得凸轮轮廓,轮廓精确但计算量大,设计出的轮廓可采用数控机床加工。由于这两种设计方法的基本原理相同,而图解法有助于理解凸轮轮廓设计原理及一些基本概念,所以本单元只介绍利用图解法设计凸轮轮廓的方法。

7.3.1 图解法设计凸轮的原理

图 7-8 为尖顶对心直动从动件盘形凸轮机构。当凸轮以角速度 ω 绕轴心 O 逆时针转动时,从动件沿导路(机架)做往复移动。

为便于绘制凸轮轮廓线,需要凸轮相对固定,可以假设给整个凸轮机构加上一个公共角速度 $-\omega$ 绕凸轮轴心转动。根据相对运动原理,机构各构件间的相对运动关系不变,但是凸轮已"固定不动",而从动件一方面随机架和导路以角速度 $-\omega$ 绕 O 点转动,另一方面又在导路中按原来的运动规律往复移动。由于从动件尖顶始终与凸轮轮廓相接触,因此,从动件在这种复合运动中,从动件尖顶的运动轨迹就是凸轮轮廓曲线,该轮廓曲线便是凸轮的**理论轮廓**。这种按相对运动原理绘制凸轮轮廓曲线的方法称为"**反转法**"(见图 7-8)。

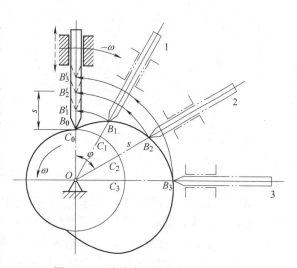

图 7-8 凸轮轮廓线设计的反转法原理

7.3.2 对心直动从动件盘形凸轮轮廓设计

1. 尖顶对心直动从动件盘形凸轮轮廓的绘制

项目 7-1 试用图解法设计一尖顶对心直动从动件盘形凸轮轮廓(见图 7-9)。

已知凸轮的基圆半径 $r_0 = 30$mm,凸轮以角速度 ω 顺时针等速转动,从动件的运动规律如下:

凸轮转角 φ	0°～180°	180°～210°	210°～330°	330°～360°
从动件位移 s	等速上升 $h=15$mm	停止	等加速等减速下降 $h=15$mm	停止

分析:凸轮轮廓设计步骤如下。

(1)**绘制从动件的位移线图** 选取位移比例尺 μ_s 和角度比例尺 μ_φ,按已知从动件的运动规律绘制从动件的位移线图(见图7-9b)。

(2)**确定凸轮机构的初始位置** 选取长度比例尺 μ_l(通常与位移比例尺 μ_s 相同),取 O

点为圆心、r_0 为半径作基圆，取 A_0 为从动件尖顶的起始位置。

（3）等分位移曲线，得各等分点位移量 在 s—φ 线图上将 ϕ_0、ϕ_0' 作若干等份（图 7-9b 为 6 等分）得等分点 1、2、3、…、6 和 8、9、10、…、13；由各等分点作垂线，与位移曲线相交，得转角在各等分点对应位移量 11'、22'、33'、…，如图 7-9b 所示。

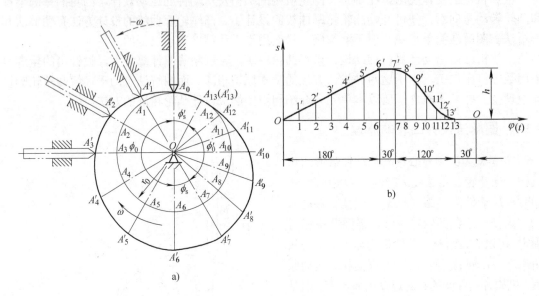

图 7-9 图解法设计尖顶对心直动从动件盘形凸轮轮廓

（4）作从动件尖顶轨迹 在基圆上，自初始位置 A_0 开始，沿 $-\omega$ 即逆时针方向，依次取角度 ϕ_0、ϕ_s、ϕ_0'、ϕ_s'，按位移曲线中相同等分，对 ϕ_0、ϕ_0' 作等分，在基圆上得分点 A_1、A_2、A_3、…、A_{12}、A_{13}；过各分点作从动件相对凸轮的位置线，即 OA_1、OA_2、OA_3、…、OA_{12}、OA_{13} 的延长线。在位置线上，分别截取位移量 A_1A_1' = 11'、A_2A_2' = 22'、…、A_3A_3' = 33'、…、$A_{12}A_{12}'$ = 1212'、$A_{13}A_{13}'$ = 0，则 A_1'、A_2'、A_3'、…、A_{12}'、A_{13}'，便是从动件尖顶在反转过程中依次所处位置，如图 7-9a 所示。

（5）绘制凸轮轮廓 在 ϕ_0、ϕ_0' 范围，依序将 A_1'、A_2'、A_3'、…、A_{12}'、A_{13}' 等点连成一条光滑曲线；在 ϕ_s 范围，以 O 为圆心，OA_6' 为半径作圆弧；在 ϕ_s' 范围作基圆弧。四段曲线围成的封闭曲线，便是所求凸轮轮廓曲线，如图 7-9a 所示。

2．实际轮廓的设计

实际轮廓是指凸轮上与从动件直接接触的轮廓。实际轮廓的作法是，以理论轮廓为基础，作从动件末端形状的曲线族，再作与曲线族中所有曲线相切的包络线，**此包络线便是凸轮的实际轮廓。**

尖顶从动件盘形凸轮实际轮廓就是凸轮的理论轮廓。

3．滚子对心直动从动件盘形凸轮轮廓设计

滚子对心直动从动件盘形凸轮实际轮廓的设计如图 7-10 所示。首先把滚子中心看成尖顶从动件的尖顶，按照上述方法求出一条理论轮廓线 β_0，以理论轮廓上各点为圆心，滚子半径 r_T 为半径，作一族滚子圆，再作这圆族的包络线，即得凸轮的实际轮廓线 β。

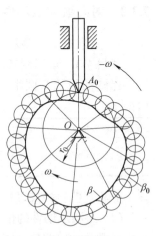

图 7-10 滚子对心直动从动件盘形凸轮实际轮廓设计

7.4 凸轮工作轮廓的校核

7.4.1 凸轮机构的压力角

凸轮机构压力角是凸轮对从动件的法向力 F_n（沿法线 nn 方向）与该力作用点速度 v 方向之间所夹锐角 α，如图 7-11 所示。当不计摩擦时，将力 F_n 分解为沿从动件运动方向的分力 F_y 和垂直于运动方向的分力 F_x，其大小为

$$F_y = F_n \cos\alpha \qquad (7\text{-}3)$$

$$F_x = F_n \sin\alpha \qquad (7\text{-}4)$$

其中，F_y 是推动从动件上升的力，称为**有效分力**；F_x 是增加从动件与移动导路间摩擦阻力的力，因此，称为**有害分力**。显然 α 越大，F_x 越大，而 F_y 越小，凸轮机构运动不灵活，效率低。当 α 增大到某一值时，机构将处于自锁状态。为了保证在载荷 F_w 作用下机构正常工作，必须对压力角的最大值给予限制，使其不超过某一许用值 $[\alpha]$，一般推荐许用压力角 $[\alpha]$ 的数值如下：对于直动从动件凸轮机构，工作行程许用压力角 $[\alpha] = 30°\sim 38°$。在空回行程，没有载荷，不会自锁，但为防止从动件在重力或弹簧力作用下，产生过高的加速度，取 $[\alpha] = 70°\sim 80°$。对摆动从动件凸轮机构，工作行程许用压力角 $[\alpha] = 40°\sim 50°$。

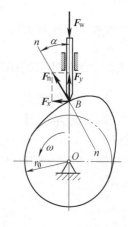

图 7-11 从动件的受力分析

7.4.2 运动失真

凸轮理论轮廓是运用反转法，按尖顶从动件的尖顶在复合运动中的一系列位置作出的，必然能实现给定的运动规律；而凸轮的实际轮廓是从动件末端（滚子或平底）一系列位置的包络线，如果包络线自交，这时从动件便不能实现给定的运动规律，称为**运动失真**。

设滚子半径为 r_T，理论轮廓上最小曲率半径为 ρ_{min}，实际轮廓曲率半径为 ρ。如图 7-12a 所示，当 $\rho_{min} > r_T$ 时，$\rho = \rho_{min} - r_T > 0$，这时包络线不自交，从动件运动不失真；如图 7-12b 所示，当 $\rho_{min} = r_T$ 时，$\rho = \rho_{min} - r_T = 0$，在凸轮实际轮廓上出现尖点，尖点很容易被磨损，从动件运动将发生失真；如图 7-12c 所示，当 $\rho_{min} < r_T$ 时，$\rho = \rho_{min} - r_T < 0$，包络线会出现自相交叉现象，在实际加工中相交叉部分将被切掉，从动件在此部分的运动规律将无法实现，从动件的运动将出现运动失真。

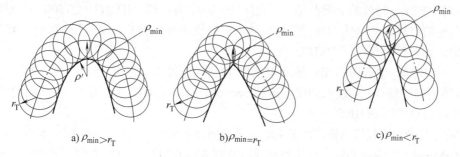

a) $\rho_{min} > r_T$　　　b) $\rho_{min} = r_T$　　　c) $\rho_{min} < r_T$

图 7-12 滚子半径与实际轮廓的关系

为了避免从动件发生运动失真，就必须保证 $\rho_{min} > r_T$，通常取 $r_T = 0.8\rho_{min}$。若由该式算得的滚子半径 r_T 过小也不适合，因为过小的滚子半径将会使滚子与凸轮之间的接触应力增大，且滚子本身的强度不足。为了解决上述问题，可把凸轮基圆尺寸加大，以使 ρ_{min} 增大。

7.5 凸轮机构的结构与材料

7.5.1 凸轮机构的结构

1. 凸轮的结构

基圆较小的凸轮常与轴做成一体，称为**凸轮轴**（见图 7-13）；对于基圆较大的凸轮，则做成组合式结构，分别制造好凸轮和轴，再通过平键联接（见图7-14a）、销联接（见图7-14b）及弹性开口锥套螺母联接等方式，将凸轮安装在轴上。

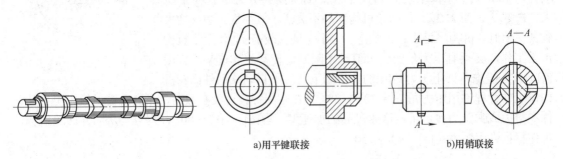

图 7-13　凸轮轴　　　　图 7-14　组合式凸轮结构

2. 从动件的结构

滚子从动件的滚子可以是专门制造的圆柱体，也可以采用滚动轴承，滚子与从动件顶端可用螺栓联接，也可用销联接。

7.5.2 凸轮和从动件的材料选择

工作条件：凸轮机构属于高副机构，凸轮与从动件之间的接触应力大，易出现严重磨损，且多数凸轮机构在工作时还承受一定的冲击。

材料要求：工作表面具有较高的硬度，而芯部具有较好的韧性。

材料选择：

1）对于低速、轻载的盘形凸轮，可选用 HT200、HT250、HT300、QT500-7、QT600-3 等作为凸轮的材料。从动件因承受弯曲应力，不宜选用脆性材料，可选用 40 钢、45 钢等中碳结构钢，表面淬火至 40～50HRC。

2）对于中速、中载的凸轮，常用 45 钢，材料表面淬火，也可选用 15 钢、20 钢、20Cr、20CrMn 等材料渗碳淬火，使表面硬度达到 56～62HRC。从动件可选用 20Cr，并经渗碳淬火，使其表面硬度达 55～60HRC。

3）对于高速、重载的凸轮，常用 40Cr，经表面高频淬火，使其表面硬度达到 56～60HRC，或用 38CrMoAl，经渗氮处理，使其表面硬度达到 60～67HRC。从动件则可用 T8、T10、T12 等碳素工具钢，经表面淬火，使其表面硬度达 58～62HRC。

☆ 综合项目分析

凸轮机构是机械中的一种常用机构，常用于将主动件的连续转动转变为从动件的往复移动或摆动，能使从动件获得预先给定的运动规律，因而广泛用于自动化和半自动化机械中。

图 7-15 所示为加工水表零件的专用自动车床上的凸轮控制机构，加工零件的名义尺寸和几何形状如图 7-15b 所示。在凸轮轴 1 上安装两个具有曲线凹槽的圆柱凸轮 2、3 和一个具有曲线凹槽的盘形凸轮 4，由这三个凸轮和推杆 5、6、7 分别控制棒料、刀架和钻头的运动，从而依次实现自动送料、车端面、割槽、钻孔和割断等工序，完成对该零件的自动加工。

图 7-16 所示为一电阻压帽自动机机构运动示意图，该机构的功能是将电阻坯料两端压上金属帽。图 7-16 中分配轴 4 上有四组凸轮，分别完成送电阻坯料、坯料夹紧定位、送帽、压帽这几个工艺动作。送料凸轮机构Ⅰ（摆动推杆盘形凸轮机构），将电阻坯料 1 从储料箱 2 中取出送到压帽工位，这时夹紧凸轮机构Ⅱ（直动推杆盘形凸轮机构）将电阻坯料夹紧定位。送帽与压帽动作由两个对称的摆动推杆圆柱凸轮机构Ⅲ与Ⅳ来共同完成。这两个凸轮机构同时分别将两个金属帽 3 快速送到装配位置，再将它们压牢在电阻坯料的两端。在停歇阶段中，加工好的产品自由落入受料箱中。

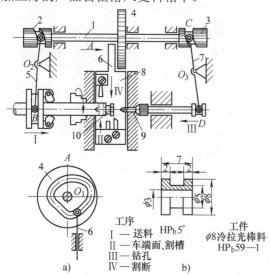

图 7-15 专用自动车床上的凸轮控制机构
1—凸轮轴 2、3—圆柱凸轮 4—盘形凸轮
5、6、7—推杆 8—刀架 9—钻头 10—工件

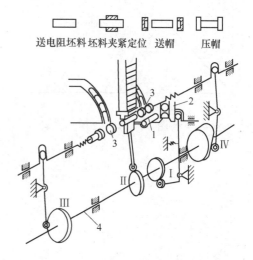

图 7-16 电阻压帽自动机机构运动示意图
1—电阻坯料 2—储料箱 3—金属帽 4—分配轴

归纳总结

1. 识别各种典型凸轮的类型，如直动凸轮、摆动凸轮、移动凸轮、圆柱凸轮等。
2. 能分析各种凸轮机构的工作特性及应用工况。
3. 能完成对心直动从动件盘形凸轮轮廓的设计。

思考与练习

7-1 何谓凸轮的理论轮廓曲线和实际轮廓曲线？已知滚子从动件盘形凸轮机构理论轮廓曲线，能否直接由理论轮廓曲线上各点的向径减去一个滚子半径求得凸轮的实际轮廓曲线？为什么？

7-2 试标出图 7-17 所示位移线图中的行程 h、推程运动角 ϕ_0、远休止角 ϕ_s、回程角 ϕ_0'、近休止角 ϕ_s'。

7-3 试写出图 7-18 所示凸轮机构的名称，并在图上作出行程 h，基圆半径 r_0，凸轮转角 ϕ_0、ϕ_s、ϕ_0'、ϕ_s' 以及 A、B 两处的压力角。

7-4 试设计一尖顶对心直动从动件盘形凸轮机构。凸轮顺时针匀速转动，基圆半径 $r_0 = 40\text{mm}$，行程 $h = 25\text{mm}$，从动件的运动规律为：

ϕ	0°～90°	90°～180°	180°～240°	240°～360°
运动规律	等速上升	停止	等加速等减速下降	停止

7-5 图 7-19 所示机构由哪些典型机构组成？若曲柄匀速旋转，凸轮将做什么运动？用箭头标出图示位置时从动杆的运动方向，画出图示位置凸轮的压力角。

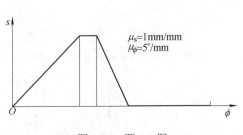

图 7-17 题 7-2 图

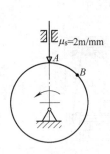

图 7-18 题 7-3 图

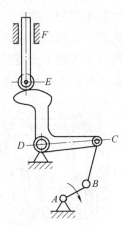

图 7-19 题 7-5 图

第8单元 间歇机构

能力目标

能识别常用各种间歇机构,如棘轮、槽轮、不完全齿轮等。
能分析常用间歇机构的运动特性及应用工况。

学习目标

了解棘轮机构、槽轮机构、不完全齿轮机构的工作原理和类型。
了解棘轮机构、槽轮机构、不完全齿轮机构的运动特点及应用范围。
了解各种间歇机构在机械与仪表中的应用。

学习重点和难点

各种间歇机构的工作原理和类型。
各种间歇机构的特点及应用。

项目背景

在许多机械中,有时需要将原动件的等速连续转动转变为从动件的周期性间隔单向运动(又称步进运动)或者是时停时动的间歇运动,能实现间歇运动的机构称为**间歇运动机构**。

图 8-1 所示为自动车床转塔刀架转位机构,其中存在一个由拨盘和槽轮组成的外槽轮机构。转塔刀架装有六把刀具,与刀架连接在一起的槽轮开有六个径向槽,拨盘上装有一个圆销。拨盘每转一周,定位销进入径向槽一次,驱使槽轮(即刀架)转过60°,将下一个工序的刀具转换到工作位置。槽轮机构在自动车床转塔刀架转位机构中的作用,就是实现刀具间歇的转换工作位置,除此外,还有许多其他间歇机构将在本单元中介绍。

间歇运动机构很多,除了槽轮机构外,还有棘轮机构、凸轮机构、不完全齿轮机构和恰当设计的连杆机构等,它们都可实现间歇运动。

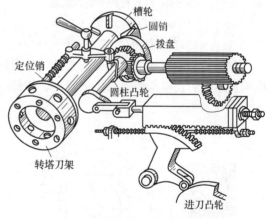

图 8-1 自动车床转塔刀架转位机构

项目要求

将连续运动转化为间歇运动是工业生产中常见的动作要求,尤其在自动化生产线中。有不同的机构可以实现间歇运动。本单元就要通过学习了解棘轮、槽轮和不完全齿轮三种典型间歇机构各自的工作特性,并分析其应用案例。

知识准备

8.1 棘轮机构

棘轮机构是工程上常用的间歇机构之一,广泛用于自动机械和仪表中。它是利用原动件做往复摆动,实现从动件间歇转动的机构。

8.1.1 棘轮机构的工作原理和类型

图 8-2 所示是典型的棘轮机构,它一般由棘轮 1、摇杆 4、铰接在原动件上的驱动棘爪 2、止回棘爪 5 以及机架等构件组成。图中,弹簧 3 能让棘爪在弹簧力的作用下紧贴在棘轮的齿面上,确保棘爪工作可靠。当原动曲柄连续转动时,摇杆 4 顺时针摆动,驱动棘爪 2 推动棘轮 1 同向转动一定角度;当摇杆 4 逆时针摆动时,驱动棘爪 2 在棘轮 1 的齿背上滑过,此时止回棘爪 5 阻止棘轮逆时针转动。这样,当摇杆 4 做连续摆动时,棘轮就做单向的间歇运动。

棘轮机构的类型很多,按照工作原理可分为齿式棘轮机构和摩擦式棘轮机构。

1. 单动式棘轮机构

图 8-2 所示的棘轮机构为单动式棘轮机构的基本形式。图 8-3 所示的手动扳手是单动式棘轮机构的应用实例。使用时,将棘轮 1 的中心插入具有方榫套筒的螺母上,用手扳动手柄 4 使其往复摆动,利用棘爪 3 推动棘轮 1 单方向转动,从而拧动螺母,弹簧片 2 紧压在棘爪上。

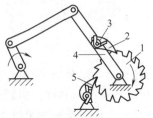

图 8-2 棘轮机构的基本组成

1—棘轮 2—驱动棘爪 3—弹簧
4—原动件(摇杆) 5—止回棘爪

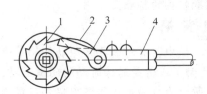

图 8-3 手动扳手

1—棘轮 2—弹簧片 3—棘爪 4—手柄

单动式棘轮机构的另一种形式是内啮合棘轮机构(见图 8-4)。图 8-5 所示为单动式棘轮机构被用作防止机构逆转的停止器,这种棘轮停止器广泛用于卷扬机、提升机和运输机等设备中。

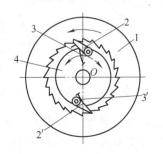

图 8-4 内啮合棘轮机构

1—棘轮 2、2′—棘爪 3、3′—弹簧 4—原动件(轴)

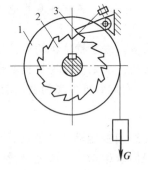

图 8-5 提升机的棘轮停止器

1—鼓轮 2—棘轮 3—棘爪

2. 双动式棘轮机构

改变图 8-2 所示的摆杆 4 的结构形状,可以得到如图 8-6a、b 所示的双动式棘轮机构。图 8-6 中,原动件 1 往复摆动时能使棘轮 2 沿同一方向转动。驱动棘爪 3 可以制成直的(见图 8-6a)或带钩的(见图 8-6b)。

3. 双向棘轮机构

当棘轮轮齿制成方形时，成为可变向棘轮机构，如图 8-7 所示。对于图 8-7a 所示的棘轮机构，当棘爪 2 在右边位置时，棘轮 1 将沿顺时针方向做间歇运动；当棘爪 2 翻到左边时，棘轮 1 将沿逆时针方向做间歇运动。对于图 8-7b 所示的棘轮机构，当棘爪 2 直面在左侧，斜面在右侧时，棘轮 1 沿逆时针方向做间歇运动，若提起棘爪翻转 90°后再插入，使直面在右侧，斜面在左侧时，棘轮 1 沿顺时针方向做间歇运动。这种棘轮机构常用于牛头刨床工作台的进给装置中。

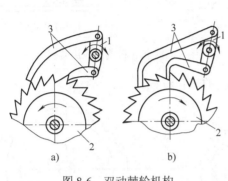

图 8-6 双动棘轮机构
1—原动件 2—棘轮 3—驱动棘爪

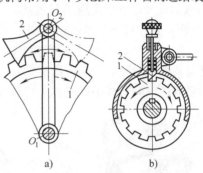

图 8-7 双向棘轮机构
1—棘轮 2—棘爪

4. 摩擦式棘轮机构

齿式棘轮机构转动时，棘轮的转角都是相邻两齿所夹中心角的整数倍。为了实现棘轮转角的任意性，可采用无棘齿的棘轮机构，如图 8-8 所示。这种机构通过棘爪与棘轮之间的摩擦力来实现传动，故也称为**摩擦式棘轮机构**。这种机构工作时噪声较少，但其接触面间容易发生滑动。

要调整棘轮转角，可通过改变摇杆摆角来实现。如图 8-9 所示，用改变曲柄的长度来改变摇杆的摆角，进而改变棘轮转角。如图 8-10 所示，也可通过改变遮盖罩的位置来调整棘轮转角。

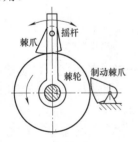

图 8-8 摩擦式棘轮机构

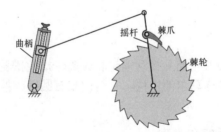

图 8-9 调整摇杆摆角改变棘轮转角

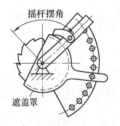

图 8-10 改变遮盖罩位置改变棘轮转角

8.1.2 棘轮机构的特点及应用

齿式棘轮机构结构简单，棘轮的转角容易实现有级调节。但这种机构在回程时，棘爪在棘齿背上滑过时会有噪声；在运动开始和终止时，因速度骤变而产生冲击，传动平稳性较差，棘齿易磨损，故常用于低速、轻载等场合实现间歇运动。摩擦式棘轮机构传递运动较平稳，无噪声，棘轮的转角可做无级调节，但运动准确性差，不宜用于运动精度要求高的场合。

☆ **基础能力训练**

图 8-11 是棘轮机构的应用实例，图 8-11a 为手动起重器具，图 8-11b 为排球网拉紧机构，试利用所学知识分析图 8-11 中两个案例的工作原理。

项目 8-1 棘轮机构除了常用于实现间歇运动外，还能实现超越运动。图 8-12 所示为自行车的外形结构图，图 8-13 为自行车后轮轴上的棘轮机构，这是内啮合棘轮机构的应用实例。

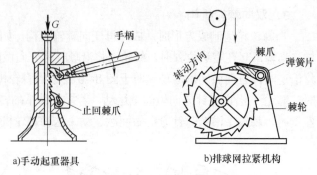

图 8-11 棘轮机构的应用实例

试分析当脚踏板前进和不蹬踏板有滑行时棘轮机构的工作过程。

图 8-12 自行车外形结构图

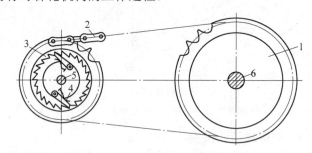

图 8-13 自行车后轮轴的棘轮机构
1、3—链轮 2—链条 4—棘爪 5—后轮轴 6—前轮轴

分析：当脚蹬踏板时，经链轮 1 和链条 2 带动内圈具有棘齿的链轮 3 顺时针转动，再通过棘爪 4 的作用，使后轮轴 5 顺时针转动，从而驱使自行车前进；当链轮 3 逆时针方向转动时，棘爪 4 在链轮内齿（棘齿）背上滑过，则轴 5 不转动；当自行车前进时，如果踏板不动，后轮轴 5 便会超越链轮 3 而转动，让棘爪 4 在棘齿背上划过，从而实现不蹬踏板的自由滑行，因此自行车滑行时会发出"嗒嗒"响声。

8.2 槽轮机构

槽轮机构是利用圆销插入轮槽并拨动槽轮和脱离轮槽使槽轮停止转动的方式，以实现周期性间歇运动，槽轮机构又称**马尔他机构**，它是由装有圆销的拨盘 1（原动件）、槽轮 2（从动件）和机架组成，如图 8-14 所示。

8.2.1 槽轮机构的工作原理和类型

槽轮机构有平面槽轮机构（拨盘轴线与槽轮轴线平行）和空间槽轮机构（拨盘轴线与槽轮轴线相交）两大类。平面槽轮机构可分为外啮合槽轮机构（见图 8-14）和内啮合槽轮机构（见图 8-15）。对于外啮合槽轮机构，其拨盘和槽轮的转向相反；内啮合槽轮机构，其拨盘和槽轮的转向相同。

1. 平面槽轮机构

如图 8-14 所示的槽轮机构，当拨盘做匀速转动时，将驱动槽轮做时转时停的单向间歇运动。拨盘上圆销 A 未进入槽轮径向槽时，由于槽轮的内凹锁止弧 β 被拨盘的外凸锁止弧 α 卡住,故槽轮静止。图示位置是圆销 A 刚开始进入槽轮径向槽时的情况,这时锁止弧刚被松开,因此槽轮受圆销 A 的驱动开始沿顺时针方向转动;当圆销 A 离开径向槽时,槽轮的下一个内凹锁止弧又被拨盘的外凸锁止弧卡住,致使槽轮静止,直到圆销 A 在进入槽轮另一径向槽时,两者又重复上述的运动循环。

2. 空间槽轮机构

图 8-16 所示为空间槽轮机构,槽轮 2 呈半球形,槽和锁止弧均分布在球面上,原动件 1 的轴线、销 A 的轴线都与槽轮 2 的回转轴线汇交于槽轮球心 O,故又称为球面槽轮机构。当原动件 1 连续回转,槽轮 2 做间歇转动。

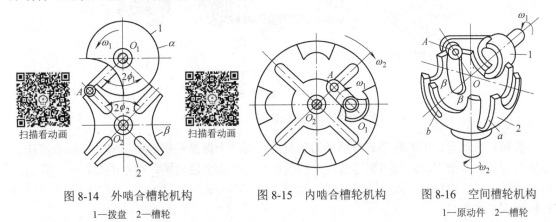

图 8-14 外啮合槽轮机构
1—拨盘 2—槽轮

图 8-15 内啮合槽轮机构

图 8-16 空间槽轮机构
1—原动件 2—槽轮

8.2.2 槽轮机构的特点及应用

槽轮机构结构简单,外形尺寸小,机械效率高,能平稳、间歇地进行转位。但对一个已定的槽轮机构来说,其转角不能调节;且在转动始、末,加速度变化较大,有冲击。因此,槽轮机构不适用于高速传动,一般用于转速不很高、转角不需要调节的自动转位和分度机械中。

图 8-17 所示为电影放映机卷片机构,为了适应人们的视觉暂留现象,要求影片做间歇运动,它采用了四槽槽轮机构,当传动轴带动圆销每转过一周,槽轮相应地转过 90°,因此能使影片的画面做短暂的停留。

图 8-18 所示为工件转位传送机构,它是利用槽轮机构使传动链实现非匀速的间歇运动,以满足自动流水线装配作业要求。

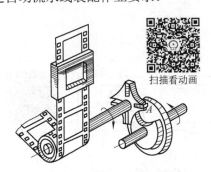

图 8-17 电影放映机卷片机构

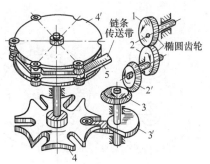

图 8-18 工件转位传送机构
1、2—椭圆齿轮机构 2′、3—锥齿轮机构
3′、4—槽轮机构 4′、5—链轮机构

项目 8-2 图 8-19 所示为自动车床中的转塔式自动换刀装置,试分析刀具转换的工作过程。

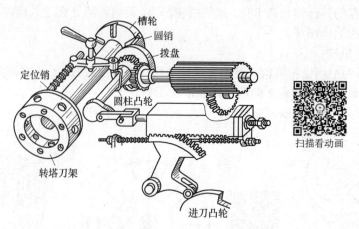

图 8-19 自动车床中的转塔式自动换刀装置

分析:自动车床中的转塔式自动换刀装置中,有一个拨盘和槽轮所组成的外槽轮机构。转塔刀架装有六把刀具,与刀架连接在一起的槽轮开有六个径向槽,拨盘上装有一个圆销。拨盘每转一周,定位销进入径向槽一次,驱使槽轮(即刀架)转过 60°,将下一个工序的刀具转换到工作位置。

8.3 不完全齿轮机构

8.3.1 不完全齿轮机构的工作原理

图 8-20 所示为不完全齿轮机构,它是由普通的齿轮机构演变成的间歇机构。这种机构的主动轮 1 为只有一个齿或几个齿的不完全齿轮,从动轮 2 可以是普通的完整齿轮,也可以由正常齿和带锁止弧的厚齿彼此相间地组成。如图 8-20a 所示,当主动轮 1 的有齿部分与从动轮啮合时,从动轮 2 转动;主动轮上的锁止弧 S_1 与从动轮上的锁止弧 S_2 互相配合时,从动轮停止不动。不难看出,每当主动轮 1 连续转过一周时,图 8-20a、b 所示机构的从动轮分别间歇地转过 1/6 周或 1/18 周。为了防止从动轮在停歇期间游动,两轮轮缘上各装有锁止弧。

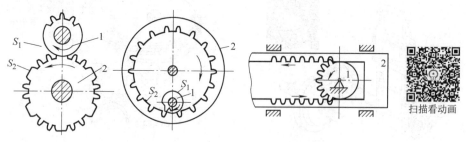

a)外啮合不完全齿轮机构   b)内啮合不完全齿轮机构   c)不完全齿轮齿条机构

图 8-20 不完全齿轮机构

1—主动轮 2—从动轮

8.3.2 不完全齿轮机构的特点及应用

不完全齿轮机构与其他机构相比，结构简单，制造方便，从动轮的运动时间和静止时间的比例可不受机构结构的限制。但由于齿轮传动为定传动比运动，所以从动轮从静止到转动或从转动到静止时，速度有突变，冲击较大，因此，一般只用于低速或轻载场合。

不完全齿轮机构常用于多工位自动机和半自动机工作台的间歇转位机构或某些间歇进给机构中。图 8-21 所示的工作台转位机构采用了不完全齿轮机构实现转位功能。

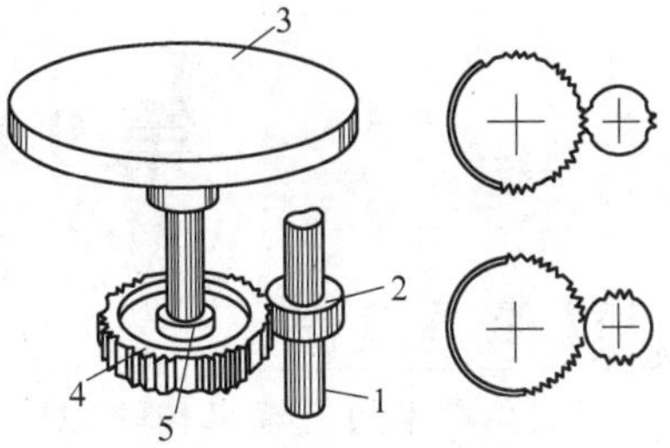

图 8-21 不完全齿轮机构应用案例——工作台转位机构

1—原动轴　2—主动不完全齿轮　3—工作台
4—从动不完全齿轮　5—从动轴

☆ 综合项目分析

图 8-22 所示为用于铣削乒乓球拍外形轮廓的专用靠模铣床上的不完全齿轮机构，试分析其工作过程。

分析：靠模铣床加工时，主动轴 1 带动铣刀轴 2 转动。而另一个主动轴 3 上的不完全齿轮 4 与 5 分别使工件轴 10 得到两个方向的回转。当工件轴 10 转动时，在靠模齿轮 6 和弹簧的作用下，使铣刀轴上的滚轮 9 紧靠在凸轮上，以保证铣刀 8 加工出工件 7（乒乓球拍）的外形轮廓。

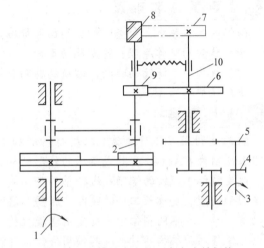

图 8-22 靠模铣床上的不完全齿轮机构

1、3—主动轴　2—铣刀轴　4、5—不完全齿轮　6—靠模齿轮
7—工件（乒乓球拍）　8—铣刀　9—滚轮　10—工件轴

归纳总结

1. 识别棘轮、槽轮、不完全齿轮机构的常用类型。
2. 了解典型间歇机构的工作原理、运动特性及结构特点。

思考与练习 8

8-1　欲将一匀速转动运动转变成单向间歇回转运动，可采用的机构有哪几种？

8-2　试举几个常用间歇机构的应用实例。

8-3　分别举出可以实现以下间歇运动的机构：（1）两轴平行间歇运动；（2）两轴相交间歇运动；（3）两轴交错的间歇运动。

8-4　任举两种间歇机构，说明它的从动件在停止阶段，保证锁住状态的结构措施。

第9单元 螺旋机构

能力目标

能识别常用螺旋机构的类型。
能分析各种螺旋机构的工作特性和结构特点。

学习目标

了解螺纹的形成和基本参数。
了解螺旋机构的工作原理、类型、特点、功用及适应场合。
了解滚动螺旋机构的工作原理、特点及滚珠丝杠的选用。

学习重点和难点

螺纹的基本参数,会查阅相应的国家标准。
螺旋传动的工作原理、特点及功用。
螺旋机构中,螺纹的旋向、螺杆的转向和螺母沿轴线的位移三者关系。
滚珠丝杠的选择。

项目背景

机床是利用刀具对金属毛坯进行切削加工的一种加工设备,被广泛用于加工零部件。图 9-1 所示为 CA6140 型卧式车床的外形结构图,它由带动工件按照规定的转速旋转的**主轴箱**、改变被加工螺纹的螺距或进给量的**进给箱**、带动刀架一起做直线进给运动的**溜板箱**、装夹车刀的**刀架**、支撑长工件的**尾座**、**床身**、**底座**等组成。为了实现刀具的进给量和车制螺纹等功能,车床在不同箱体中多处采用螺旋机构。希望通过本单元相关案例的学习,学生能较全面地掌握螺旋机构的种类及其使用条件,并能根据技术标准选择滚珠丝杠。

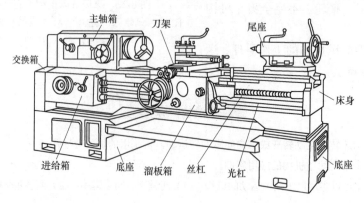

图 9-1 CA6140 型卧式车床的外形结构图

项目要求

由图 9-1 可知,螺旋机构是机械中常用的精密传动形式之一,在机床中应用较为广泛。为了正确分析螺旋机构的工作原理和运动特性,要求能够掌握螺旋机构的基本类型、应用及工作特性等知识。

9.1 螺纹的基本知识

9.1.1 螺纹的形成及分类

1. 螺纹的形成

如图 9-2 所示，将一底边长等于 πd 的直角三角形绕到直径为 d 的圆柱体上，三角形斜边在圆柱体表面形成的空间曲线称为**螺旋线**。实际的螺纹就是在机床上用不同形状的刀具在圆柱体表面上沿螺旋线切制而成的。

2. 螺纹的分类

1) 按螺纹旋向不同，可分为左旋螺纹和右旋螺纹两种，常用的是右旋螺纹（见图 9-3a、c）。其旋向的判别方法为：将圆柱体直竖，螺旋线左低右高（向右上升）为右旋，反之则为左旋（见图 9-3b）。

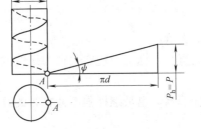

图 9-2　螺旋线及其展开图

2) 按螺旋线数不同，螺纹分为单线螺纹、双线螺纹或多线螺纹。**单线螺纹**是指沿一根螺旋线（见图 9-3a）所形成的螺纹，常用于联接；双线或多线螺纹是指沿两根（见图 9-2b、图 9-3b）或两根以上螺旋线所形成的螺纹（见图 9-3c），各螺旋线沿轴向等距分布，主要用于传动。为制造方便，螺纹的螺旋线数一般不超过 4。

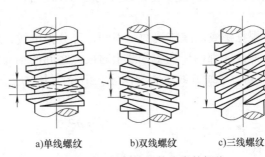

图 9-3　按螺旋线数分类的螺纹

在圆柱体外表面上形成的螺纹称为**外螺纹**，在圆柱体内表面上形成的螺纹称为**内螺纹**。由内、外螺纹旋合而成的运动副称为**螺旋副**。

3) 按牙型不同，螺纹可分为三角形螺纹、矩形螺纹、梯形螺纹和锯齿形螺纹等，常见螺纹牙型的特点及应用见表 9-1。

表 9-1　常用螺纹牙型的特点及应用

三角形螺纹	（图）	结构：牙型角 $\alpha=60°$ 性能：自锁性好，牙根强度高，工艺性好 应用：用于联接
矩形螺纹	（图）	结构：牙型角 $\alpha=0$ 性能：效率较高，牙根强度小，工艺性差 应用：用于传动

（续）

梯形螺纹	(图)	结构：牙型角 $\alpha=30°$ 性能：效率较高，牙根强度较大，工艺性好 应用：用于传动
锯齿形螺纹	(图)	结构：工作面牙型斜角为 $3°$ 　　　非工作面牙型斜角为 $30°$ 性能：效率较高，牙根强度较大，工艺性好 应用：用于单向传动

9.1.2 螺纹的主要参数

螺纹的主要参数如图 9-4 所示。

(1) 大径 D 螺纹的最大直径，标准中规定大径为螺纹的公称直径。

(2) 小径 D_1 螺纹的最小直径，也是螺杆强度计算时的危险截面直径。

(3) 中径 D_2 介于大、小径圆柱体之间，螺纹的牙厚与牙间宽相等的假想圆柱体的直径，是确定螺纹几何参数和配合性质的直径。

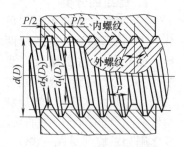

图 9-4 螺纹的主要参数

(4) 线数 n 根据螺纹的螺旋线数目不同，可分为单线、双线、三线（见图 9-3）等。

(5) 螺距 P 螺纹相邻两牙在中径线上对应点之间的轴向距离。

(6) 导程 P_h 同一条螺旋线上相邻两牙在中径线上对应点之间的轴向距离。由图 9-4 可知，导程

$$P_h = nP \tag{9-1}$$

式中，n 为螺旋线数。

(7) 螺纹升角 ψ 中径圆柱体上螺旋线的切线与垂直于螺纹轴线的平面之间的夹角，用来表示螺旋线倾斜的程度。

$$\tan\psi = \frac{P_h}{\pi d_2} = \frac{nP}{\pi d_2} \tag{9-2}$$

(8) 牙型角 α 螺纹轴向剖面内，螺纹两侧边间的夹角 α，称为**牙型角**。

(9) 牙侧角 β 螺纹牙型的侧边与垂直螺纹轴线的平面间的夹角 β，称为**牙侧角**。三角形螺纹 $\alpha = 60°$，$\beta = \alpha/2 = 30°$，称为**牙型半角**；梯形螺纹 $\alpha = 30°$，$\beta = 15°$；锯齿形螺纹 $\alpha = 33°$，$\beta = 3°$、$30°$。

9.2 螺旋机构及其运动分析

螺旋机构是利用螺杆和螺母组成的螺旋副来实现传动要求的。它能实现回转运动和直线运动的变换和力的传递。螺旋机构按螺旋副中的摩擦性质，可分为滑动螺旋机构、滚动螺旋机构和静压螺旋机构三种类型；按用途，又可分为传力螺旋机构、传导螺旋机构、测量螺旋

机构和调整螺旋机构等形式。螺旋机构在机床的进给机构、起重机械、锻压机械、测量仪器、工具、夹具、玩具及其工业装备中有着广泛的应用。

9.2.1 滑动螺旋机构

螺旋副内为滑动摩擦的螺旋机构，称为**滑动螺旋机构**。滑动螺旋机构所用的螺纹为传动性能好、效率高的矩形螺纹、梯形螺纹和锯齿形螺纹。按螺杆上螺旋副的数目，滑动螺旋机构可分为单螺旋机构和双螺旋机构两种类型。

1. 单螺旋机构

根据机构的组成情况及运动方式，单螺旋机构又可分为以下两种形式：

1）传力螺旋机构：由螺母（机架）、螺杆组成的单螺旋机构，其螺母与机架固联在一起，螺杆回转并做直线运动。如螺旋千斤顶（见图9-5a）、螺旋压力机（见图9-5b），都是这种单螺旋机构的应用实例。它们主要用于传递动力，一般要求其具有较高的强度和自锁性能。

2）传导螺旋机构：由螺母、螺杆和机架组成的单螺旋机构，其螺杆相对于机架转动，螺母相对于机架做轴向移动。车床进给机构（见图9-6）、摇臂钻床中摇臂的升降机构、牛头刨床工作台的升降机构等，都是这种单螺旋机构的应用实例。这种机构主要用于传递运动，要求其具有较高的精度和传动效率。它常采用多线螺纹来提高效率。

当螺杆相对于螺母转过角度 ϕ 时，螺杆相对于螺母沿轴线的位移为

$$l = \frac{P_h}{2\pi}\phi \tag{9-3}$$

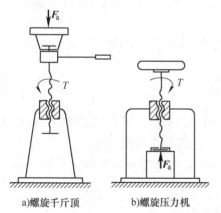

图 9-5 传力螺旋机构
a) 螺旋千斤顶　　b) 螺旋压力机

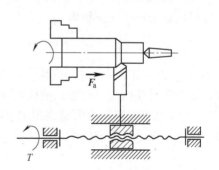

图 9-6 传导螺旋机构

项目 9-1　图9-7所示为可更换螺钉旋具头的螺钉旋具。1为螺钉旋具头；2为螺钉旋具夹持器；3为螺杆，其上开有大升角的左、右螺旋槽；4为空心手柄，其中装有左、右旋螺母各一个，各与螺杆3上的相应螺旋槽组成螺旋副；5为可在长方形槽中移动的操纵钮。当将操纵钮5拨到左边时，左旋螺母起作用（右旋螺母不起作用）。这时向左推动手柄时，螺钉旋具将沿图示箭头方向回转，用以旋紧螺钉。当将操纵钮5拨到右边时，则相反，用以旋松螺钉。若将操纵钮5拨到中间位置，则空心手柄4与螺杆3不能产生相对运动。

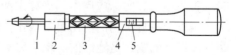

图 9-7 新型螺钉旋具
1—螺钉旋具头　2—螺钉旋具夹持器
3—螺杆　4—空心手柄　5—操纵钮

☆ 基础能力训练

1）图 9-8 所示为儿童玩具飞翼，当一手握住螺杆 1，另一手通过套筒 3 推动飞翼 2（即螺母）时，飞翼就会快速转动而高高飞起，请问为什么？

2）图 9-9 所示为一个设计巧妙的烟灰缸，该烟灰缸可以防止放入烟灰缸中烟头的烟雾扩散。试分析其结构特点，并解释其为什么可以实现该功能。

2．双螺旋机构

螺杆 1 上有两段不同导程的螺纹，分别与螺母 2、3 组成两个螺旋副，这种螺旋机构称为**双螺旋机构**，如图 9-10 所示。通常将两个螺母中的一个固定（图中将螺母 3 固定），另一个移动（图中螺母 2 只能移动不能转动），并以螺杆 1 为转动原动件。根据双螺旋机构中两螺旋副的旋向，可分为以下两种形式：

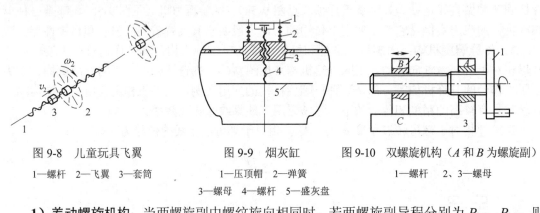

图 9-8 儿童玩具飞翼　　　图 9-9 烟灰缸　　　图 9-10 双螺旋机构（A 和 B 为螺旋副）

1—螺杆　2—飞翼　3—套筒　　1—压顶帽　2—弹簧　　1—螺杆　2、3—螺母
　　　　　　　　　　　　　　　3—螺母　4—螺杆　5—盛灰盘

1）**差动螺旋机构**：当两螺旋副中螺纹旋向相同时，若两螺旋副导程分别为 P_{hA}、P_{hB}，则移动螺母相对于机架的位移为

$$l = \frac{(P_{hA} - P_{hB})}{2\pi}\phi \tag{9-4}$$

当 P_{hA}、P_{hB} 相差很小时，位移 l 可以很小。利用这一特点，可将差动螺旋机构做成微调装置，如千分尺手柄上可动触点的微调装置，就是差动螺旋机构的应用。

2）**复式螺旋机构**：当两螺旋副中螺纹旋向相反时，若两螺旋副导程分别为 P_{hA}、P_{hB}，则移动螺母相对于机架的位移为

$$l = \frac{(P_{hA} + P_{hB})}{2\pi}\phi \tag{9-5}$$

因为复式螺旋机构的位移 l 与螺距 $P_{hA}+P_{hB}$ 成正比，多用于需快速移动或移动两构件相对位置的场合。实际应用中，当要求两构件同步移动时，只需令 $P_{hA}=P_{hB}$ 即可。

由以上螺旋机构的应用可以看出，滑动螺旋机构的优点是：结构简单，有较大的传动比；螺杆和螺母的啮合是连续的，增力显著、工作平稳无噪声；又由于啮合时接触面积较大，故承载能力较高；合理选择螺纹升角可具有自锁性能。但滑动螺旋机构也存在摩擦损耗大、传动效率低等缺点。

螺杆和螺母的材料除要求有足够的强度、耐磨性外，还要求两者配合时摩擦系数小。一般螺杆可选用 45 钢、50 钢；重要螺杆（如高精度机床丝杠）可选用 T12、40Cr、65Mn 等，并进行热处理。常用的螺母材料有铸造锡青铜 ZCuSn10Pb1 或 ZCuSn5Pb5Zn5；低速重载时可选用强度高的铸造铝青铜 ZCuAl10Fe3Mn2；低速轻载时可选用耐磨铸铁。

项目 9-2 图 9-11 所示为镗刀的微调机构。螺母 2 固定于镗杆 3 上。螺杆 1 与螺母 2 组成螺旋副 A；同时又与镗刀 4 组成螺旋副 B。镗刀 4 与螺母 2 组成移动副 C。螺旋副 A 与 B 旋向相同但导程不同。根据差动螺旋原理，当转动螺杆 1 时，镗刀相对镗杆做微量移动，以调整镗孔的进刀量。

项目 9-3 测量螺旋机构是利用螺旋机构中螺杆的精确、连续的位移变化，做精密测量。如图 9-12 所示，千分尺中的螺旋机构主要由测微丝杠、固定套筒及微分筒等组成。测微丝杠采用单线螺纹，螺距为 0.5mm；若微分筒随测微丝杠一起旋转 1 小格，则它在轴向移动的距离为 $0.5 \times 1/50$ mm $= 0.01$ mm。

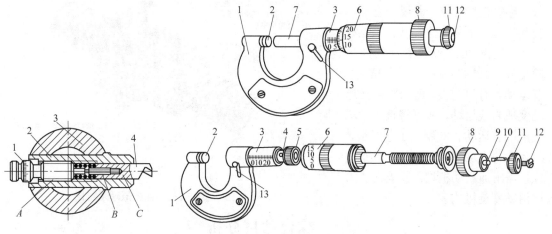

图 9-11 镗刀微调机构
1—螺杆 2—螺母
3—镗杆 4—镗刀

图 9-12 千分尺示意图
1—尺架 2—测砧 3—固定套筒 4—衬套 5—螺母 6—微分筒 7—测微丝杠
8—罩壳 9—弹簧 10—棘爪 11—棘轮 12—螺钉 13—手柄

☆ **基础能力训练**

1）食品罐头的螺旋盖为什么采用多线、小螺距的螺纹？

2）根据复式螺旋原理，说明压榨机构（见图 9-13）和铣床快速夹紧装置（见图 9-14）的工作过程。

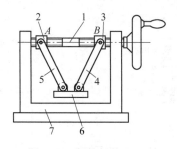

图 9-13 压榨机构
1—螺杆 2、3—螺母 4、5—连杆 6—压板 7—机架

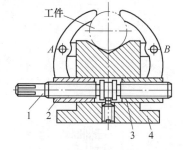

图 9-14 铣床快速夹紧装置
1—螺杆 2、3—螺母 4—机架

9.2.2 滚动螺旋机构

滚动螺旋机构又称为**滚珠丝杠**，是将回转运动转换为直线运动用得最广泛的一种新型理

想传动装置。滚珠丝杠被广泛应用于数控机床的进给机构、车辆转向机构等高精度、高效传动的机械中。

图 9-15 是滚珠丝杠的结构原理示意图。在丝杠和螺母上加工有弧形螺旋槽，它们套装在一起时形成螺旋滚道。螺母上有滚珠回路管道，将几圈螺旋滚道的两端连接起来构成封闭的循环滚道，并在滚道内填满滚珠。当丝杠旋转时，滚珠在滚道内既有自转又沿滚道循环转动，迫使螺母（或丝杠）轴向移动，滚动螺旋副中是滚动摩擦，它具有以下特点：

①摩擦系数小，传动效率高，所需传动转矩小。②磨损小，寿命长，精度保持性好。③灵敏度高，传动平稳，不易产生爬行。④丝杠和螺母之间可通过预紧和间隙消除措施提高轴向刚度和反向精度。⑤运动具有可逆性，既可将回转运动变成直线运动，又可将直线运动变成回转运动。⑥制造工艺复杂，成本高。⑦在垂直安装时不能自锁，需附加制动机构。⑧承载能力比滑动螺旋机构差。

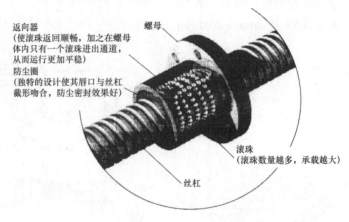

图 9-15 滚珠丝杠的结构原理示意图

☆ 综合项目分析

螺旋机构在机床的进给机构中有着广泛的应用。

1）图 9-16 所示为 MJ-50 型数控机床的传动系统，采用滚珠丝杠实现 x 轴方向和 z 轴方向的进给传动。x 轴进给由功率为 0.9kW 的交流伺服电动机驱动，经 20/24 的同步带轮传动到滚珠丝杠，其螺母带动回转刀架移动，滚珠丝杠螺距为 6mm。z 轴进给由功率为 1.8kW 的交流伺服电动机驱动，经 24/30 的同步带轮传动到滚珠丝杠，其上螺母带动滑板移动，滚珠丝杠螺距为 10mm。

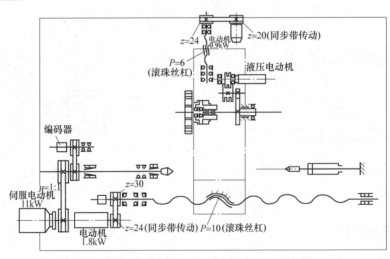

图 9-16 MJ-50 型数控机床的传动系统

2）图 9-17 为采用滑动螺旋机构实现卧式车床的纵向和横向进给运动。

图 9-1 所示为卧式车床的外形结构图。卧式车床由主轴箱、进给箱、交换齿轮箱、溜板箱、床身、底座和尾座等组成。①**主轴箱**内装主轴和主轴变速传动机构，用于支承主轴并传递主轴运动，使主轴带动工件按照规定的转速旋转，以实现主运动。②**进给箱**又称为**走刀箱**，内装进给运动变速机构，可以改变被加工螺纹的螺距或进给量。③**交换齿轮箱**是主轴箱和进给箱的中间传动机构，用以传递进给运动的动力和运动。一般情况下，搭配交换齿轮箱内的挂轮，可以车制各种螺纹。④**溜板箱**内装有光杠或丝杠，可带动刀架一起做直线进给运动。

图 9-17a 为卧式车床溜板箱的纵向走刀机构的运动简图，它由丝杠转动带动螺母移动，螺母固定在安装着刀架的溜板箱上，从而使刀架做纵向走刀运动。图 9-17b 是机床进给箱的手动横向进刀机构，手柄与工作台上固定的螺母形成螺旋副。手柄每转动一圈，螺母就带动工作台移动一个很小的距离，实现了刀具的横向进给运动。

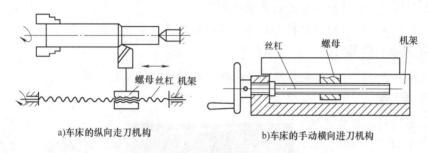

a) 车床的纵向走刀机构　　　　b) 车床的手动横向进刀机构

图 9-17　卧式车床的纵向和横向进给运动

归纳总结

1．正确分析各种机械设备中的螺旋机构，需要掌握螺纹的基本知识及其国家标准、螺旋机构的分类以及主要参数。

2．了解滑动螺旋机构和滚动螺旋机构的工作特性和结构特点。

思考与练习 9

9-1　请问枪、炮膛的膛线采用何种曲线，可以保证子弹或炮弹在射出后飞行的稳定性？

9-2　螺纹的主要参数有哪些？螺距与导程有什么不同？

9-3　简述滚动螺旋机构的主要特点及其应用。

9-4　请分析图 9-18 所示的绘图用圆规的结构及组成，回答为什么调节螺杆中部的操作钮，可实现圆规两脚对称地张开或收拢。

9-5　如图 9-19 所示的螺旋机构中，已知左旋双线螺杆的螺距为 4mm，若螺杆按图示方向转动 180°时，螺母移动了多少距离？向什么方向移动？

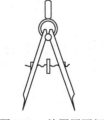

图 9-18　绘图用圆规

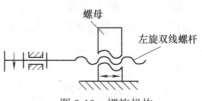

图 9-19　螺旋机构

第10单元 齿轮传动

能力目标

能识别各种常用齿轮传动形式、识读并计算齿轮的基本参数。
能分析各种典型齿轮机构的工作特性。

学习目标

理解并掌握渐开线性质、渐开线齿廓啮合特性、了解齿轮的切齿原理及加工方法。
掌握渐开线直齿圆柱齿轮的主要参数及基本尺寸计算。
掌握渐开线齿轮正确啮合及连续传动的条件。
了解斜齿圆柱齿轮、锥齿轮传动和蜗杆传动的特点和基本参数。

学习重点和难点

渐开线齿廓啮合特性、齿轮传动啮合条件、各种齿轮的参数计算。

项目背景

齿轮广泛地用在日常生活和生产的方方面面。例如,数码相机就是通过齿轮传动来实现镜头的伸缩(见图10-1a);汽车之所以能以不同的速度行驶,也是通过变速器里的齿轮传动来实现的(见图10-1b)。

a) 数码相机镜头伸缩机构

b) 汽车变速器

图 10-1 齿轮传动的应用案例

项目要求

由图10-1可知,齿轮传动是机械中最常用的传动形式之一。为了正确分析齿轮传动的工作原理和运动特性,要求能够掌握齿轮传动的基本类型、应用及工作特性等知识。

知识准备

10.1 齿轮传动基础知识

10.1.1 齿轮传动的特点、类型和基本要求

1. 齿轮传动的特点

齿轮传动应用广泛,主要优点是:

1)适用的圆周速度和功率范围广,传动速度可达300m/s,传动功率可以从一瓦到十几万千瓦。
2)传动比准确。
3)机械效率高,可达0.95~0.99。

4）工作寿命长，可达几年甚至几十年。
5）齿轮传动结构紧凑，与其他传动相比，所占空间位置较小。
6）可实现平行轴、相交轴、交错轴之间的传动。

其主要缺点是：
1）有较高的制造和安装精度，成本较高。
2）不适宜于远距离两轴之间的传动。

2．齿轮传动的类型

齿轮传动的类型很多，可按两轴的相对位置和齿向的不同分类。齿轮传动的类型如图 10-2 所示。

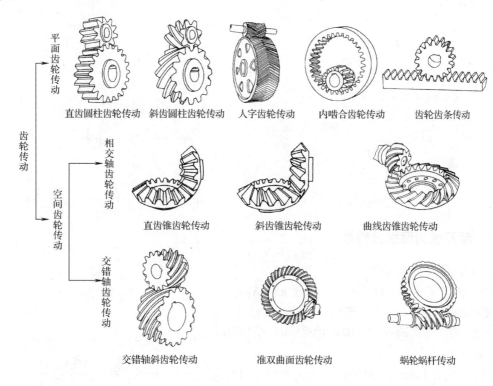

图 10-2　齿轮传动的类型

10.1.2　渐开线的形成及其性质

齿轮的传动是依靠主动轮轮齿的齿廓推动从动轮轮齿的齿廓来实现的。凡能满足定传动比规律互相啮合传动的一对齿廓称为**共轭齿廓**。目前机械工程中普遍采用的是渐开线齿廓、摆线齿廓和圆弧齿廓等，其中渐开线齿廓应用最广，因此本单元只介绍渐开线齿轮传动。

当一直线在圆周上做纯滚动时，该直线上任一点的轨迹 AK 称为该圆的**渐开线**，这个圆称为**基圆**，该直线称为**发生线**，如图 10-3 所示。

由渐开线的形成特点可知，渐开线具有下列性质：
1）发生线沿基圆滚过的线段长度等于基圆上被滚过的相应圆弧长度，即

$$\overline{NK} = \overset{\frown}{AN}$$

2）发生线 $\overline{NK}$ 既是渐开线任一 K 点的法线，又是基圆的切线。

3）r_b 和 r_K 分别为渐开线的基圆半径和渐开线上 K 点的向径。作用于渐开线 K 点的正压力 F_n 的方向（法线方向）与其作用点的速度 v_K 方向所夹的锐角，称为渐开线在 K 点的**压力角** α_K，K 点离圆心越远，压力角 α_K 越大。

$$\cos\alpha_K = \frac{r_b}{r_K} \tag{10-1}$$

4）渐开线的形状取决于基圆的大小（见图10-4），基圆越大渐开线越平直，基圆半径无穷大时渐开线成为垂直于 N_3K 的直线。

5）基圆内无渐开线。

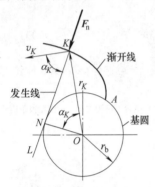

图 10-3　渐开线的形成

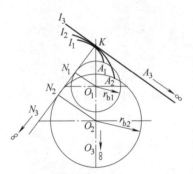

图 10-4　渐开线形状与基圆大小的关系

10.1.3　渐开线齿廓啮合特性

1．瞬时传动比为常数

如图10-5所示，一对齿轮的公法线 nn（N_1N_2）与连心线 O_1O_2 的交点 C，称为**节点**。以 O_1、O_2 为圆心，过节点 C 所作的两圆称为**节圆**，$r_1'(O_1C)$、$r_2'(O_2C)$ 为节圆半径。

在一对齿轮传动中，两轮转动角速度为 ω_1 和 ω_2，其角速度之比称为**传动比**，即 $i = \omega_1/\omega_2$。对于一对确定的渐开线齿轮，其传动比是固定常数，且为节圆的半径比。

2．渐开线齿轮具有可分性

对于渐开线齿轮，因制造、安装等原因，使两轮的实际中心距与设计中心距略有偏差，但不会影响两轮的传动比。该特性称为**传动的可分性**。该性质对齿轮的加工和装配都十分有利。

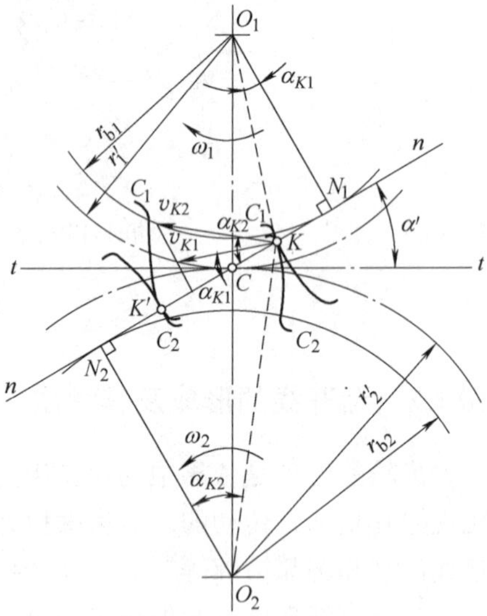

图 10-5　渐开线齿廓传动的啮合特性

3．齿廓啮合线、压力线方向不变

对于一对渐开线齿廓传动齿轮，同一方向的公法线是唯一确定的，不管齿轮在哪一点啮合，啮合点总是在这条公法线上，因而公法线也可称为**啮合线**。由于两个齿轮啮合传动时，其正压力始终在公法线方向上,因此齿轮传动啮合线、过啮合点的公法线、基圆的公切线和正压力作用线四线重合,且方向不变。啮合线与两节圆公切线所夹的锐角称为**啮合角**,用 α' 表示,它是渐开线在节圆上的压力角。

10.2 渐开线标准直齿圆柱齿轮的基本参数和几何尺寸

10.2.1 齿轮各部分的名称和基本参数

图 10-6 所示为一标准直齿圆柱齿轮的一部分,齿轮各部分的名称和基本参数如下。

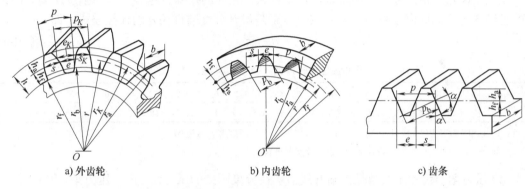

图 10-6 齿轮各部分的名称

1. 齿轮各部分的名称

(1) **齿顶圆、齿根圆** 过齿轮的齿顶所作的圆称为**齿顶圆**,直径用 d_a 表示,半径用 r_a 表示;过齿轮各齿槽底部所作的圆称为**齿根圆**,直径用 d_f 表示,半径用 r_f 表示。

(2) **任意圆周上的齿厚、齿槽宽和齿距** 在齿轮的任意圆周上,一个轮齿两侧齿廓间的弧长称为**该圆上的齿厚**,用 s_K 表示;一个齿槽两侧齿廓间的弧长称为**该圆上的齿槽宽**,用 e_K 表示;相邻两齿廓间的弧长称为**该圆上的齿距**,用 p_K 表示。则

$$p_K = s_K + e_K \tag{10-2}$$

(3) **分度圆** 为了便于齿轮各部分尺寸的计算,在齿轮上选择一个圆作为计算的基准,称该圆为齿轮的**分度圆**,分度圆直径用 d 表示,半径用 r 表示。

(4) **分度圆上的齿厚、齿槽宽、齿距和齿宽** 在齿轮分度圆周上,一个轮齿两侧齿廓间的弧长称为**分度圆上的齿厚**,用 s 表示;一个齿槽两侧齿廓间的弧长称为**分度圆上的齿槽宽**,用 e 表示;相邻两齿同侧齿廓间的弧长称为**分度圆上的齿距**,用 p 表示,显然有

$$p = s + e \tag{10-3}$$

此时,分度圆的直径为

$$d = zp/\pi \tag{10-4}$$

齿轮轴向尺寸称为**齿宽**,用 b 表示。

(5) **齿顶高、齿根高和全齿高** 齿轮的齿顶圆与分度圆之间的径向距离称为**齿顶高**,用 h_a 表示;分度圆与齿根圆之间的径向距离称为**齿根高**,用 h_f 表示;齿顶圆与齿根圆之间的径向距离称为**全齿高**,用 h 表示。

(6) 基圆、基圆齿距和法向齿距　基圆是形成渐开线齿廓的圆,基圆直径（或半径）用 d_b（或 r_b）表示。在基圆上相邻两齿同侧齿廓之间的弧长称为**基圆齿距**,用 p_b 表示;齿轮相邻两齿廓间沿公法线方向所量得的距离称为齿轮的**法向齿距**,法向齿距与基圆齿距相等,仍用 p_b 表示。

2. 基本参数

(1) 模数　为便于设计制造、安装和互换性要求,人为地把分度圆上齿距 p 与无理数 π 的比值 p/π 规定为标准值,称为齿轮的**模数**,用 m 表示,单位为 mm。即

$$m = p/\pi \quad 或 \quad p = \pi m \tag{10-5}$$

模数是齿轮几何尺寸计算的基础,模数越大,轮齿的尺寸也越大,弯曲强度越高。国家标准已经规定了标准模数系列,见表 10-1。于是得到分度圆直径 d 的计算公式,即

$$d = mz \tag{10-6}$$

表 10-1　渐开线圆柱齿轮模数（摘自 GB/T 1357—2008）　　　　（单位：mm）

第一系列	1, 1.25, 1.5, 2, 2.5, 3, 4, 5, 6, 8, 10, 12, 16, 20, 25, 32, 40, 50
第二系列	1.125, 1.375, 1.75, 2.25, 2.75, 3.5, 4.5, 5.5, (6.5), 7, 9, 11, 14, 18, 22, 28, 36, 45

注：1. 选用模数时应优先采用第一系列,其次是第二系列,括号内的模数尽量不用。
　　2. 本表适用于渐开线圆柱齿轮,对斜齿轮是指法向模数。

(2) 压力角　齿轮压力角是指渐开线齿廓在分度圆处的压力角,简称**压力角**,用 α 表示。考虑到制造、互换及承载能力等诸因素,国家标准规定：分度圆处的压力角为标准压力角,其值为 $\alpha = 20°$。

(3) 齿顶高系数　为了用模数来表示齿顶高的大小,引入**齿顶高系数** h_a^*,其标准值见表 10-2,于是齿顶高 h_a 为

$$h_a = h_a^* m \tag{10-7}$$

表 10-2　齿顶高系数 h_a^* 和顶隙系数 c^*

系　数	h_a^*	c^*
正常齿制	1	0.25
短　齿　制	0.8	0.3

(4) 顶隙系数　一个齿轮齿顶与另一个齿轮齿根之间在径向上的距离称为**顶隙**,用 c 表示,即

$$c = c^* m \tag{10-8}$$

式中,c^* 为**顶隙系数**,其标准值见表 10-2。

由此可以计算齿根高,即

$$h_f = h_a + c = (h_a^* + c^*)m \tag{10-9}$$

(5) 齿数　齿轮的**齿数**是指轮齿的个数,用 z 表示。

综合上述讨论可知,模数、齿数、压力角、齿顶高系数和顶隙系数是渐开线齿轮几何尺寸计算的五个最基本参数,这些值均为标准值。

10.2.2　渐开线标准齿轮

具有标准模数、标准压力角、标准齿顶高系数、标准顶隙系数,且分度圆上齿厚等于齿槽宽的齿轮称为**标准齿轮**。故其

$$s = e = p/2 = \pi m/2 \tag{10-10}$$

为了便于设计计算,现将渐开线标准直齿圆柱齿轮的几何尺寸计算公式列于表 10-3 中。

表 10-3 渐开线标准直齿圆柱齿轮几何尺寸的计算公式

名 称	符 号	计 算 公 式	名 称	符 号	计 算 公 式
模数	m	$m = p/\pi$	分度圆齿距	p	$p = \pi m = s + e$
压力角	α	$\alpha = 20°$	齿厚	s	$s = \pi m / 2$
分度圆直径	d	$d = mz$	齿槽宽	e	$e = \pi m / 2$
基圆直径	d_b	$d_b = d \cos\alpha$	顶隙	c	$c = c^* m$
齿顶高	h_a	$h_a = h_a^* m$	齿顶圆直径	d_a	$d_a = d \pm 2h_a = m(z \pm 2h_a^*)$
齿根高	h_f	$h_f = (h_a^* + c^*)m$	齿根圆直径	d_f	$d_f = d \mp 2h_f = m(z \mp 2h_a^* \mp 2c^*)$
全齿高	h	$h = h_a + h_f$ $= (2h_a^* + c^*)m$	标准中心距	a	$a = m(z_1 \pm z_2)/2$
基圆齿距	p_b	$p_b = \pi d_b / z = \pi d \cos\alpha / z = \pi m \cos\alpha$			

注:同一式中有上下运算符号(如±、∓)者,上面符号用于外齿轮,下面符号用于内齿轮;上面符号用于外啮合,下面符号用于内啮合。

10.3 渐开线标准直齿圆柱齿轮的啮合传动

一对齿轮啮合过程中,必须保持两轮相邻的各对齿逐一啮合,不得出现传动中断、轮齿撞击、齿廓重叠等现象,相啮合的一对齿轮必须满足:①正确啮合条件;②无侧隙传动条件;③连续传动条件。

10.3.1 正确啮合条件

渐开线直齿圆柱齿轮的正确啮合条件是两个齿轮的模数和压力角必须分别相等。由于分度圆上模数 m 和压力角 α 已标准化,故正确啮合条件为

$$\begin{cases} m_1 = m_2 = m \\ \alpha_1 = \alpha_2 = 20° \end{cases} \quad (10\text{-}11)$$

10.3.2 无侧隙传动条件

齿轮传动时如果轮齿之间有侧隙就会发生冲击和振动。如图 10-7 所示,要避免这样的情况就要实现**标准安装**,即保证:**安装时分度圆与节圆重合**。标准安装时齿轮的中心距称为**标准中心距**,为

$$a = r_2' \pm r_1' = r_2 \pm r_1 = m(z_2 \pm z_1)/2 \quad (10\text{-}12)$$

式中,当齿轮为外啮合时取正号,内啮合取负号。为了便于测量,通常要求中心距的尾数圆整为 2、5、8、0 等整数。

项目 10-1 某一台设备上的传动机构为一标准安装的齿轮传动机构,在设备搬迁时因不慎将小齿轮丢失,要求按现有条件,配备这个齿轮。已知设备的传动比 $i = 2.5$,对大齿轮参数测定得知:齿数 $z_2 = 100$, $\alpha = 20°$, $h_a^* = 1$, $c^* = 0.25$, $m = 2.5\text{mm}$。

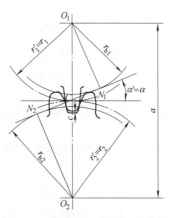

图 10-7 直齿圆柱齿轮标准安装

分析： 1) 根据大齿轮参数测定得知：大齿轮为标准齿轮，按直齿圆柱齿轮正确啮合条件可得小齿轮也应为标准齿轮，同时 $m_1 = m_2 = m = 2.5\text{mm}$，故对于小齿轮有：$\alpha = 20°$，$h_a^* = 1$，$c^* = 0.25$。

2) 由于该齿轮机构的齿轮属于标准安装，故满足

$$i = \frac{n_1}{n_2} = \frac{z_2}{z_1}$$

根据已知条件可得

$$z_1 = \frac{z_2}{i} = \frac{100}{2.5} = 40$$

两轮的标准中心距为 $a = m(z_1 + z_2)/2 = 2.5\text{mm} \times (40 + 100)/2 = 175\text{mm}$

配备的小齿轮参数为 $z_1 = 40$，$\alpha = 20°$，$h_a^* = 1$，$c^* = 0.25$。

10.3.3 连续传动条件

如图 10-8 所示，两轮的一对轮齿沿啮合线 N_1N_2 的啮合过程是，先由主动轮的齿根推动从动轮的齿顶位置，开始进入啮合，直至主动轮的齿顶推动从动轮的齿根，退出啮合。所以主、从动轮的齿顶圆与实际啮合线 N_1N_2 的交点 B_2、B_1，分别是实际起始啮合点和终止啮合点，$\overline{B_1B_2}$ 称为实际啮合线。

为了使一对齿轮正确啮合传动不致中断，必须保证在前一对轮齿尚未脱离啮合时，后一对轮齿就已经进入啮合。如图 10-8 所示，即要求实际啮合线 $\overline{B_1B_2}$ 的长度大于等于轮齿基圆齿距 p_b。$\overline{B_1B_2}$ 与 p_b 的比值称为齿轮传动的**重合度**，用 ε 表示。齿轮的连续传动条件为

$$\varepsilon = \frac{\overline{B_1B_2}}{p_b} = \frac{\overline{B_1B_2}}{\pi m \cos\alpha} \geq 1 \qquad (10\text{-}13)$$

重合度越大，啮合线 $\overline{B_1B_2}$ 内同时啮合的轮齿对数越多，传动越平稳。

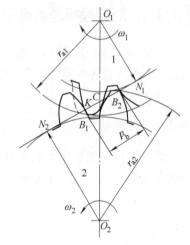

图 10-8 直齿圆柱齿轮连续传动条件

☆ **基础能力训练**

重合度 $\varepsilon = 1$，有什么含义？而 $\varepsilon = 2$ 又有什么含义？若 $\varepsilon = 1 \sim 2$ 之间，则有什么含义？请问在齿轮实际传动过程中，是否可以取重合度 $\varepsilon = 1$，为什么？

10.4 齿轮的切削加工和变位齿轮

10.4.1 齿轮的切削加工原理

齿轮的加工方法很多，如铸造法、模锻法、冲压法、热轧法、切削法等。其中最常用的是切削法。按切削齿廓的原理不同，可分为仿形法和展成法两大类，见表 10-4。

表 10-4　齿轮加工两种常用方法对比

加工方法	方　法　简　介	方　法　图　示
仿形法	仿形法是在普通铣床上用与齿槽形状相同的盘形铣刀或指形铣刀逐个切去齿槽，从而得到渐开线齿廓	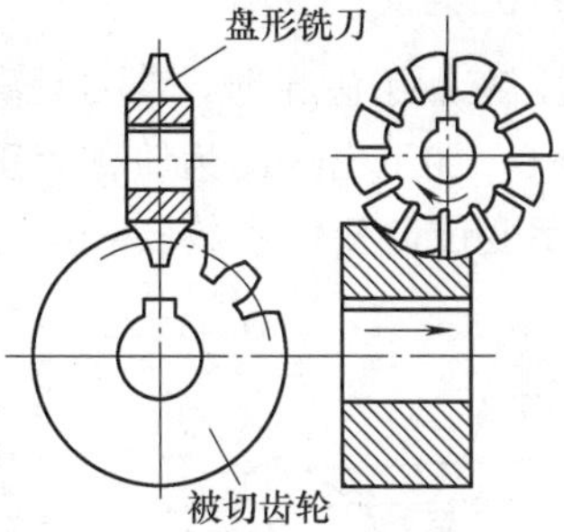 盘形铣刀加工齿轮 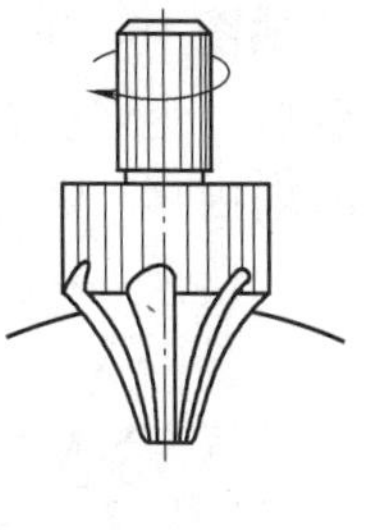　　指状铣刀加工齿轮
展成法	展成法是利用一对齿轮（或齿轮和齿条）互相啮合时，其共轭齿廓互为包络的原理来加工齿轮的。将其中一个齿轮（或齿条）制成刀具，在加工时，除了切削和让刀运动外，刀具与齿轮轮坯之间的运动与一对互相啮合的齿轮运动完全相同。这样就能切出与其刀具轮廓共轭的渐开线齿廓	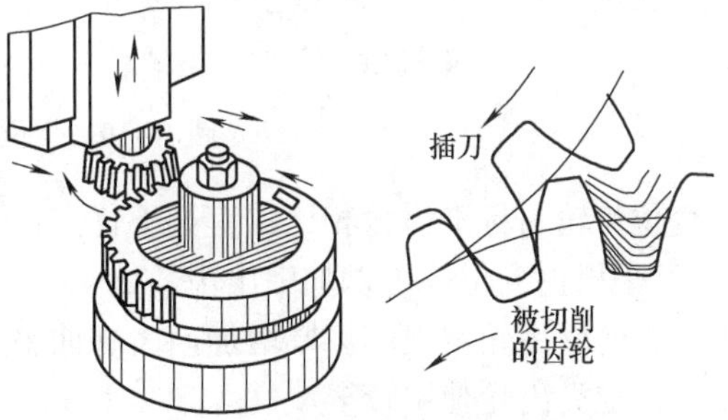 齿轮插刀加工齿轮 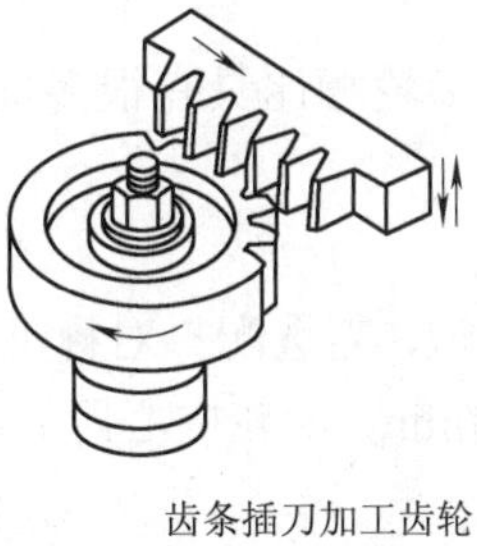 齿条插刀加工齿轮 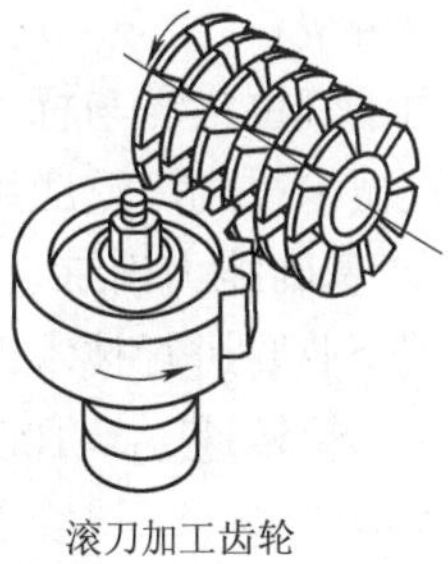　　滚刀加工齿轮

10.4.2　根切与变位齿轮

1. 切齿干涉现象和最少齿数

用展成法加工齿轮时，如果齿轮的齿数太少，则切削刀具的齿顶就会切去轮齿根部的一部分，这种现象称为**切齿干涉现象或根切**，如图 10-9 所示。发生根切后会使轮齿的弯曲强度降低，并使重合度减小，传动时出现冲击噪声，故应设法避免根切现象的产生。

为了避免根切，则齿数不得少于某一最小限度。对于标准齿轮，齿数不能少于 17（即 $z_{\min} = 17$）。

2. 变位齿轮

用齿条型刀具加工齿轮时，若刀具的中线（又称分度线）与轮坯的分度圆相切，则加工出来的齿轮为标准齿轮。如图 10-10a 所示，若将刀具相对于轮坯中心

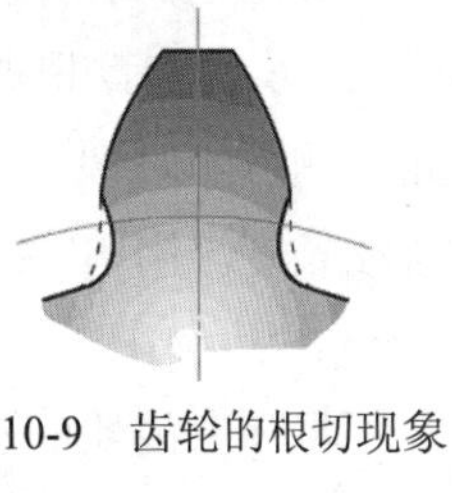

图 10-9　齿轮的根切现象

向外移出或向内移近一段距离,则刀具的中线不再与轮坯的分度圆相切,刀具移动的距离 xm 称为**变位量**,其中 m 为模数,x 为**变位系数**。这种用改变刀具与轮坯相对位置来加工的齿轮称为**变位齿轮**。

如图 10-10b 所示,在加工齿轮时,若刀具离开标准位置相对于轮坯中心向外移,则称为**正变位**,变位系数 $x > 0$,加工出来的齿轮称为**正变位齿轮**;若刀具离开标准位置相对于轮坯中心向内移,则称为**负变位**,变位系数 $x < 0$,加工出来的齿轮称为**负变位齿轮**。

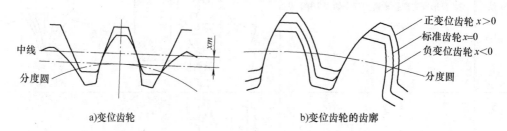

图 10-10 变位齿轮齿廓加工

变位齿轮与标准齿轮相比,有如下优点:

1)采用正变位,可以加工出齿数 $z < z_{min}$ 而不发生根切的齿轮,使齿轮传动的结构尺寸减小。正变位齿轮齿根部齿厚增加,齿廓曲率半径增大,有利于提高齿轮强度,但齿顶部齿厚变薄,这类齿轮使用较多。

2)负变位齿轮齿根部齿厚减小,齿廓曲率半径减小。对于同一模数和齿数的齿轮,轮齿显得偏瘦。

由于变位齿轮与标准齿轮相比具有很多优点,而且并不增加加工难度,因此变位齿轮在各种机械中得到广泛应用。

☆ **基础能力训练**

某企业要进行技术改造,需选配一对标准直齿圆柱齿轮,已知主动轮转速 $n_1 = 350$r/min,要求从动轮转速 $n_2 \approx 100$r/min,两轮中心距 $a = 100$mm,齿轮齿数 $z > 17$。试确定这对齿轮的模数和齿数。

10.4.3 渐开线齿轮的测量尺寸

在齿轮加工中,常通过对齿轮公法线长度的测量和分度圆弦齿厚的测量,确定齿轮的模数、压力角等参数,并检验齿轮的加工精度。

1. 公法线长度的测量

如图 10-11 所示,设卡尺的两脚跨过三个齿,与齿廓分别相切于 A、B 两点,根据渐开线的性质,AB 与基圆法线相切。所以,此时测得的两切点之间的距离称为跨齿数为 k(图中 k 为 3)的公法线长度,用 W 表示。根据图 10-11,显然有

$$W = (k-1)p_b + s_b \qquad (10\text{-}14)$$

将标准齿轮的基圆齿距 p_b 和基圆齿厚 s_b 代入上式,整理后得

$$W = m[2.9521(k - 0.5) + 0.014z] \qquad (10\text{-}15)$$

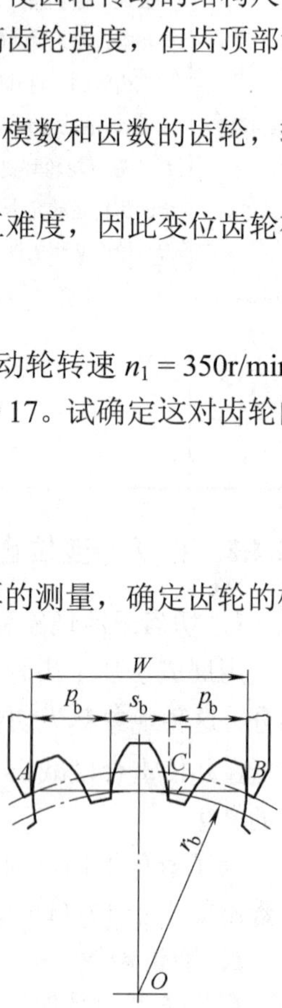

图 10-11 公法线长度的测量

测量公法线长度时，跨齿数 k 对测量准确性影响很大。k 太多或太少，都会造成卡尺与轮齿顶部或根部接触，此时卡脚端面不与齿廓面相切，测得的公法线长度不够准确。根据这一要求，可推导出跨齿数 k 的计算公式为

$$k = \frac{\alpha}{180°} z + 0.5 \qquad (10\text{-}16)$$

如 $\alpha = 20°$，则跨齿数 k 应满足

$$k = z/9 + 0.5 \qquad (10\text{-}17)$$

所得的 k 值应取整数。

2．分度圆弦齿厚和弦齿高

如图 10-12 所示，分度圆上的齿厚是弧长，曲线不便测量，因而只测量齿厚对应的弦长 $\overline{AB}$，此弦长称为**分度圆弦齿厚**，用 $\bar{s}$ 表示；齿顶到分度圆弦 $\overline{AB}$ 的径向距离称为**分度圆弦齿高**，用 $\bar{h}$ 表示。标准齿轮分度圆弦齿厚和分度圆弦齿高可按以下两式计算。

$$\bar{s} = mz\sin(90°/z) \qquad (10\text{-}18)$$

$$\bar{h} = m\left[h_a^* + \frac{z}{2}\left(1 - \cos\frac{90°}{z}\right)\right] \qquad (10\text{-}19)$$

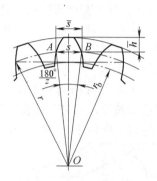

图 10-12　分度圆弦齿厚与弦齿高

10.4.4　齿轮传动的精度

国家标准 GB/T 10095—2008《圆柱齿轮　精度制》和 GB/T 11365—1989《锥齿轮和准双曲面齿轮　精度》中，分别对圆柱齿轮和锥齿轮规定有 13 个精度等级，按精度的高低依次为：0、1、2、…、12。齿轮传动精度等级可根据齿轮的不同类型、传动用途和圆周速度等从表 10-5 中选取，而常用的精度等级为 4～9 级。

表 10-5　齿轮传动精度等级的选择及应用

精度等级	圆周速度 v/(m/s)			工作条件与适用范围
	直齿圆柱齿轮	斜齿圆柱齿轮	直齿锥齿轮	
4	>35	>70		特别精密分度机构中或在最平稳且无噪声的极高速情况下工作的齿轮；高速汽轮机齿轮；检测 6～7 级齿轮用的测量齿轮
5	>20	>40		精密分度机构中或要求极平稳且无噪声的高速工作的齿轮；精密分度机构用齿轮；高速汽轮机齿轮；检测 8～9 级齿轮用测量齿轮
6	≤15	≤30	≤9	要求最高效率且无噪声的高速平稳工作的齿轮；分度机构的齿轮；特别重要的航空、汽车齿轮；读数装置中特别精密传动的齿轮
7	≤10	≤20	≤6	增速和减速用齿轮；金属切削机床进刀机构用齿轮；高速减速器用齿轮；航空、汽车用齿轮；读数装置用齿轮
8	≤5	≤9	≤3	无需特别精密的一般机械制造用齿轮；航空、汽车制造业中不重要齿轮；起重机构用齿轮；农业机械中用的小齿轮；通用减速器齿轮等
9	≤3	≤6	≤2.5	用于粗糙工作的齿轮

10.5 斜齿圆柱齿轮传动

10.5.1 斜齿圆柱齿轮齿廓曲面的形成和啮合特点

1. 齿廓曲面的形成

如图 10-13 所示,直齿圆柱齿轮齿廓曲面是发生平面 S 在基圆柱上做纯滚动,S 平面上与基圆母线 NN' 平行的直线 KK',在空间形成渐开线柱面 $AKK'A'$(见图 10-13a)。

斜齿圆柱齿轮齿廓曲面形成方法与直齿圆柱齿轮相同,只是 S 平面上的直线 KK' 与母线 NN' 成角度 β_b(基圆螺旋角)。直线 KK' 在空间形成渐开线螺旋面 $AKK'A'$(见图 10-14a)。

2. 斜齿圆柱齿轮的啮合特点

由图 10-13b 可看出,两直齿圆柱齿轮轮齿啮合时,由于两齿面接触线 KK' 平行于母线,其全宽同时进入啮合和退出啮合,因而轮齿承载和卸载都是突发性的,易引起动载、冲击、振动和噪声,不宜用于高速。

由图 10-14b 可看出,两斜齿圆柱齿轮轮齿啮合时,由于两齿面接触线 KK' 不平行于母线,轮齿由齿宽一端进入啮合,又逐渐由另一端退出啮合,因而轮齿承载和卸载是逐步的,故工作平稳、噪声小,适用于高速重载传动。

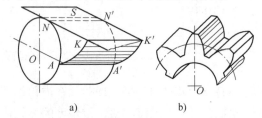

图 10-13 直齿圆柱齿轮齿廓曲面的形成

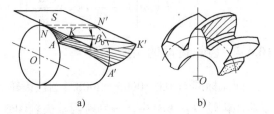

图 10-14 斜齿圆柱齿轮齿廓曲面的形成

10.5.2 斜齿圆柱齿轮的基本参数和几何尺寸

1. 基本参数

由于斜齿圆柱齿轮轮齿为倾斜的渐开螺旋面,因而斜齿圆柱齿轮几何参数有端面参数和法面参数两组。**端面**是与斜齿轮轴线垂直的平面;**法面**是垂直于轮齿螺旋线的平面。

(1) 螺旋角 如图 10-15 所示,将斜齿圆柱齿轮的分度圆柱面展开,得到一长矩形,分度圆上的螺旋线变成斜直线。该斜直线与齿轮轴线之间所夹的锐角,称为**螺旋角**,用 β 表示。图 10-16 所示斜齿圆柱齿轮按轮齿斜向分为左旋和右旋两种。

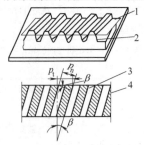

图 10-15 斜齿圆柱齿轮沿分度圆柱面展开

1—分度圆 2—渐开线齿廓 3—齿线 4—轴线

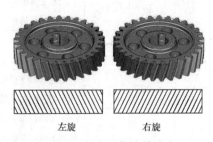

图 10-16 斜齿圆柱齿轮旋向

（2）模数 如图 10-15 所示，法向齿距 p_n 和端面齿距 p_t 之间的关系为

$$p_n = p_t \cos\beta \tag{10-20}$$

由上式可导出法向模数 m_n 与端面模数 m_t 之间的关系为

$$m_n = m_t \cos\beta \tag{10-21}$$

（3）压力角 斜齿轮的法面压力角 α_n 和端面压力角 α_t 之间的关系（见图 10-17）为

$$\tan\alpha_n = \tan\alpha_t \cos\beta \tag{10-22}$$

在加工斜齿圆柱齿轮齿形时，铣刀沿齿线垂直于斜齿轮的法面方向进刀，故一般规定法面内的参数为标准参数。

国家标准规定：斜齿轮的法面参数为标准值，法向模数 m_n 按表 10-1 选取，法面压力角、法面齿顶高系数、法面顶隙系数的标准值分别为：$\alpha_n = 20°$、$h_{an}^* = 1$、$c_n^* = 0.25$。

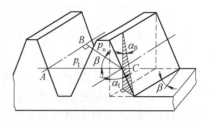

图 10-17 斜齿轮分度圆柱面上法面和端面压力角的关系

2．外啮合标准斜齿圆柱齿轮的几何尺寸计算

斜齿圆柱齿轮的几何尺寸应按端面参数计算，外啮合标准斜齿圆柱齿轮的几何尺寸计算公式见表 10-6。

表 10-6 外啮合标准斜齿圆柱齿轮的几何尺寸计算公式

名称	符号	计算公式	名称	符号	计算公式
分度圆直径	d	$d = m_t z = m_n z / \cos\beta$	齿根圆直径	d_f	$d_f = d - 2h_f$
齿顶高	h_a	$h_a = m_n h_{an}^* = m_n$ （$h_{an}^* = 1$）	全齿高	h	$h = h_a + h_f = 2.25 m_n$
齿顶圆直径	d_a	$d_a = d + 2h_a$	标准中心距	a	$a = (d_1 + d_2)/2$ $= m_t(z_1 + z_2)/2$ $= m_n(z_1 + z_2)/(2\cos\beta)$
齿根高	h_f	$h_f = 1.25 m_n$			

10.5.3 斜齿圆柱齿轮的啮合传动和当量齿数

1．正确啮合条件

一对斜齿圆柱齿轮啮合传动时，除了如直齿圆柱齿轮啮合传动一样，要求两个齿轮的模数及压力角分别相等外，还要求两轮的螺旋角必须大小相等、旋向相反（外啮合）或旋向相同（内啮合）。因此，斜齿圆柱齿轮传动的**正确啮合条件**为

$$m_{n1} = m_{n2} = m_n$$
$$\alpha_{n1} = \alpha_{n2} = \alpha_n \tag{10-23}$$
$$\beta_1 = \begin{cases} \beta_2 & \text{内啮合} \\ -\beta_2 & \text{外啮合} \end{cases}$$

2．斜齿圆柱齿轮的当量齿数

加工斜齿圆柱齿轮时，铣刀沿螺旋线齿槽方向铣削，因此必须按螺旋线法面齿形选择铣刀，即确定斜齿圆柱齿轮法面的渐开线齿形参数：法向模数 m_n、法面压力角 α_n 和当量齿数 z_v。

如图 10-18 所示，过斜齿圆柱齿轮的分度圆螺旋线上的 C 点，作螺旋线的法向截面 n—n，此截面与分度圆柱面的交

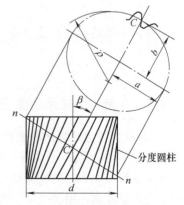

图 10-18 斜齿圆柱齿轮的当量齿轮

线为一椭圆,以椭圆在 C 点的曲率半径 ρ 为分度圆半径,用斜齿圆柱齿轮的法向模数 m_n 和法向压力角 α_n 作一假想直齿圆柱齿轮,这个假想的直齿圆柱齿轮为该斜齿圆柱齿轮的**当量齿轮**,其齿数称为**当量齿数**,用 z_v 表示。当量齿数 z_v 与斜齿圆柱齿轮齿数 z 之间的关系为

$$z_v = z/\cos^3\beta \tag{10-24}$$

由上式可知,对于一个斜齿圆柱齿轮的端面,其轮齿数一定为一个整数,但当量齿数则不一定为整数。由上式可得出标准斜齿圆柱齿轮不发生根切的最少齿数为

$$z_{\min} = z_{v\min}\cos^3\beta \tag{10-25}$$

式中,$z_{v\min}$ 为当量齿轮不发生根切的最少齿数。

由此可知,标准斜齿圆柱齿轮不发生根切的最少齿数比标准直齿圆柱齿轮少,故采用斜齿圆柱齿轮传动可以得到更为紧凑的结构。

10.6 直齿锥齿轮传动

如图 10-19a 所示,锥齿轮常用于相交轴之间的传动。两轴之间的轴交角 Σ 可根据传动的需要来确定,在一般机械中,多采用 $\Sigma = 90°$ 的传动。

与圆柱齿轮传动相似,一对锥齿轮相互啮合的过程可视为两个锥顶共点的锥体相互做纯滚动。与圆柱齿轮相似,锥齿轮也有分度圆锥面、齿顶圆锥面及齿根圆锥面等。

直齿锥齿轮的轮齿是分布在锥面上的,因此有大端和小端之分。为了便于计算和测量,通常取齿轮大端的参数为标准值。即大端模数和大端压力角为标准值 $\alpha = 20°$。图 10-19b 所示为一对正确安装的标准锥齿轮,其节圆锥与分度圆锥重合,δ_1、δ_2 分别为两轮**分度圆锥角**,两轮的分度圆直径 $d_1 = 2\overline{OP}\sin\delta_1$,$d_2 = 2\overline{OP}\sin\delta_2$,故传动比为

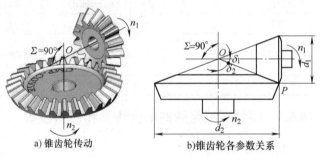

图 10-19 锥齿轮传动

$$i_{12} = \frac{\omega_1}{\omega_2} = \frac{d_2}{d_1} = \frac{z_2}{z_1} = \frac{\sin\delta_2}{\sin\delta_1} \tag{10-26}$$

在大多数情况下,$\Sigma = \delta_1 + \delta_2 = 90°$,故

$$i_{12} = \frac{\omega_1}{\omega_2} = \frac{d_2}{d_1} = \frac{z_2}{z_1} = \cot\delta_1 = \tan\delta_2 \tag{10-27}$$

10.6.1 直齿锥齿轮齿廓曲面与当量齿数

1. 直齿锥齿轮齿廓曲面的形成

如图 10-20 所示,直齿锥齿轮齿廓曲面的形成方法与直齿圆柱齿轮的区别是,发生面 S 由矩形改为扇形,基圆柱改为基圆锥,且扇形半径 OK 等于基圆锥的锥距。**锥距**是指分度圆锥顶点 O 到锥底 C 的距离,用 R 表示。当扇形发生面 S 在基圆锥上做纯滚动时,平面 S 上 K 点的运动轨迹是以 O 为球心、OK 为球径的球面上的渐开线 $\overarc{AK}$;同理 OK 上其余各点的运动轨迹,是以 O

为球心、OK 上的不同长度为球径的球面上的渐开线，这族曲线组成球面渐开面，可用作直齿锥齿轮的齿廓曲面；一对球面渐开面齿廓啮合，能保证齿轮瞬时传动比为常数。

2．当量齿数

锥齿轮的齿廓曲线是球面上的渐开线，不是平面曲线，这对设计、作图不方便。图 10-21 所示是锥齿轮的轴向剖面图，大端齿廓球面与轴向剖面交线为 $\overset{\frown}{aCb}$，它与在 C 点相切的直线段 $\overline{a'Cb'}$ 近似，以其延长线 $\overline{CO'}$ 为母线，绕 $\overline{OO'}$ 轴旋转，得一与大端齿廓相切的、包含分度圆直径 CC 的圆锥面 CCO'，该圆锥面称为**背锥面**。以背锥面上的渐开线近似代替大端球面渐开线，背锥面可展成平面，从而得到平面扇形齿轮，再将此扇形齿轮补成圆形齿轮，这样得到的平面渐开线齿轮称为该直齿锥齿轮的**当量圆柱齿轮**，其齿数 z_v 称为**当量齿数**，当量齿数与锥齿轮齿数的关系为

$$z_v = \frac{z}{\cos\delta} \quad (10\text{-}28)$$

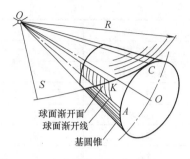

图 10-20　直齿圆锥齿轮齿廓曲面的形成

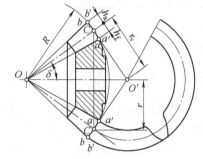

图 10-21　背锥及当量齿数

一对直齿锥齿轮的啮合过程可近似看成是一对当量圆柱齿轮（齿数 z_{v1}、z_{v2}）的啮合过程。

3．直齿锥齿轮正确啮合条件

一对直齿锥齿轮正确啮合条件是：两轮的大端模数相等、大端压力角相等且等于 20°、轴交角 $\Sigma = 90°$。

10.6.2　直齿锥齿轮的基本参数和几何尺寸

直齿锥齿轮的基本参数以大端为准，因为测量大端尺寸时，相对误差较小。直齿锥齿轮的基本参数有大端模数 m，齿数 z_1、z_2，压力角 $\alpha = 20°$，分度圆锥角 δ_1、δ_2，齿顶高系数 $h_a^* = 1$ 和顶隙系数 $c^* = 0.2$。图 10-22 标出了直齿锥齿轮各部分的几何尺寸。渐开线锥齿轮的几何尺寸计算公式见表 10-7。

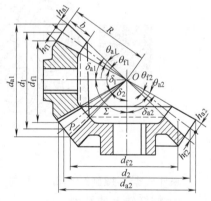

图 10-22　直齿锥齿轮的几何尺寸

表 10-7　渐开线锥齿轮的几何尺寸计算公式

名　称	代　号	计　算　公　式
齿顶高	h_a	$h_a = h_a^* m = m \ (h_a^* = 1)$
齿根高	h_f	$h_f = (h_a^* + c^*)m = 1.2m \ (c^* = 0.2)$
全齿高	h	$h = h_a + h_f = 2.2m$
顶隙	c	$c = c^* m = 0.2m$
分度圆锥角	δ	$\delta_1 = \arctan(z_1/z_2),\ \delta_2 = \arctan(z_2/z_1)$
分度圆直径	d	$d_1 = mz_1,\ d_2 = mz_2$

(续)

名 称	代 号	计算公式
齿顶圆直径	d_a	$d_{a1} = d_1 + 2h_a\cos\delta_1$, $d_{a2} = d_2 + 2h_a\cos\delta_2$
齿根圆直径	d_f	$d_{f1} = d_1 - 2h_f\cos\delta_1$, $d_{f2} = d_2 - 2h_f\cos\delta_2$
锥距	R	$R = \sqrt{d_1^2 + d_2^2}/2 = m\sqrt{z_1^2 + z_2^2}/2$
齿宽	b	$b = \psi_R R$, $\psi_R = 0.25\sim0.3$
齿根角	θ_f	$\theta_f = \arctan(h_f/R)$
顶锥角	δ_a	$\delta_{a1} = \delta_1 + \theta_f$, $\delta_{a2} = \delta_2 + \theta_f$
根锥角	δ_f	$\delta_{f1} = \delta_1 - \theta_f$, $\delta_{f2} = \delta_2 - \theta_f$

10.7 蜗杆传动

10.7.1 蜗杆传动的类型和特点

如图 10-23 所示,蜗杆传动主要由蜗杆和蜗轮组成,它用于传递交错轴之间的运动和动力,通常两轴垂直交错角为 90°。一般以蜗杆作为原动件,蜗轮为从动件。蜗杆传动被广泛用于各种机械和仪表中,常用作减速传动,仅少数机械,如离心机、内燃机增压器等用于增速传动时,蜗轮为原动件。

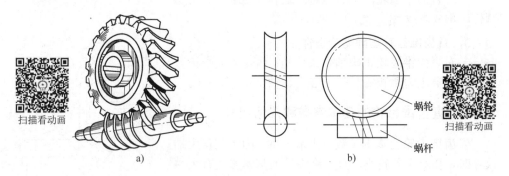

图 10-23 蜗杆传动的组成

蜗杆根据其螺旋线的旋向不同,有右旋和左旋之分,通常采用右旋蜗杆。

1. 蜗杆传动的类型

蜗杆传动按蜗杆的外形可分为圆柱蜗杆传动(见图 10-24a)、环面蜗杆传动(见图 10-24b)和锥蜗杆传动(见图 10-24c)。其中圆柱蜗杆传动在工程中应用最广。

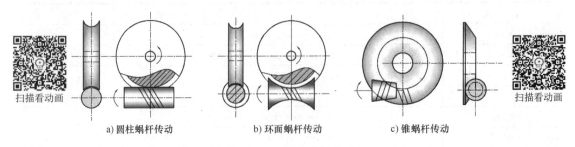

图 10-24 蜗杆传动的类型

圆柱蜗杆传动根据加工蜗杆时所用的刀具及安装位置不同,分为阿基米德蜗杆传动和渐开线蜗杆传动。

图 10-25 所示为阿基米德蜗杆,其端面齿廓是阿基米德螺旋线,轴向齿廓是直线,其齿形角 $\alpha_0 = 30°$,它可在车床上用直线切削刃的车刀车削而成,加工容易,但不能磨削,故难获得高精度。图 10-26 为渐开线蜗杆,其端面齿廓为渐开线,加工时刀具切削刃切于基圆,也可以用滚刀加工,磨削方便,制造精度较高。本单元只介绍阿基米德蜗杆传动的一些基本知识。

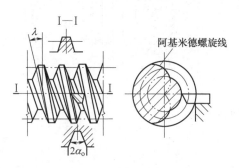

图 10-25 阿基米德蜗杆

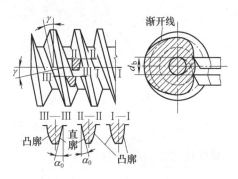

图 10-26 渐开线蜗杆

2. 蜗杆传动的特点

1) 传动比大,结构紧凑。传动比等于齿数比,蜗杆头数一般为 1~6,远小于齿轮的最少齿数,一般在动力传动中,取传动比 $i = 10~80$,而在分度机构中,可达 $i = 1000$。

2) 传动平稳,无噪声。蜗杆传动如同螺旋传动,始终连续、平稳、没有噪声。

3) 具有自锁性。蜗杆的导程角 γ 很小时,蜗轮不能带动蜗杆,呈自锁状态。这种蜗杆传动常用于需要自锁的手动起重机中。

4) 效率低。一般效率只有 0.7~0.9,具有自锁性的蜗杆传动,效率仅有 0.4。因此蜗杆传动发热量大,如散热不良,便不能持续工作。为了减摩和耐磨,蜗轮常用青铜制造,材料成本因而提高。

10.7.2 蜗杆传动的基本参数和几何尺寸

图 10-27 所示为阿基米德蜗杆传动。通过蜗杆轴线并垂直蜗轮轴线的平面称为蜗杆传动的**中间平面**。在中间平面内,蜗杆相当于一个齿条,蜗轮的齿廓为渐开线。蜗轮与蜗杆的啮合在中间平面相当于渐开线齿轮与齿条啮合。因此,阿基米德蜗杆传动中间平面的参数为标准值。

1. 主要参数

(1) 模数 m 和压力角 α 由于中间平面为蜗杆的轴面和蜗轮的端面,故规定:蜗杆的轴向模数 m_{a1} 和蜗轮的端面模数 m_{t2} 相等,且为标准值 m。蜗杆的轴向压力角 α_{a1} 和蜗轮的压力角 α_{t2} 相等,且为标准值 $\alpha = 20°$。

(2) 蜗杆的头数 z_1、蜗轮的齿数 z_2 和传动比 i 蜗杆的头数通常为 1、2、4、6。头数 z_1 增大,可以提高传动效率,但加工制造难度增加。当要求蜗杆传动具有大的传动比或反行程自锁时,取 $z_1 = 1$。蜗轮齿数 $z_2 = 28~80$。若 $z_2 < 28$,则传动的平稳性会下降,且易产生根

切;若 z_2 过大,则蜗轮的直径 d_2 增大,与之相应的蜗杆长度增加、刚度降低,从而影响啮合的精度。

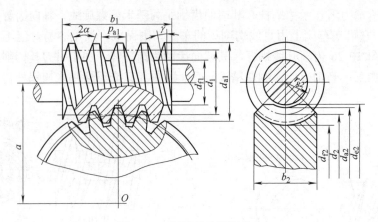

图 10-27 阿基米德蜗杆传动

蜗杆传动的传动比为

$$i = \frac{n_1}{n_2} = \frac{z_2}{z_1} \quad (10\text{-}29)$$

(3) 蜗杆导程角(螺纹升角) γ 如图 10-28 所示,将蜗杆分度圆上的螺旋线展开,蜗杆分度圆柱上的导程角 γ 为

$$\tan\gamma = \frac{z_1 p_{a1}}{\pi d_1} = \frac{z_1 \pi m}{\pi d_1} = \frac{z_1 m}{d_1} = \frac{z_1}{q} \quad (10\text{-}30)$$

蜗杆直径 d_1 越小,导程角 γ 越大,则传动效率越高,但 $\gamma \leq 3°30'$。

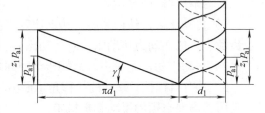

图 10-28 导程角

(4) 蜗杆分度圆直径 d_1 与蜗杆直径系数 q 为了保证蜗杆与蜗轮的正确啮合,要用与蜗杆尺寸相同的滚刀来加工蜗轮。由于相同的模数可以有许多不同的蜗杆直径,这样就造成要配备很多的滚刀,以适应不同的蜗杆直径。显然,这样很不经济。为了减少滚刀的数目和便于滚刀的标准化,就对每一标准的模数规定了一定数量的蜗杆分度圆直径 d_1,而把蜗杆分度圆直径和模数的比称为**蜗杆直径系数 q**,即

$$q = d_1/m \quad (10\text{-}31)$$

(5) 中心距 标准蜗杆传动的中心距为

$$a = \frac{1}{2}(d_1 + d_2) = \frac{1}{2}m(q + z_2) \quad (10\text{-}32)$$

2. 蜗杆传动的正确啮合条件

$$\begin{cases} m_{a1} = m_{t2} = m \\ \alpha_{a1} = \alpha_{t2} = \alpha \\ \gamma_1 = \beta_2 \end{cases} \quad (10\text{-}33)$$

3. 蜗杆传动的几何尺寸

阿基米德蜗杆传动的主要几何尺寸计算公式见表 10-8。

表 10-8　阿基米德蜗杆传动的主要几何尺寸计算公式

名　称	符　号	蜗　杆	蜗　轮
分度圆直径	d	$d_1 = mq$	$d_2 = mz_2$
中心距	a	$a = (d_1+d_2)/2$	
齿顶圆直径	d_a	$d_{a1} = d_1+2m(h_a^* = 1)$	$d_{a2} = d_2+2m(h_a^* = 1)$
齿根圆直径	d_f	$d_{f1} = d_1-2.4m(c^* = 0.2)$	$d_{f2} = d_2-2.4m(c^* = 0.2)$
导程角	γ	$\tan\gamma = mz_1/d_1$	

10.8 齿轮的结构形式

要加工出各类符合工作要求的齿轮，就需要根据齿轮传动的强度计算，确定齿轮的整体结构形式和各部分的尺寸。齿轮的结构设计，通常是先根据齿轮直径的大小选择合理的结构形式，再由经验公式确定有关尺寸，最后绘制出零件工作图。

齿轮常用的结构形式主要有四种，见表 10-9。

表 10-9　齿轮常用的结构形式

结构形式	图示结构	使用场合	主要选材
齿轮轴	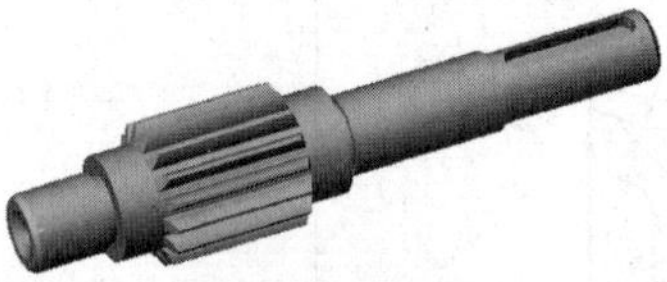	当齿根圆至键槽底部的距离 $x \leq (2\sim2.5)m_n$（m_n 为法向模数）时	锻钢
实心式齿轮		当齿顶圆直径 $d_a \leq 200$mm 时，可采用实心式结构	锻钢
腹板式齿轮		当齿顶圆直径 $d_a = 200\sim500$mm 时，可采用腹板式结构	锻钢或铸钢
轮辐式齿轮		当齿顶圆直径 $d_a > 500$mm 时，可采用轮辐式结构	铸钢或铸铁

蜗轮蜗杆常用的结构形式见表 10-10。

表 10-10 蜗轮蜗杆常用的结构形式

结构形式		结构图示	结构特点
蜗杆	铣制蜗杆	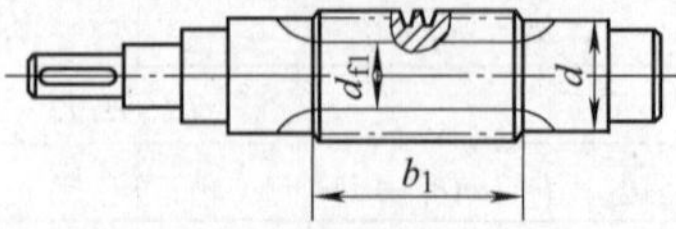	轴径可以大于齿根圆直径，因此刚度较好
	车制蜗杆	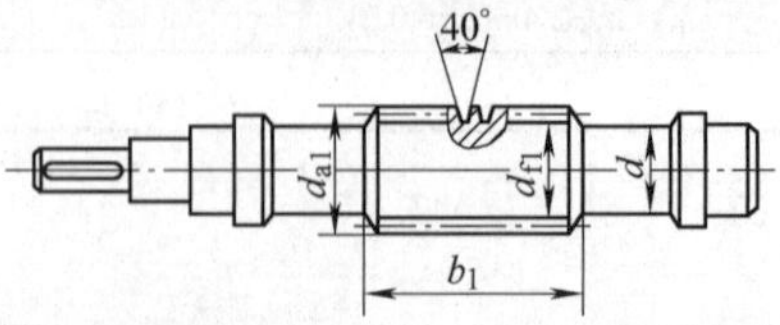	车削需要退刀槽，因此刚度不好
蜗轮	整体式蜗轮	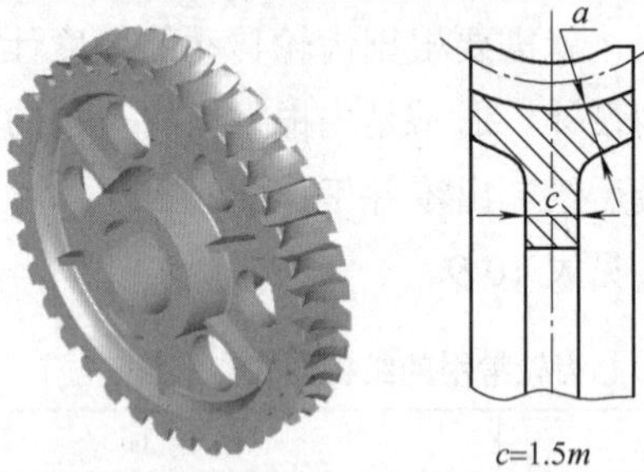 $c=1.5m$	一般结构尺寸较小，便于加工装配，但是由于蜗轮使用的青铜材料较贵，所以成本较高
	螺栓式蜗轮	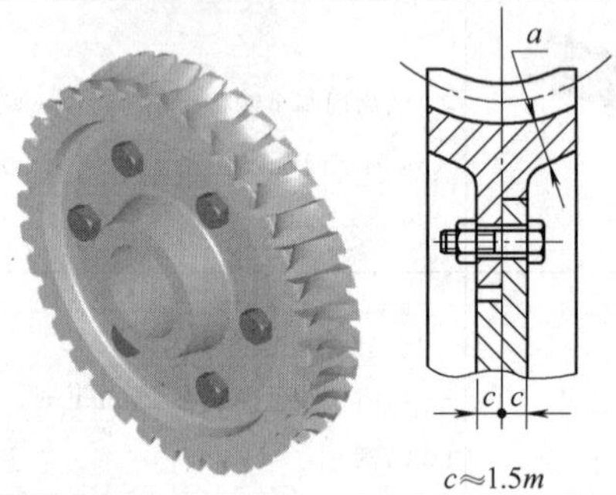 $c \approx 1.5m$	一般结构尺寸较大，加工装配不方便，但是能节约较为贵重的青铜材料，成本不高
	齿圈式蜗轮	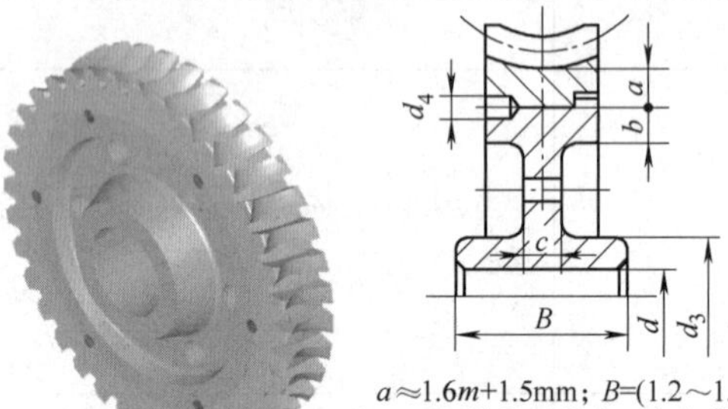 $a \approx 1.6m+1.5$mm；$B=(1.2\sim1.8)d$；$b=a$；$d_3=(1.6\sim1.8)d$；$c=1.5m \geq 6$mm；$d_4=(1.2\sim1.5)m \geq 6$mm	一般结构尺寸较大，加工装配不方便，但是能节约较为贵重的青铜材料，成本不高
	镶铸式蜗轮	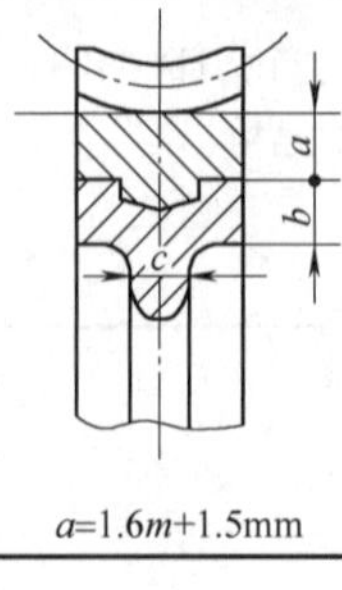 $a=1.6m+1.5$mm	一般结构尺寸较大，直接将青铜材料浇铸在轮毂外，不可拆卸。能节约较为贵重的青铜材料，成本不高

10.9 齿轮传动的失效分析与选材

齿轮传动要满足两个基本要求：传动平稳，有足够的承载能力。齿轮采用渐开线齿廓，原理上能够满足传动稳定性。有关渐开线齿廓啮合原理、齿轮尺寸等基础知识，前文中已经论述。现以前述知识为基础，讨论齿轮传动的承载能力。

按工作条件，齿轮传动可分为闭式传动和开式传动两种。

（1）**闭式传动**　闭式传动是将齿轮封闭在刚性的箱体内，因此润滑及维护等条件较好。重要的齿轮传动都采用闭式传动。

（2）**开式传动**　开式传动的齿轮是敞开的，工作时易落入灰尘，导致润滑不良，而且轮齿容易磨损，故只适用于简易的机械设备及低速场合。

10.9.1 齿轮传动的失效形式及设计准则

1. 齿轮传动的失效形式

齿轮传动的失效一般发生在轮齿上，通常有轮齿折断和齿面损伤两种形式。后者又分为齿面点蚀、齿面磨损、齿面胶合和塑性变形等，具体分析见表10-11。

表10-11　齿轮传动常见失效分析

失效形式	失效图片	引起原因	工作环境	后果	防止措施
轮齿折断		轮齿受力后齿根部受弯曲应力的反复作用或齿轮严重过载、受冲击载荷作用最终造成轮齿的折断	开式、闭式传动均可能出现	无法工作	1. 限制载荷 2. 选择合适的齿轮设计参数 3. 进行强化处理和热处理
齿面点蚀		齿面接触处将产生循环变化的接触应力，在接触应力反复作用下，轮齿表层或次表层出现不规则的细线状疲劳裂纹，疲劳裂纹扩展的结果，使齿面金属脱落而形成麻点状凹坑	闭式传动	传动不平稳，振动、噪声增大甚至无法工作	1. 选择合适的齿轮设计参数 2. 通过热处理提高齿面硬度 3. 减小齿面表面粗糙度 4. 改善润滑条件
齿面磨损		当齿面间落入砂粒、铁屑、非金属物等磨料性物质时，会发生齿面磨损	主要发生在开式传动中	引发冲击、振动和噪声，甚至导致轮齿折断	1. 提高齿面硬度 2. 增加防尘设施 3. 改善润滑条件 4. 保持润滑油的清洁
齿面胶合		在高速重载的齿轮传动中，齿面压力大，润滑效果差，瞬时温度高，啮合齿面会发生粘结现象，使金属从齿面上撕落而形成伤痕	主要发生在重载传动中	传动不平稳，振动、噪声增大甚至无法工作	1. 采用合适的润滑油添加剂 2. 及时冷却齿面温度 3. 减小齿面表面粗糙度

（续）

失效形式	失效图片	引起原因	工作环境	后果	防止措施
塑性变形		在重载作用下，轮齿材料屈服产生塑性流动而使齿面或齿体发生塑性变形	主要发生在低速、起动及过载频繁的传动中	传动不平稳，振动、噪声增大甚至无法工作	1．选择合适的齿轮设计参数 2．增加齿面硬度 3．改善润滑条件

2．齿轮传动的一般设计准则

（1）软齿面（齿面硬度≤350HBW）**闭式传动** 主要失效形式为齿面点蚀，故通常先按齿面接触疲劳强度设计几何尺寸，然后用齿根弯曲疲劳强度校核其承载能力。

（2）硬齿面（齿面硬度＞350HBW）**闭式传动** 主要失效形式为轮齿折断，故通常先按齿根弯曲疲劳强度设计几何尺寸，然后用齿面接触疲劳强度校核其承载能力。

（3）开式齿轮传动 主要失效形式是磨损，但目前尚无完善的计算方法，齿轮传动常因磨损而使齿根变薄，导致轮齿折断，故仅以齿根弯曲疲劳强度设计几何尺寸，并将所得模数加大10%～20%，以考虑磨损的影响，此时不必进行齿面接触疲劳强度计算。

10.9.2 齿轮材料及热处理

通过轮齿失效分析可知，齿轮的表面应具有较高的硬度，以增强它抵抗磨损、胶合和塑性变形的能力；心部要有较好的韧性，以增强它承受冲击的能力。

常用的齿轮材料有各种牌号的优质碳素结构钢、合金结构钢、铸钢和铸铁，一般多采用锻件或轧钢材。钢制齿轮的热处理方法主要有以下几种：

（1）表面淬火 表面淬火常用于中碳钢和中碳合金钢，如45、40Cr钢等。表面淬火后，齿面硬度一般为40～55HRC。特点是抗疲劳点蚀、抗胶合能力高；耐磨性好。由于齿轮心部未淬硬，所以齿轮仍有足够的韧性，能承受不大的冲击载荷。

（2）渗碳淬火 渗碳淬火常用于碳的质量分数为0.15%～0.25%的低碳钢和低碳合金钢，如20、20Cr钢等。渗碳淬火后齿面硬度可达56～62HRC，齿面接触强度高，耐磨性好，而齿轮心部仍保持较高的韧性，常用于受冲击载荷的重要齿轮传动。齿轮经渗碳淬火后，轮齿变形较大，应进行磨削加工。

（3）渗氮 渗氮是一种表面化学热处理。渗氮后不需要再进行其他热处理，齿面硬度可达60～62HRC。因氮化处理温度低，齿的变形小，故适用于内齿轮和难以磨削的齿轮，常用于含铅、钼、铝等合金元素的渗氮钢，如38CrMoAl等。

（4）调质 调质一般用于中碳钢和中碳合金钢，如45、40Cr、35SiMn钢等。调质处理后齿面硬度一般为220～280HBW。因硬度不高，轮齿精加工可在热处理后进行。

（5）正火 正火能消除内应力，细化晶粒，改善力学性能和切削性能。机械强度要求不高的齿轮可采用中碳钢正火处理，大直径的齿轮可采用铸钢正火处理。

上述五种热处理中，经调质和正火两种处理后的齿面硬度较低（≤350HBW），为软齿面；其他三种处理后的齿面硬度较高，为硬齿面（＞350HBW）。软齿面的加工工艺过程较简单，适用于一般传动。当大小齿轮都是软齿面时，考虑到小齿轮齿根较薄，弯曲强度较低，且小齿轮承载次数（即应力循环次数）多，故为了使大小齿轮寿命接近，通常小齿轮材料的硬度比大齿轮高 20～50HBW。对于高速、重载或重要的齿轮传动，可采用硬齿面齿轮组合，齿面硬度可大致相同。常用的齿轮材料、热处理硬度和应用举例见表 10-12，齿轮常用材料及其力学性能见表 10-13。

表 10-12 常用的齿轮材料、热处理硬度和应用举例

材　料	牌　号	热处理方法	硬度 齿轮心/HBW	硬度 齿面/HRC	应 用 举 例
优质碳素结构钢	35	正火	150～180		低速轻载的齿轮或中速中载的大齿轮
优质碳素结构钢	45	正火	162～217		低速轻载的齿轮或中速中载的大齿轮
优质碳素结构钢	50	正火	180～220		低速轻载的齿轮或中速中载的大齿轮
合金钢	45	调质	217～255		
合金钢	35SiMn	调质	217～269		
合金钢	40Cr	调质	241～286		
优质碳素结构钢	35	表面淬火	180～210	40～45	高速中载、无剧烈冲击的齿轮，如机床变速器中的齿轮
优质碳素结构钢	45	表面淬火	217～255	40～50	高速中载、无剧烈冲击的齿轮，如机床变速器中的齿轮
合金钢	40Cr	表面淬火	241～286	48～55	
合金钢	20Cr	渗碳淬火		56～62	高速中载、承受冲击载荷的齿轮，如汽车、拖拉机中的重要齿轮
合金钢	20CrMnTi	渗碳淬火		56～62	高速中载、承受冲击载荷的齿轮，如汽车、拖拉机中的重要齿轮
合金钢	38CrMoAl	氮化	229	>60	载荷平稳、润滑良好的齿轮
铸钢	ZG45	正火	163～197		重型机械中的低速齿轮
铸钢	ZG55	正火	179～207		重型机械中的低速齿轮
球墨铸铁	QT700-2		225～305		可用来代替铸钢
球墨铸铁	QT600-2		229～302		可用来代替铸钢
灰铸铁	HT250		170～241		低速中载、不受冲击的齿轮，如机床操纵机构的齿轮
灰铸铁	HT300		187～255		低速中载、不受冲击的齿轮，如机床操纵机构的齿轮

表 10-13 齿轮常用材料及其力学性能

材　料	牌　号	热 处 理	硬　度	抗拉强度 σ_b/MPa	屈服强度 σ_s/MPa	应 用 范 围
优质碳素结构钢	45	正火	169～217HBW	580	290	低速轻载
优质碳素结构钢	45	调质	217～255HBW	650	360	低速中载
优质碳素结构钢	45	表面淬火	48～55HRC	750	450	高速中载或冲击很小
优质碳素结构钢	50	正火	180～220HBW	620	320	低速轻载
合金钢	40	调质	240～260HBW	700	550	中速中载
合金钢	40	表面淬火	48～55HRC	900	650	高速中载，无剧烈冲击
合金钢	42SiMn	调质表面淬火	217～269HBW 45～55HRC	750	470	高速中载，无剧烈冲击
合金钢	20Cr	渗碳淬火	56～62HRC	650	400	高速中载，承受冲击
合金钢	20CrMnTi	渗碳淬火	56～62HRC	1100	850	高速中载，承受冲击

（续）

材 料	牌 号	热 处 理	硬 度	抗拉强度 σ_b/MPa	屈服强度 σ_s/MPa	应 用 范 围
铸钢	ZG310-570	正火 表面淬火	160～210HBW 40～50HRC	570	320	中速、中载、大直径
	ZG340-640	正火 调质	170～230HBW 240～270HBW	650 700	350 380	
球墨铸钢	QT600-3 QT500-7	正火	220～280HBW 147～241HBW	600 500		低、中速轻载，有小的冲击
灰铸铁	HT200 HT300	人工时效 （低温退火）	170～230HBW 187～235HBW	200 300		低速轻载，冲击很小

10.10 各种类型齿轮传动的受力分析与比较

在忽略齿面间摩擦力的情况下，各种齿轮传动的受力分析与比较见表10-14。

表10-14 各种齿轮传动的受力分析与比较

齿轮传动类型	受力分析图	受力计算公式
	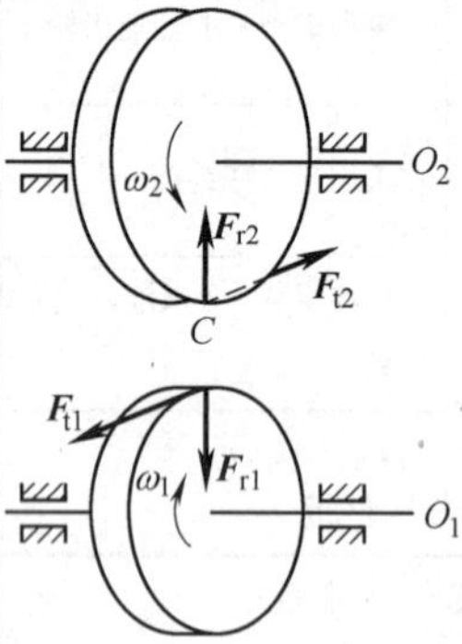 图中，F_{r1}、F_{r2} 分别表示小、大圆柱齿轮的径向力；F_{t1}、F_{t2} 分别表示小、大圆柱齿轮的圆周力；ω_1、ω_2 分别表示小、大圆柱齿轮的角速度	$F_{t1} = -F_{t2} = \dfrac{2T_1}{d_1}$ $F_{r1} = -F_{r2} = F_{t1} \tan\alpha$
	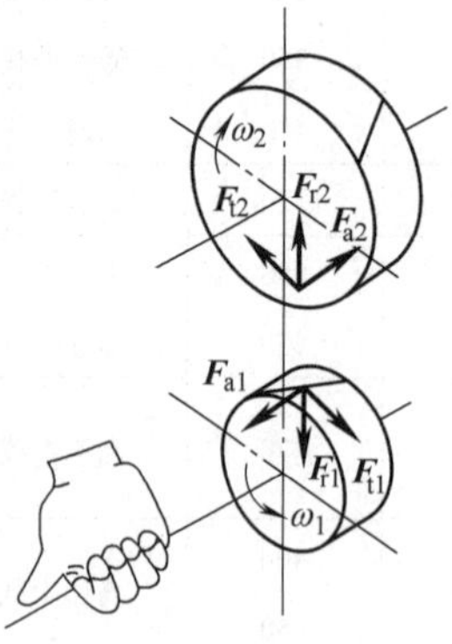 图中，F_{r1}、F_{r2} 分别表示小、大斜齿轮的径向力；F_{t1}、F_{t2} 分别表示小、大斜齿轮的圆周力；F_{a1}、F_{a2} 分别表示小、大斜齿轮的轴向力；ω_1、ω_2 分别表示小、大斜齿轮的角速度	$F_{t1} = -F_{t2} = \dfrac{2T_1}{d_1}$ $F_{r1} = -F_{r2} = \dfrac{F_{t1}\tan\alpha_n}{\cos\beta}$ $F_{a1} = -F_{a2} = F_{t1}\tan\beta$

(续)

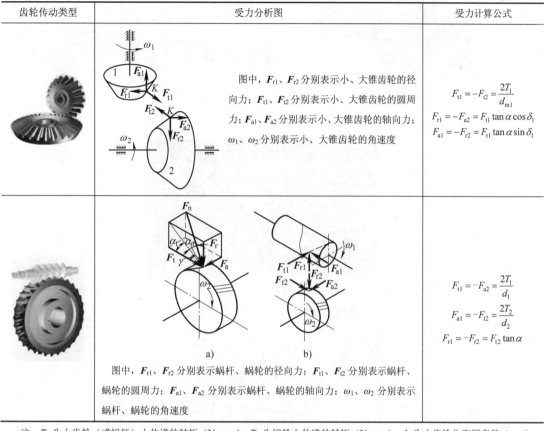

齿轮传动类型	受力分析图	受力计算公式
		$F_{t1} = -F_{t2} = \dfrac{2T_1}{d_{m1}}$ $F_{r1} = -F_{a2} = F_{t1} \tan\alpha \cos\delta_1$ $F_{a1} = -F_{r2} = F_{t1} \tan\alpha \sin\delta_1$
	图中，F_{r1}、F_{r2} 分别表示小、大锥齿轮的径向力；F_{t1}、F_{t2} 分别表示小、大锥齿轮的圆周力；F_{a1}、F_{a2} 分别表示小、大锥齿轮的轴向力；ω_1、ω_2 分别表示小、大锥齿轮的角速度	
	图中，F_{r1}、F_{r2} 分别表示蜗杆、蜗轮的径向力；F_{t1}、F_{t2} 分别表示蜗杆、蜗轮的圆周力；F_{a1}、F_{a2} 分别表示蜗杆、蜗轮的轴向力；ω_1、ω_2 分别表示蜗杆、蜗轮的角速度	$F_{t1} = -F_{a2} = \dfrac{2T_1}{d_1}$ $F_{a1} = -F_{t2} = \dfrac{2T_2}{d_2}$ $F_{r1} = -F_{r2} = F_{t2} \tan\alpha$

注：T_1 为小齿轮（或蜗杆）上传递的转矩（N·mm）；T_2 为蜗轮上传递的转矩（N·mm）；d_1 为小齿轮分度圆直径（mm）；α 为分度圆压力角，$\alpha = 20°$；α_n 为法面压力角；β 为斜齿轮的螺旋角；δ_1 为小锥齿轮分度圆锥角；d_{m1} 为小圆锥齿轮分度圆锥的平均直径，$d_{m1} = d_1 - b\sin\delta_1$。

☆ 综合项目分析

在自动化生产线中，电动机常与齿轮系统一起组成设备的动力系统，如图 10-29a 所示。由蜗轮蜗杆、斜齿圆柱齿轮、锥齿轮传动组成的传动系统构成的减速装置如图 10-29b 所示。请根据所学内容，完成以下任务：

1）已知输出轴 n_6 的方向，为使各轴轴向力能相互抵消，请判定蜗杆蜗轮 1、2 和斜齿轮 3、4 的旋向、各轴的转向及各齿轮轴向力的方向（标在图上或用文字说明）。

2）经过一段时间的运转，发现设备振动明显加剧。拆开一看，发现图 10-29b 中所标识的斜齿圆柱齿轮 3 发生失效，失效情形如图 10-29c 所示，请分析这是什么失效形式。

3）为了让自动化设备恢复正常工作，请按现有条件，重新配备这个齿轮。已知齿轮传动系统中的斜齿圆柱齿轮传动传动比 $i_{34} = 2.5$，斜齿圆柱齿轮 4 经参数测定得：齿数 $z_4 = 100$，$\alpha_n = 20°$，$h_{an}^* = 1$，$c_n^* = 0.25$，$m_n = 2.5\text{mm}$。

分析： 1）为减小各轴轴向力，蜗杆 1、蜗轮 2、斜齿圆柱齿轮 3 和 4 的旋向、各轴轴向力方向判断如图 10-30 所示。

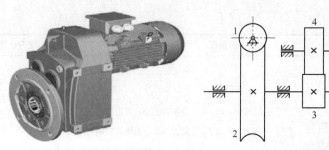
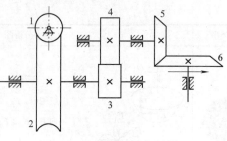

a) 动力传动系统外观图　　　　　　b) 齿轮传动运动示意图

c) 斜齿轮3失效外观照片

图 10-29　自动化生产线中的动力系统图

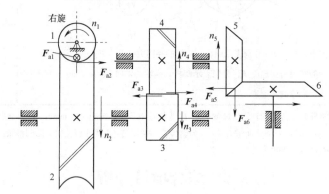

图 10-30　齿轮传动分析图

2）由于动力系统中各齿轮传动为闭式传动，故斜齿圆柱齿轮 3 的失效形式是齿面点蚀。

3）根据参数测定得知：斜齿圆柱齿轮 4 为标准齿轮。按斜齿圆柱齿轮正确啮合条件可得，斜齿圆柱齿轮 3 也应为标准齿轮，同时满足 $m_{1n} = m_{2n} = m_n = 2.5\text{mm}$，故斜齿圆柱齿轮 3 参数 $\alpha_n = 20°$，$h_{an}^* = 1$，$c_n^* = 0.25$。

由于该齿轮机构的齿轮属于标准安装，故传动比

$$i_{34} = \frac{n_3}{n_4} = \frac{z_4}{z_3}$$

根据已知条件可得

$$z_3 = \frac{z_4}{i_{34}} = \frac{100}{2.5} = 40$$

两轮的标准中心距为

$$a = m_n(z_1 + z_2)/2 = 2.5\text{mm} \times (40 + 100)/2 = 175\text{mm}$$

配备的斜齿圆柱齿轮 3 的参数为：$z_1 = 40$、$\alpha = 20°$，$h_a^* = 1$，$c^* = 0.25$。

归纳总结

1．为了正确分析并应用齿轮传动，首先必须了解常用齿轮传动形式的应用，其次能识读并计算齿轮基本参数。

2．为了保证齿轮正确传动，能理解正确啮合条件、无侧隙传动条件和连续传动条件。

3．了解齿轮的失效形式及选材并能对各种齿轮传动进行简单受力分析。

思考与练习 10

10-1 已知一对正确安装的标准渐开线直齿圆柱齿轮传动，其中心距 $a=175\text{mm}$，模数 $m=5\text{mm}$，压力角 $\alpha=20°$，传动比 $i=2.5$。试求这对齿轮的齿数各是多少？并计算小齿轮的分度圆直径、齿顶圆直径、齿根圆直径和基圆直径。

10-2 有一标准直齿圆柱齿轮，用游标卡尺跨 3 个齿测量出公法线长度为 11.595mm，跨 4 个齿测量得 16.020mm，问这个齿轮的模数是多少？

10-3 有一标准直齿圆柱齿轮的 $h_a^*=1$，$\alpha=20°$。试问齿数满足什么条件时齿根圆大于基圆？齿数满足什么条件时基圆大于齿根圆？

10-4 在技术革新中，拟使用现有的两个正常齿制的标准直齿圆柱齿轮，已测得齿数 $z_1=22$，$z_2=98$，小齿轮齿顶圆直径 $d_{a1}=240\text{mm}$，大齿轮的全齿高 $h=22.5\text{mm}$（因大齿轮太大，不便测其齿顶圆直径），试判断这两个齿轮能否正确啮合传动。

10-5 图 10-31 所示为一减速器传动图，输入轴转速 $n_1=1350\text{r/min}$，输出轴转速 $n_4=150\text{r/min}$，轮 1 与轮 4 同轴线，低速级齿轮 $z_3=20$，高速级齿轮 $z_1=25$，$z_2=75$，$m=3\text{mm}$ 试求：低速级另一齿轮的齿数 z_4 及模数。

10-6 某二级斜齿圆柱齿轮减速器，已知轮 1 主动，转动方向和螺旋方向如图 10-32 所示。若使轴Ⅱ上轮 2、3 的轴向力抵消一部分，试确定轮 3 螺旋线的方向，并将各轮的螺旋线方向及轴向力 F_a 的方向标在图中。

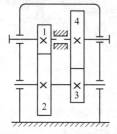

图 10-31　减速器传动图

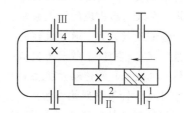

图 10-32　斜齿圆柱齿轮减速器

10-7 如图 10-33 所示两级锥-斜齿轮减速器中，已知锥齿轮 1 的转动方向，为使各中间轴上齿轮的轴向力能互相抵消。

（1）标出斜齿轮 3、4 的转动方向和螺旋线方向（注：判断过程包括各轮的转向、各轮轴向力）。

（2）标出中间轴上锥齿轮 2 和斜齿轮 3 在啮合处的各分力的方向。

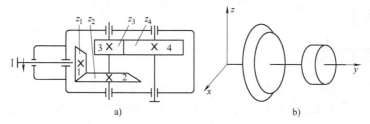

图 10-33　锥-斜齿轮减速器

第11单元 轮 系

能力目标

能识别各种典型轮系类型及应用。
能完成各种轮系传动比计算。

学习目标

了解轮系的基本类型及轮系的主要功用,能正确识别轮系的类型。
熟练掌握定轴轮系、周转轮系、混合轮系的传动比计算。

学习重点和难点

定轴轮系、周转轮系、混合轮系传动比的计算。

项目背景

齿轮传动在各种机器和机械设备中应用广泛,但为了减速、增速、变速等特殊用途,往往不能只靠一对齿轮来完成,经常需采用一系列相互啮合的齿轮组成的传动系统——**轮系**。我国古代在轮系研制方面有许多杰出发明创造,如东汉张衡利用漏壶的等时性制成水运浑象,通过在浑象内部设置的一套齿轮系机械传动装置,可实现浑象每天等速旋转一周;东汉以后出现的记里鼓车则是利用一套减速齿轮系,通过鼓镯的音响分段报知里程。图 11-1 所示为机械手表结构图。机械手表的传动系统主要

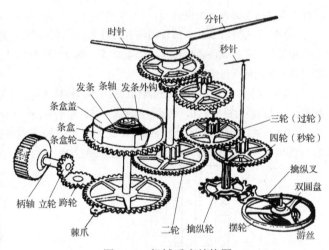

图 11-1 机械手表结构图

由分针、时针及秒针等系列构件组成。分针与时针、秒针与分针的传动比为 60,通过二级齿轮传动实现从秒针到时针的传动,传动比达到 3600,该传动系统结构很紧凑,可实现大传动比。在本单元的学习中,我们将学会如何分析轮系的类型、功用及对各种轮系的传动比进行计算。

项目要求

图 11-1 所示的机械表就是由各种轮系构成的。为了准确分析机械表的工作原理、运动特性及结构,要求能正确识别各种典型轮系并分析其运动特性和应用工况。

知识准备

11.1 轮系的类型

由一对齿轮组成的机构是齿轮传动的最简单形式。但是在实际机械传动中,常用若干对齿轮组成的齿轮传动系统来达到各种目的。这种由一系列相互啮合齿轮组成的传动系统称为**轮系**(或齿轮系)。

轮系按传动时轴线是否固定，可分为两大类：定轴轮系（定轴线轮系）和周转轮系。

1．定轴轮系

轮系传动时，各齿轮的几何轴线位置都是固定的，这种轮系称为**定轴轮系**。图 11-2 所示为减速器中的轮系。

2．周转轮系

轮系传动时，至少有一个齿轮的几何轴线可绕另一齿轮的几何轴线转动的轮系称为**周转轮系**。如图 11-3 所示，周转轮系由行星轮 2、太阳轮 1 和 3、行星架 H（或系杆）和机架组成。

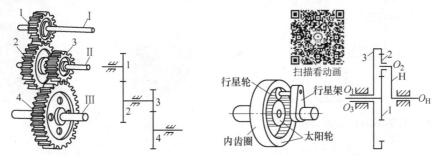

图 11-2　定轴轮系　　　　　　图 11-3　周转轮系（一）

在周转轮系中，轴线位置固定不动的齿轮，称为**太阳轮**；既自转又绕太阳轮轴线转动的齿轮，称为**行星轮**；用于支持行星轮并与太阳轮共轴线的构件 H，称为**行星架**（或系杆）。

周转轮系按其自由度 F 不同，可分为**差动轮系**（$F=2$）和**行星轮系**（$F=1$）。

差动轮系：如图 11-4a 所示，自由度 $F=2$ 的周转轮系称为**差动轮系**。$F=2$ 表明差动轮系需要两个原动件的输入运动，机构才能有确定的输出运动。

行星轮系：如图 11-4b 所示，若将差动轮系的中心轮 3 固定，再计算其自由度，得 $F=1$，此周转轮系称为**行星轮系**，$F=1$ 表明行星轮系只需要一个原动件的输入运动，机构就有确定的输出运动。因此行星轮系的应用更为广泛。

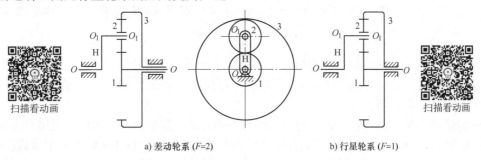

a) 差动轮系 ($F=2$)　　　　　　b) 行星轮系 ($F=1$)

图 11-4　周转轮系（二）

3．混合轮系

工程中有的轮系既包括定轴轮系，又包含周转轮系，或直接由几个周转轮系组合而成。机械传动中由定轴轮系和周转轮系构成的复杂轮系称为**混合轮系**，如图 11-5 所示的汽车差速器。图 11-6 所示为涡轮螺旋桨发动机减速器传动简图，也是混合轮系的应用实例。

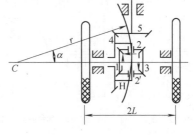

图 11-5　汽车差速器

☆ **基础能力训练**

图11-7所示为指南车复原图。指南车是古代一种指示方向的车辆，它利用齿轮传动系统和离合装置来指示方向，在特定条件下，车子转向时木人手臂仍指向正南。图11-8所示为记里鼓车复原图，记里鼓车是中国古代用于计算道路里程的车，基本原理和指南车相同，也是利用齿轮机构的差动关系，实现道路里程的计算。通过查阅相关文献和资料，写一篇关于指南车和记里鼓车的研究报告，报告中要包含工作原理、轮系结构示意图和数字化三维模型。

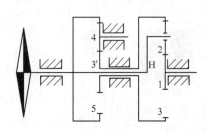
图11-6 涡轮螺旋桨发动机减速器传动简图

图11-7 指南车复原图

图11-8 记里鼓车复原图

11.2 定轴轮系的传动比

定轴轮系是机械工程中应用最为广泛的传动装置，可用于减速、增速、变速，实现运动和动力的传递与变换。

轮系的传动比是指轮系中首末两轮角速度或转速之比，常用字母"i_{1N}"表示，其右下角用下标表明其对应的两轮，例如：i_{17}表示轮1与轮7的传动比。确定一个轮系的传动比包含以下两方面内容：①计算传动比的大小；②确定输出轮的转动方向。

11.2.1 定轴轮系传动比的计算

第10单元讨论了一对齿轮啮合时的传动比，当一对圆柱齿轮啮合时，其传动比为

$$i_{12} = \frac{n_1}{n_2} = \pm \frac{z_2}{z_1}$$

对于首末两轮的轴线相平行的轮系，其转向关系用正、负号表示：转向相同用正号，转向相反用负号。一对外啮合圆柱齿轮，两轮转向相反，其传动比为负，一对内啮合圆柱齿轮，两轮转向相同，其传动比为正。

转向除用上述正负号表示外，也可用画箭头的方法。对于外啮合齿轮，可用反方向箭头表示（见图11-9a）；对于内啮合齿轮，则用同方向箭头表示（见图11-9b）；对于锥齿轮传动，可用两箭头同时指向或背离啮合处来表示两轮的实际转向（见图11-9c）；蜗杆传动中，蜗杆与蜗轮旋向、转向可根据主动轮左右手定则判断（见图11-9d）。

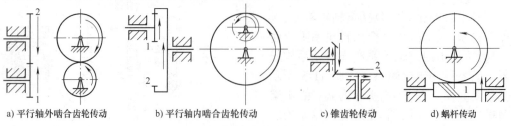

a) 平行轴外啮合齿轮传动　　b) 平行轴内啮合齿轮传动　　c) 锥齿轮传动　　d) 蜗杆传动

图11-9 一对齿轮传动的转动方向

下面以图 11-10 所示各轴线平行的平面定轴轮系为例，讨论定轴轮系传动比的计算。

1. 写出轮系的啮合线顺序图

由图 11-10 所示轮系机构运动简图可知轮系**啮合顺序线**，或称传动线为：

$$1-2=2'-3=3'-4-5$$

其中，轮 1、2′、3′、4 为主动轮，2、3、4、5 为从动轮；以"—"所联两轮表示啮合，以"＝"所联两轮表示固联为一体。

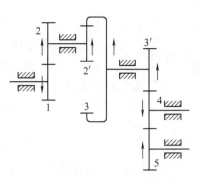

图 11-10　平面定轴轮系

2. 求解轮系的传动比

设 n_1、…、n_5 为各轮转速，z_1、…、z_5 为各轮齿数，轮系传动比可以由各对齿轮的传动比求得，即

$$i_{12}=\frac{n_1}{n_2}=-\frac{z_2}{z_1}\ ;\quad i_{2'3}=\frac{n_{2'}}{n_3}=\frac{z_3}{z_{2'}}\ ;\quad i_{3'4}=\frac{n_{3'}}{n_4}=-\frac{z_4}{z_{3'}}\ ;\quad i_{45}=\frac{n_4}{n_5}=-\frac{z_5}{z_4}$$

则本轮系传动比为

$$i_{15}=\frac{n_1}{n_5}=\frac{n_1}{n_2}\cdot\frac{n_{2'}}{n_3}\cdot\frac{n_{3'}}{n_4}\cdot\frac{n_4}{n_5}=i_{12}i_{2'3}i_{3'4}i_{45}$$

$$=\left(-\frac{z_2}{z_1}\right)\left(\frac{z_3}{z_{2'}}\right)\left(-\frac{z_4}{z_{3'}}\right)\left(-\frac{z_5}{z_4}\right)=(-1)^3\frac{z_2z_3z_4z_5}{z_1z_{2'}z_{3'}z_4}$$

由上式中可以看出：对于平行轴之间的传动，当轮系中有一对外啮合齿轮时，两轮转向相反一次，这时齿轮传动比出现一个负号。上述轮系中有三对外啮合齿轮，故其传动比符号为 $(-1)^3$。

轮 4 在轮系中兼作主、从动轮，齿数在计算式中约去，不影响轮系传动比，图 11-10 所示的平面定轴轮系中只改变转向的齿轮，称为**惰轮**。

设轮 1 为首轮，轮 N 为末轮，由上述分析推得，定轴轮系传动比的一般计算公式为

$$i_{1N}=\frac{n_1}{n_N}=\frac{首轮至末轮所有从动轮齿数积}{首轮至末轮所有主动轮齿数积}\tag{11-1}$$

11.2.2　首末轮转向关系的确定

各齿轮轴线平行的平面定轴轮系，其传动比符号可用 $(-1)^m$ 来确定，m 为外啮合齿轮对数。对于各齿轮轴线不完全平行的轮系，首末两轮的转向关系可以用标注箭头的办法来确定：当首轮转向给定后，可按外啮合两轮转向相反、内啮合两轮转向相同，对各对齿轮逐一标出转向，如图 11-10 所示轮系，可得首轮 1 与末轮 5 的转向相反，故其传动比为负号。

☆ 基础能力训练

如图 11-11 和图 11-12 所示的空间定轴轮系，请问能否利用 $(-1)^m$ 来确定轮系中首末两轮的转向关系，如果不能，你将采用什么方法确定，请判断出空间定轴轮系的首末两轮转向？

项目 11-1　在图 11-12 所示的空间定轴轮系中，已知各齿轮的齿数为 $z_1=15$，$z_2=25$，$z_3=z_5=14$，$z_4=z_6=20$，$z_7=30$，$z_8=40$，$z_9=2$（且为右旋蜗杆），$z_{10}=60$。

1）试求传动比 i_{17} 和 $i_{1\,10}$。

2）若 $n_1 = 200$r/min，已知齿轮 1 的转动方向，试确定 n_7 和 n_{10}。

分析：1）写出啮合顺序线。

$$1—2=3—4—5=6—7—8=9—10$$

2）求传动比 i_{17} 和 $i_{1\,10}$。

传动比 i_{17} 的大小可用式（11-1）求得，即

$$i_{17} = \frac{n_1}{n_7} = \frac{z_2 z_4 z_5 z_7}{z_1 z_3 z_4 z_6} = \frac{25 \times 20 \times 14 \times 30}{15 \times 14 \times 20 \times 20} = 2.5$$

图 11-13 所示为用箭头标注法标注的定轴轮系各轮的转向，由图可知，轮 1 和轮 7 的转向相反。由于轴 1 与轴 7 是平行的，故其传动比 i_{17} 也可用负号表示为 $i_{17} = n_1/n_7 = -2.5$，但这个负号绝不是用 $(-1)^m$ 确定，而是用箭头标注法所得。

传动比 $i_{1\,10}$ 的大小可用式（11-1）求得，即

$$i_{110} = \frac{n_1}{n_{10}} = \frac{z_2 z_4 z_5 z_7 z_8 z_{10}}{z_1 z_3 z_4 z_6 z_7 z_9} = \frac{25 \times 20 \times 14 \times 30 \times 40 \times 60}{15 \times 14 \times 20 \times 20 \times 30 \times 2} = 100$$

其中，齿轮 4 和齿轮 7 同为惰轮，用右手螺旋法则判定蜗轮的转向为顺时针方向，如图 11-13 所示。

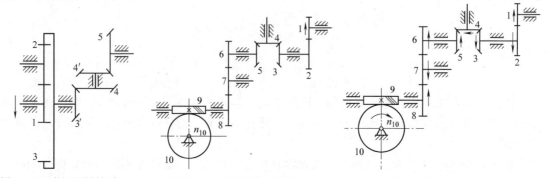

图 11-11　空间定轴轮系（一）　　图 11-12　空间定轴轮系（二）　　图 11-13　空间定轴轮系

3）求 n_7 和 n_{10}。

因

$$i_{17} = \frac{n_1}{n_7} = -2.5$$

则

$$n_7 = \frac{n_1}{i_{17}} = \frac{200}{-2.5} \text{r/min} = -80 \text{r/min}$$

式中负号说明轮 1 与轮 7 的转向相反。

因

$$i_{110} = \frac{n_1}{n_{10}} = 100$$

则

$$n_{10} = \frac{n_1}{i_{110}} = \frac{200}{100} \text{r/min} = 2 \text{r/min}$$

蜗轮 10 的转向如图 11-13 所示。

11.3　周转轮系的传动比

对于周转轮系，其传动比的计算显然不能直接利用定轴轮系传动比的计算公式。这是因

为行星轮除绕本身轴线自转外,还随行星架绕固定轴线公转。

为了利用定轴轮系传动比的计算公式,间接求出周转轮系的传动比,采用反转法,对整个周转轮系,加上一个绕行星架轴线 O_H 与行星架转速等值反向的转速($-n_H$),这时行星架处于相对静止状态,从而获得一假想的定轴轮系,此轮系称为**转化轮系**,即将图 11-14a 转化为图 11-14b。转化后的轮系,各轴线相对静止,便可按定轴轮系方式计算传动比。

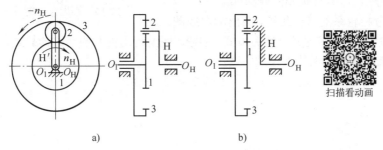

图 11-14 周转轮系

1. 写出各对齿轮啮合顺序线

以行星轮为核心,至各太阳轮为止,写出啮合顺序线。如图 11-14a 所示轮系的啮合顺序线为:

太阳轮 1—行星轮 2—太阳轮 3
|
|
行星架 H

"— —"代表行星轮用行星架的支承。

注意:转化轮系的每根啮合顺序线遇到太阳轮时,顺序线便截止。

2. 列转化轮系传动比计算式

转化轮系中,各构件转速见表 11-1。
转化轮系传动比的计算式为

表 11-1 转化轮系各构件转速

构　件	行星轮系中的转速	转化轮系中的转速
太阳轮 1	n_1	$n_1^H = n_1 - n_H$
行星轮 2	n_2	$n_2^H = n_2 - n_H$
太阳轮 3	n_3	$n_3^H = n_3 - n_H$
行星架 H	n_H	$n_H^H = n_H - n_H = 0$

$$i_{13}^H = \frac{n_1^H}{n_3^H} = \frac{n_1 - n_H}{n_3 - n_H} = (-1)^1 \frac{z_2 z_3}{z_1 z_2} = -\frac{z_3}{z_1}$$

符号中右上角标"H"表示转化轮系传动比、转速相对行星架 H 的值。

推广到一般情况,设 n_G 和 n_K 为周转轮系中任意两个齿轮 G 和 K 的转速,n_H 为行星架 H 的转速,则有

$$i_{GK}^H = \frac{n_G^H}{n_K^H} = \frac{n_G - n_H}{n_K - n_H} = \frac{转化轮系中从G至K所有从动轮齿数积}{转化轮系中从G至K所有主动轮齿数积} \quad (11\text{-}2)$$

应用上式,视 G 为起始轮,K 为最末从动轮。

3. 标出转化轮系转向,确定传动比符号

1)对于圆柱齿轮组成的周转轮系,所有轴线平行,直接以 $(-1)^m$ 表示转化轮系传动比的符号。图 11-14 所示转化轮系传动比的符号为 $(-1)^1$,表明转化轮系中首轮与末轮转向相反。

2)对于锥齿轮组成的轮系(见图 11-15),首、末两轮轴线平行,应采用箭头逐一标出转

化轮系中各对齿轮转向，若首、末两轮转向相同，则转化轮系传动比用正号，反之用负号表示。

项目 11-2 图 11-15 所示为汽车差速器所使用的锥齿行星轮系，各齿轮的齿数为 $z_1 = 20$、$z_2 = 30$、$z_{2'} = 50$、$z_3 = 80$，已知转速 $n_1 = 100\text{r/min}$。试确定：1）轮系传动比 i_{1H}；2）行星架的转速 n_H。

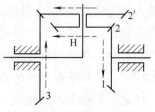

图 11-15 锥齿行星轮系

扫描看动画

分析：先分析轮系的啮合路线，画出啮合线图，经分析可知该轮系为周转轮系，然后按式（11-2）列出转化轮系传动比计算式，进而求出 n_H。

1）写出锥齿行星轮系的啮合顺序线：

$$1 - 2 = 2' - 3$$
$$|$$
$$|$$
$$H$$

2）列出转化轮系传动比计算式，求出 i_{1H}。

将 H 固定，标出转化轮系各轮的转向，如图 11-15 虚线所示。由式（11-2）得

$$i_{13}^H = \frac{n_1^H}{n_3^H} = \frac{n_1 - n_H}{n_3 - n_H} = -\frac{z_2 z_3}{z_1 z_{2'}}$$

上式中"–"号是由轮 1 和轮 3 的虚线箭头反向而确定。设轮 1 的转向为正，则 $n_1 = 100\text{r/min}$，轮 3 固定，$n_3 = 0$，代入上式得

$$\frac{100 - n_H}{0 - n_H} = -\frac{30 \times 80}{20 \times 50}$$

$$i_{1H} = 3.4$$

3）求解轮 3 的转速 n_H。

由于 $i_{1H} = n_1 / n_H = 3.4$，所以 $n_H = 29.4\text{r/min}$，轮 3 的转向与轮 1 相同。

项目 11-3 图 11-16 所示为大传动比减速器，括号内数为齿数，试求轮系传动比 i_{H1}。

分析：先分析轮系的啮合路线，画出啮合线图，确定该轮系为周转轮系，再按式（11-2）列出转化轮系传动比，最后解出传动比 i_{H1}。

1）写出啮合顺序线：

$$1 - 2 = 2' - 3$$
$$|$$
$$|$$
$$H$$

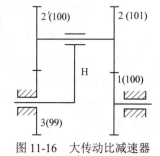

图 11-16 大传动比减速器

2）列出转化轮系传动比计算式。

因为轮系所有轴线平行，有两对外啮合，所以转化轮系传动比的符号为 $(-1)^2$。

由式（11-2）得

$$i_{13}^H = \frac{n_1^H}{n_3^H} = \frac{n_1 - n_H}{n_3 - n_H} = (-1)^2 \frac{z_2 z_3}{z_1 z_{2'}} \tag{1}$$

由图可知，轮 3 固定，将 $n_3 = 0$，代入上式得

$$i_{13}^{\mathrm{H}} = \frac{n_1^{\mathrm{H}}}{n_3^{\mathrm{H}}} = \frac{n_1 - n_{\mathrm{H}}}{0 - n_{\mathrm{H}}} = (-1)^2 \frac{z_2 z_3}{z_1 z_{2'}} \qquad (2)$$

3）求 $i_{\mathrm{H}1}$。

整理（2）式可得

$$i_{1\mathrm{H}} = \frac{n_1}{n_{\mathrm{H}}} = 1 - \frac{z_2 z_3}{z_1 z_{2'}} = \frac{1}{10000}$$

由于 $i_{1\mathrm{H}} = 1 \big/ i_{\mathrm{H}1}$，所以 $i_{\mathrm{H}1} = 10000$。

可见该周转轮系具有大减速比功能。在相同传动比条件下，采用定轴齿轮减速器比大传动比减速器体积增大 1~5 倍，重量增大 1~4 倍。但是该轮系的缺点是机械效率随着传动比的增加而急剧下降，所以一般用于传递运动，如用在仪表测量高速转动以及专用机床的微进给机构中。

☆ 基础能力训练

请根据以前所学的知识，计算图 11-15 及图 11-16 所示的轮系自由度，并判断图 11-16 所示减速器属于差动轮系还是行星轮系？

11.4 混合轮系

在机械中，经常用到几个基本周转轮系或定轴轮系和周转轮系组合而成的轮系，这种轮系称为**混合轮系**。由于整个混合轮系，既不能将其视为定轴轮系来计算其传动比，也不能将其视为单一的周转轮系来计算其传动比。唯一正确的方法是将其所包含的各部分定轴轮系和各部分周转轮系一一分开，并分别列出其传动比的计算关系式，然后联立求解，从而求出该复合轮系的传动比。

因此，混合轮系传动比的计算方法及步骤可概括为：

1）正确划分轮系，画出啮合线图。
2）分别列出算式。
3）进行联立求解。

在计算混合轮系的传动比时，首要的问题是必须正确地将轮系中的各组成部分加以划分。为了能正确划分，关键是要把其中的周转轮系部分找出来。周转轮系的特点是具有行星轮和行星架，所以只要找到轮系中的行星轮，然后找出行星架（**注意：行星架往往是由轮系中具有其他功用的构件所兼任**）。每一行星架，连同行星架上的行星轮和与行星轮相啮合的太阳轮就组成一个基本周转轮系。在一个混合轮系中可能包含有几个基本周转轮系（一般每一个行星架就对应一个基本周转轮系），当将这些周转轮系一一找出之后，剩下的便是定轴轮系部分了。

☆ 综合应用能力分析

图 11-17 所示为电动机卷扬机减速器，请分析该轮系并画出该轮系的啮合线图。

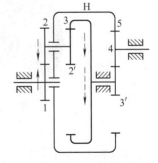

图 11-17 电动机卷扬机减速器

11.5 轮系的功用

轮系广泛应用于各种机械设备中，其主要功用如下：

1. 传递相距较远的两轴间的运动和动力

当两轴间距离较大时,若仅用一对齿轮来传动,则齿轮尺寸过大,既占空间,又浪费材料,且制造安装都不方便。若改用定轴轮系传动,就可克服上述缺点,如图 11-18 所示。

2. 可获得大的传动比

一对定轴齿轮的传动比一般不宜大于 5~7,否则大齿轮外径随传动比成比例增加,将导致整机的庞大与笨重,也会使小齿轮因受力循环次数比大齿轮多很多而易于损坏。轮系则通过逐级连续增速或减速,获得很大的传动比,以满足相应的功能要求。图 11-19 是机械钟表的多级齿轮传动,分针与时针、秒针与分针的传动比均为 60,都是通过二级齿轮传动实现的,从秒针到时针,传动比达到 3600,也只用四级齿轮传动就实现了,结构很紧凑。钟表走时传动线图为:秒针轮 2 轴→过轮 1→分轮 3→分轮 3 轴→过轮 5→过轮 5 轴→时轮 4。通过这样四级齿轮传动,传动比高达 3600。

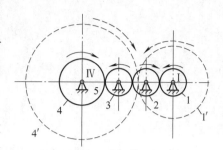

图 11-18 远距离两轴间的传动

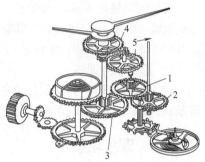

图 11-19 机械钟表的多级齿轮传动
1—三轮(过轮) 2—四轮(秒轮)
3—二轮(分轮) 4—时轮 5—过轮

3. 实现变速、换向传动

所谓**变速传动**是指在主动轴转速不变的条件下,应用轮系可使从动轴获得多种工作转速,汽车、金属切削机床、起重设备等多种机器设备都需要变速传动。图 11-20a 是某汽车变速器的变速传动的结构图,图 11-20b 是变速传动的轮系简图,轴Ⅰ是输入轴、花键轴Ⅱ是输出轴、D 是离合器、轴Ⅲ是中间轴(见图 11-20b),在轴Ⅲ的固定位置安置着齿轮 2、3、4 和 5,带有半离合器的齿轮 8 和齿轮 6、7 则可以沿花键轴Ⅱ的轴线滑动移位。这个轮系可以得到四种不同的传动比,实现变速输出。

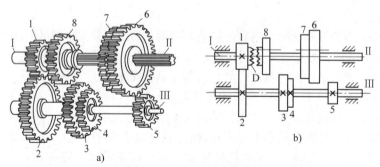

图 11-20 汽车变速器
1、2、3、4、5—齿轮 6、7、8—滑移齿轮 D—离合器

当主动轴转向不变时,可利用轮系中的惰轮来改变从动轴的转向。如图 11-21 所示的轮系,主动轮 1 转向不变,则可通过搬动手柄,改变中间轮 2、3 的位置,改变它们外啮合的次数,从而达到从动轮 4 换向的目的。

4. 实现合成运动或分解运动

合成运动是将两个输入运动合成合为一个输出运动;**分解运动**是将一个输入运动分为两

个输出运动。合成运动和分解运动可用差动轮系实现。

如图 11-22 所示的船用航向指示器传动是轮系运动合成的实例。太阳轮 1 的传动由右舷发动机通过定轴轮系 4—1′传来；太阳轮 3 的传动由左舷发动机通过定轴轮系 5—3′传来。当船舶直线行驶时，两发动机转速相同，航向指针不变。如想使船舶航向发生变化，则只需变化两发动机的转速。两发动机的转速差越大，指针偏转越大。

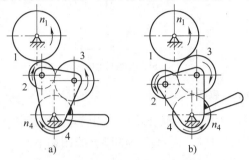

图 11-21　可换向的轮系

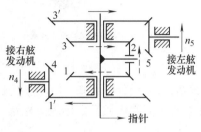

图 11-22　船用航向指示器传动简图

图 11-23 所示的汽车后桥差速器是轮系运动分解的实例。当汽车直线行驶时，左、右两轮转速相同，行星轮不发生自转，齿轮 1、2、3 如一整体，一起随齿轮 4 转动，此时 $n_1 = n_3 = n_4$。

当汽车拐弯时，为了保证两车轮与地面做纯滚动，显然左、右两车轮行走的距离应不相同，即要求左、右轮的转速不相同。此时，可通过差速器将发动机传到齿轮 5 的转速分配给汽车后面的左、右两车轮，实现汽车的转弯。

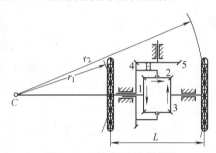

图 11-23　汽车后桥差速器

5. 实现工艺动作和特殊运动轨迹

在周转轮系中，行星齿轮既公转又自转，能形成特定的轨迹，可应用于工艺装备中以实现工艺动作或特殊运动轨迹。图 11-24a 所示为食品加工设备打蛋机搅拌桨的传动示意图，输入构件 H 驱动搅拌桨上的行星齿轮 1 运动，使搅拌桨产生如图 11-24b 所示的运动轨迹，满足了调和高粘性食品原料的工艺要求。

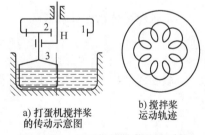

a) 打蛋机搅拌桨的传动示意图　　b) 搅拌桨运动轨迹

图 11-24　打蛋机搅拌桨传动系统

☆ 综合项目分析

项目 11-4　卷扬机（又叫绞车）是由人力或电动驱动卷筒卷绕绳索来完成牵引工作的装置，可以垂直提升、水平或倾斜牵引重物。图 11-25 所示为电动卷扬机减速器，各轮齿数 $z_1 = 24$、$z_2 = 52$、$z_{2'} = 21$、$z_3 = 78$、$z_{3'} = 18$、$z_4 = 30$、$z_5 = 78$，请利用所学知识完成以下任务：

1）请分析电动卷扬机减速器中轮系的组成，识别出基本的轮系类型，绘制出该轮系的啮合线图。

2）计算轮系的传动比 i_{1H}。

a) 电动卷扬机减速器外观图

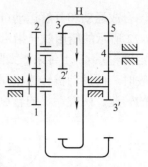
b) 电动卷扬机传动系统图

图 11-25 电动卷扬机减速器

分析：1）经分析可知，电动卷扬机减速器中的轮系为混合轮系，周转轮系由齿轮 1、2、2′、3 及行星支架组成，定轴轮系由齿轮 3′、4、5 组成，混合轮系的啮合线图如下：

$$1 - 2 = 2' - 3 = 3' - 4 - 5$$
$$|$$
$$|$$
$$H$$

齿轮 1、2、2′、3 及行星架 H 组成周转轮系，剩下齿轮 3′、4、5 组成了定轴轮系，两者合在一起便构成混合轮系。

2）求 i_{1H}。

转化轮系传动比计算式为

$$i_{13}^H = \frac{n_1^H}{n_3^H} = \frac{n_1 - n_H}{n_3 - n_H} = -\frac{z_2 z_3}{z_1 z_{2'}} = -\frac{52 \times 78}{24 \times 21} \tag{1}$$

定轴轮系传动比计算式为

$$i_{3'5} = \frac{n_{3'}}{n_5} = -\frac{z_4 z_5}{z_{3'} z_4} = -\frac{30 \times 78}{18 \times 30} = -\frac{13}{3} \tag{2}$$

联立式（1）、式（2）求解可得

$$i_{1H} = \frac{n_1}{n_H} = 43.9$$

归纳总结

1．为了正确分析生产和生活中应用的各种轮系，必须掌握各种典型轮系的工作原理、运动特性及结构特点。

2．为了实现各种轮系预期的传动要求，必须要掌握其传动比计算方法。

思考与练习 11

11-1　在玩具汽车中，电动机通过一个差动轮系带动驱动轮转动使其前进。请分析为什么玩具汽车在遇到障碍后能自动调换方向前进？

11-2　在图 11-26 所示的车床变速器中，已知各轮齿数为 $z_1 = 42$，$z_2 = 58$，$z_{3'} = 38$，$z_{4'} = 42$，$z_{5'} = 50$，

$z_{6'} = 48$。电动机转速为 1450r/min。若移动三联滑动齿轮 a,使齿轮 3′和 4″啮合,又移动双联滑动齿轮 b 使齿轮 5′和 6 啮合。试求此时带轮转速的大小和方向。

11-3 图 11-27 所示为卷扬机传动示意图,悬挂重物 G 的钢丝绳绕在鼓轮上,鼓轮与蜗轮连接在一起。已知各齿轮的齿数为 $z_1 = 20$,$z_2 = 60$,$z_3 = 2$(右旋),$z_4 = 120$。试求:

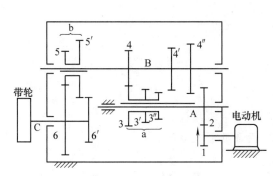

图 11-26 车床变速器

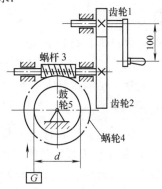

图 11-27 卷扬机传动示意图

1) 轮系的传动比 i_{14}。

2) 若重物上升,加在手把上的力应使齿轮 1 如何转动?

11-4 如图 11-28 所示轮系中,已知各轮的齿数为 $z_1 = 20$,$z_2 = 30$,$z_3 = 15$,$z_4 = 40$,$z_5 = z_6 = 18$,蜗杆 $z_7 = 1$(右旋),轮 $z_8 = 40$,$z_9 = 20$,模数 $m = 3$mm,当 $n_1 = 100$r/min 时,求齿条移动的速度和方向。

11-5 图 11-29 所示为万能工具磨床工作台进给机构,齿轮 4 与固定在工作台上的齿条(未画出)啮合。当转动手柄 H 时,通过行星传动和齿轮 4 驱动齿条,从而使工作台获得进给运动,已知各齿轮齿数为 $z_1 = z_{2'} = 41$,$z_2 = z_3 = 39$,试求 i_{H1}。

11-6 如图 11-30 所示的周转轮系中,已知各轮齿数为 $z_1 = 60$,$z_2 = 20$,$z_{2'} = 24$,$z_3 = 18$,且 $n_1 = 100$r/min,$n_3 = 200$r/min 试求:

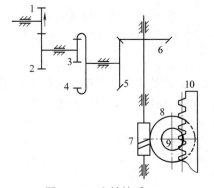

图 11-28 定轴轮系

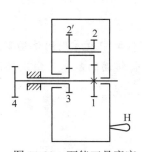

图 11-29 万能工具磨床工作台进给机构

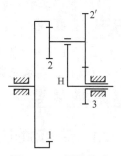

图 11-30 周转轮系

1) 当 n_1 和 n_3 转向相同时,行星架转速 n_H 的大小和方向。

2) 当 n_1 和 n_3 转向相反时,行星架转速 n_H 的大小和方向。

第12单元 带 传 动

能力目标

能识别常用带传动的类型、工作特性和应用工况。
能依工况要求对V带传动进行承载分析。
能完成带传动的运行和维护方法的选用。

学习目标

了解带传动的类型和特点,熟悉V带标准和带轮结构。
掌握V带传动的工作原理、失效形式、设计准则及步骤。
了解带传动的安装、张紧和维护知识。

学习重点和难点

带传动受力分析和带的应力分析、V带传动的维护。

项目背景

在机械传动中,当主动轴与从动轴相距较远时,常采用带传动进行动力和运动的传递。带传动装置结构简单、成本低廉、传动中心距大,广泛地应用于机械加工设备和带式运输机等设备的动力与运动传递中。图12-1a所示为一汽车风扇带传动装置,发动机工作时,发动机曲轴通过带传动驱动风扇转动,实现动力和运动传递。在保证带具有足够的承载能力的情况下,如何进行带传动类型的选择以及带传动的结构、带传动的安装与维护等知识将是本单元学习的内容。

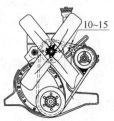

a) 汽车风扇带传动装置　　b) 带传动组成

图12-1　带传动应用实例

1—主动轮　2—从动轮　3—传动带　4—张紧轮

项目要求

由图12-1可知,带传动是机械中最常用的传动形式之一。为了正确分析带传动的工作原理和运动特性,要求能够掌握带传动的基本类型、应用、工作特性和运行与维护等知识。

知识准备

12.1　带传动的认知

如图12-1b所示,带传动通常由主动轮1、从动轮2和张紧在两轮上的环形传动带3,辅之以张紧轮4(有的带传动不需要张紧轮)及机架所构成。

12.1.1　带传动的类型

带传动是利用张紧在带轮上的传动带与带轮间的摩擦力或啮合来传递运动和动力的。根据工作原理不同,带传动分为摩擦带传动和啮合带传动两大类。

1. 摩擦带传动

摩擦带传动是利用传动带与带轮之间的摩擦力传递运动和动力的。摩擦带传动中,根据传动带截面形状不同,可分为平带传动、V带传动、多楔带传动和圆带传动。

(1) 平带传动 平带的横截面为扁平矩形(见图12-2),其工作面是与带轮面相接触的内表面。平带传动结构简单,加工方便,适用于中心距较大的场合。

(2) V带传动 V带的横截面为等腰梯形(见图12-3),其工作面是带与轮槽相接触的两侧面。在相同的带张紧程度下,V带传动的摩擦力要比平带传动约大70%,因而其承载能力比平带传动高。目前,大多数V带已标准化,是应用最广泛的带传动。

(3) 多楔带传动 带的横截面为多楔形(见图12-4),是以平带为基体、内表面具有若干等距纵向V形楔的环形传动带,其工作面为楔的侧面,具有平带的柔软、V带摩擦力大的特点。多楔带传动常用于传递功率大、结构要求紧凑的场合。

图12-2 平带传动　　　　图12-3 V带传动　　　　图12-4 多楔带传动

(4) 圆带传动 圆带的横截面为圆形,圆带有圆皮带、圆绳带、圆锦纶带等,主要用于 $v<15\text{m/s}$、$i=0.5\sim3$ 的小功率传动,如仪器和家用电器设备中。

2. 啮合带传动

啮合带传动(见图12-5)又称**同步带传动**,它是靠带上的齿与带轮上的齿槽相啮合来传递运动和动力的。同步带传动工作时带与带轮之间不会产生相对滑动,能够获得准确的传动比。它常用于数控机床、纺织机械中。

图12-5 啮合带传动

12.1.2 带传动的特点和应用

1. 带传动的优点

1) 带为有弹性的挠性体,能缓冲和吸收振动,传动平稳,噪声小。

2) 有安全保护作用,过载时带在小带轮上打滑,可防止损坏其他零件。

3) 结构简单,制造、安装和维护方便,适用于中心距较大的传动。

2. 带传动的缺点

1) 由于带与带轮之间为弹性滑动,不能保证固定的传动比;传动的外廓尺寸大,需要张紧装置。

2) 传动效率低,一般平带的传动效率为0.83~0.98;V带的传动效率为0.87~0.96;寿命较短,使用寿命一般为2000~3000h。

3. 带传动的应用

带传动主要用于中小功率电动机与工作机械之间,传动比要求不严格的动力传递。目前,V带传动应用最广,多用于高速级传动,传动比 $i\leqslant 7$,速度为5~25m/s,传动功率不超过50kW。

☆ **基础能力训练**

1. 根据日常观察,你能否举几个带传动的应用实例,并说明其在机器中所起的作用?

2. 请查阅相关资料，确定汽车发动机、数控机床的主传动系统采用何种类型的带传动，并说明为什么？

12.2　V带与V带轮

12.2.1　V带传动的运动和几何关系

V带运行时，不伸长、不缩短的周线，称为**节线**，全部节线组成带的节面，带的节面宽度称为**节宽**，用 b_p 表示。V带节面上与V带轮槽相配处的节宽 b_p 与轮槽的基准宽度重合并相等。V带轮的基准宽度处直径称为**基准直径**，用 d_d 表示。V带在规定的张紧力作用下，带与带轮基准直径相配处的周线长度称为**基准长度**，用 L_d 表示。V带的公称长度用基准长度 L_d 表示。带与带轮接触弧所对应的中心角称为**带轮包角**，用 α 表示，图12-6为V带传动简图。

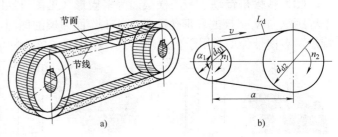

图 12-6　V带传动简图

1. V带的运动

设主、从动轮的基准直径分别为 d_{d1}、d_{d2}（单位为mm）；n_1、n_2 为主、从动轮的转速（单位为r/min），两轮的圆周速度（单位为m/s）分别为

$$v_1 = \frac{\pi d_{d1} n_1}{60 \times 1000} \qquad v_2 = \frac{\pi d_{d2} n_2}{60 \times 1000} \tag{12-1}$$

带传动在工作时，带的弹性变形导致了带与带轮之间的相对滑动。这种因弹性变形而引起的相对滑动称之为带传动的**弹性滑动**，弹性滑动是不可避免的。

由于弹性滑动的影响，从动轮的圆周速度 v_2 将低于主动轮的圆周速度 v_1，其降低量可用**弹性滑动率** ε 来表示，即

$$\varepsilon = \frac{v_1 - v_2}{v_1} = \frac{d_{d1} n_1 - d_{d2} n_2}{d_{d1} n_1} \times 100\%$$

由此得带传动的传动比为

$$i = n_1 / n_2 = d_{d2} / d_{d1} (1 - \varepsilon)$$

由于V带的弹性滑动率不大（$\varepsilon = 1\% \sim 2\%$），在一般计算时可以不考虑，即认为 $v_1 = v_2$，因此带传动的传动比为

$$i = n_1 / n_2 = d_{d2} / d_{d1} \tag{12-2}$$

2. V带的几何关系

（1）小带轮包角 α_1　带与小带轮接触弧所对应的中心角为

$$\alpha_1 = 180° - 57.3° \times \frac{d_{d2} - d_{d1}}{a} \tag{12-3}$$

（2）带的基准长度 L_d

$$L_d = 2a + \pi(d_{d1} + d_{d2})/2 + (d_{d2} - d_{d1})^2 / 4a \tag{12-4}$$

式中，a 为中心距，表示两带轮轴线之间的距离（mm）；d_{d1}、d_{d2} 为小、大带轮的基准直径；L_d 为带的基准长度（mm）。

普通 V 带轮的基准直径系列见表 12-1，V 带轮的最小基准直径见表 12-2，普通 V 带的基准长度系列 L_d 及带长修正系数 K_L 见表 12-3。

表 12-1　普通 V 带轮的基准直径系列（摘自 GB/T 13575.1—2008）

基准直径 /mm	槽　型				基准直径 /mm	槽　型					
	Y	Z	A	B		Z	A	B	C	D	E
50	*	*			200	*	*	*	*		
56	*	*			212				*		
63		*			224	*	*	*	*		
71		*			236				*		
75		*	*		250	*	*	*	*		
80	*	*	*		265				*		
85			*		280		*	*	*		
90	*	*	*		300				*		
95			*		315	*	*	*	*		
100	*	*	*		335				*		
106			*		355	*	*	*	*	*	
112	*	*	*		375					*	
118			*		400	*	*	*	*	*	
125	*	*	*	*	425					*	
132		*	*	*	450		*	*	*	*	
140		*	*	*	475					*	
150		*	*	*	500	*	*	*	*	*	*
160		*	*	*	530						*
170				*	560		*	*	*	*	*
180		*	*	*	600			*	*	*	*
					630	*	*	*	*	*	*
					670	*	*	*	*	*	*
					710		*	*	*	*	*
					750				*	*	*

注：1. 表中带 "*" 符号的尺寸为推荐值。

2. 不推荐使用表中未注符号的尺寸。

表 12-2　V 带轮最小基准直径（摘自 GB/T 13575.1—2008）

带型	Y	Z	A	B	C	D	E	SPZ	SPA	SPB	SPC
d_{dmin}/mm	20	50	75	125	200	355	500	63	90	140	224
基准直径系列	28　31.5　35.5　40　45　50　56　63　71　75　80　85　90　95　100　106　112　118　125　132　140　150　160　170　180　200　212　224　236　250　265　280　315　355　375　400　425　450　475　500　530　560　600　630　670　710　750										

表 12-3 普通 V 带的基准长度系列 L_d 及带长修正系数 K_L（摘自 GB/T 13575.1—2008）

Y L_d	K_L	Z L_d	K_L	A L_d	K_L	B L_d	K_L	C L_d	K_L	D L_d	K_L	E L_d	K_L
200	0.81	405	0.87	630	0.81	930	0.83	1565	0.82	2740	0.82	4660	0.91
224	0.82	475	0.90	700	0.83	1000	0.84	1760	0.85	3100	0.86	5040	0.92
250	0.84	530	0.93	790	0.85	1100	0.86	1950	0.87	3330	0.87	5420	0.94
280	0.87	625	0.96	890	0.87	1210	0.87	2195	0.90	3730	0.90	6100	0.96
315	0.89	700	0.99	990	0.89	1370	0.90	2420	0.92	4080	0.91	6850	0.99
355	0.92	780	1.00	1100	0.91	1560	0.92	2715	0.94	4620	0.94	7650	1.01
400	0.96	920	1.04	1250	0.93	1760	0.94	2880	0.95	5400	0.97	9150	1.05
450	1.00	1080	1.07	1430	0.96	1950	0.97	3080	0.97	6100	0.99	12230	1.11
500	1.02	1330	1.13	1550	0.98	2180	0.99	3520	0.99	6840	1.02	13750	1.15
		1420	1.14	1640	0.99	2300	1.01	4060	1.02	7620	1.05	15280	1.17
		1540	1.54	1750	1.00	2500	1.03	4600	1.05	9140	1.08	16800	1.19
				1940	1.02	2700	1.04	5380	1.08	10700	1.13		
				2050	1.04	2870	1.05	6100	1.11	12200	1.16		
				2200	1.06	3200	1.07	6815	1.14	13700	1.19		
				2300	1.07	3600	1.09	7600	1.17	15200	1.21		
				2480	1.09	4060	1.13	9100	1.21				
				2700	1.10	4430	1.15	10700	1.24				

12.2.2 V 带构造及其截面尺寸

如图 12-7 所示，普通 V 带由伸张层（顶胶）、抗拉体、压缩层（底胶）和包布层组成。抗拉体是承受载荷的主体，承受拉力，有帘布芯和线绳芯两种结构。前者制造方便，价格低廉，抗拉强度高，应用广泛；后者柔韧性好，抗弯强度高，适用于转速较高、载荷不大和带轮直径较小的场合。另外，也有尼龙和钢丝绳抗拉体。顶胶、底胶分别承受拉伸与压缩变形。包布层由橡胶帆布制成，主要起耐磨和保护作用。普通 V 带的截面尺寸见表 12-4，V 带楔角 $\theta=40°$。

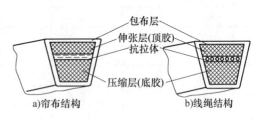

图 12-7 V 带的结构图

表 12-4 普通 V 带的截面尺寸（摘自 GB/T 11544—2012）

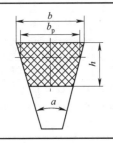

带型	Y	Z	A	B	C	D	E
节宽 b_p/mm	5.3	8.5	11	14	19	27	32
顶宽 b/mm	6	10	13	17	22	32	38
高度 h/mm	4	6	8	11	14	19	23
单位长度的质量 q/(kg/m)	0.023	0.060	0.105	0.170	0.300	0.630	0.970
楔角 α/(°)	40°						

根据国家标准（GB/T 11544—2012），普通 V 带按截面尺寸由小到大有 Y、Z、A、B、C、D 和 E 七种型号。

普通 V 带的标记由带的型号、基准长度公称值和标准号三部分组成。一般将普通 V 带的标记压印在带的外表面上，以供识别。

项目 12-1 请说明 A1400　GB/T 11544—2012 V 带所表示的含义？

A1400 GB/T 11544—2012 表示为 A 型普通 V 带，基准长度为 1400mm，标准为 GB/T11544，2012 年颁布。

12.2.3　V 带轮的轮槽结构及其截面尺寸

V 带轮轮槽的结构如图 12-8 所示，其截面尺寸见表 12-5。普通 V 带两侧面的夹角为 40°，V 带在带轮上发生弯曲，底胶压缩，顶胶拉伸，导致截面形状发生改变，即使其夹角变小。为了使胶带仍能压紧在带轮轮槽两侧，产生足够的摩擦力，需将 V 带轮轮槽夹角减小，规定为 32°、34°、36° 和 38°。

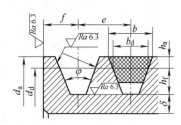

图 12-8　V 带轮的轮槽结构

表 12-5　V 带轮的轮槽截面尺寸　　　　　　　　　　（单位：mm）

项目		符号	槽型						
			Y	Z SPZ	A SPA	B SPB	C SPC	D	E
节宽		b_d	5.3	8.5	11.0	14.0	19.0	27.0	32.0
基准线上槽深		h_{amin}	1.6	2.0	2.75	3.5	4.8	8.1	9.6
基准线下槽深		h_{fmin}	4.7	7.0 9.0	8.7 11	10.8 14	14.3 19	19.9	23.4
槽间距		e	8±0.3	12±0.3	15±0.3	19±0.4	25.5±0.5	37±0.6	44.5±0.7
e 值累计极限偏差			±0.6	±0.6	±0.6	±0.8	±1.0	±1.2	±1.4
第一槽对称面至端面的距离		f_{min}	6	7	9	11.5	16	23	28
最小轮缘厚		δ_{min}	5	5.5	6	7.5	10	12	15
带轮宽		B	$B=(z-1)e+2f$　z 为轮槽数						
外径		d_a	$d_a=d_d+2h_a$						
轮槽角 φ	32°	相应的基准直径 d_d	≤60	—	—	—	—	—	—
	34°		—	≤80	≤118	≤190	≤315	—	—
	36°		>60	—	—	—	—	≤475	≤600
	38°		—	>80	>118	>190	>315	>475	>600
	φ 的极限偏差		±0.5°						

12.2.4　带轮的结构和尺寸

带轮由轮缘、腹板和轮毂三部分组成。普通 V 带轮的轮槽尺寸见表 12-5。V 带轮按腹板的不同分为：S 型、P 型、H 型和 E 型。

当带轮基准直径 d_d≤(2.5~3)d_0（d_0 为轴的直径，单位为 mm）时，可采用 S 型实心式结构，如图 12-9a 所示；当 $2.5d_0 \leq d_d \leq 300mm$ 时，带轮常采用 P 型腹板式带轮结构，如图 12-9b 所示；当 $d_d \leq 300mm$，同时 $D_1-d_1 \geq 100mm$ 时，带轮通常采用 H 型孔板式结构，如图 12-9c 所示；当 $d_d \geq 300mm$ 时，带轮常采用 E 型轮辐式带轮结构，如图 12-9d 所示。

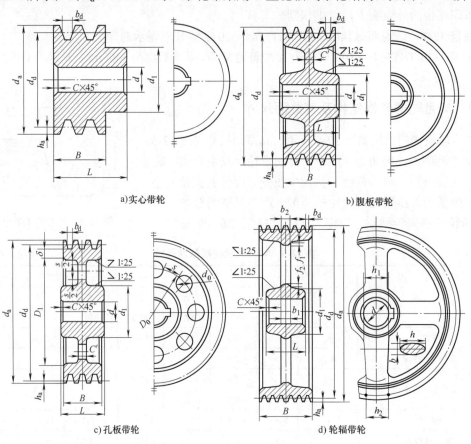

a) 实心带轮　　b) 腹板带轮

c) 孔板带轮　　d) 轮辐带轮

图 12-9　带轮结构

图 12-9 中各变量间满足：

$d_1 = (1.8\sim2)d$；$D_0 = 0.5(D_1 + d_1)$；$d_0 = (0.2\sim0.3)(D_1 - d_1)$；$C' = (1/7\sim1/4)B$；$s = C'$；$h_1 = 290\sqrt[3]{P/(nz_a)}$；$h_2 = 0.8h_1$；$b_1 = 0.4h_1$；$b_2 = 0.8b_1$；$L = (1.5\sim2)d$，当 $B < 1.5d$ 时，$L = B$；$f_1 = 0.2h_1$；$f_2 = 0.2h_2$

式中，P 为带传递的功率（kW），n 为带轮的转速（r/min）；z_a 为轮辐数。

12.2.5　V 带轮的制造工艺和材料

V 带轮应满足的要求有：质量小、结构工艺性好、无过大的铸造内应力、质量分布均匀，当 $5m/s < v < 30m/s$ 时，要进行静平衡试验；转速高，$v > 30m/s$ 时，要进行动平衡试验；轮槽工作面要精细加工（表面粗糙度一般为 $Ra3.2$），以减少带的磨损；各轮槽的尺寸和角度应保持一定的精度，以使载荷分布较为均匀等。带轮的材料主要采用铸铁、铸钢、铝合金和工程塑料等，其中灰铸铁应用最广。当带速 $v < 25m/s$ 时，采用 HT150，$v > 25\sim30m/s$ 时，采用 HT200；转速较高时宜采用铸钢（或用钢板冲压后焊接而成）；小功率时可用铸铝或工程塑料。

12.3 带传动工作性能分析

12.3.1 带传动中带的受力分析

带以一定的初拉力 F_0 张紧在两带轮上,使带与带轮接触面间产生正压力(见图12-10a)。带在传动过程中,由于带和带轮之间摩擦力的作用,使带两边的拉力发生了变化,紧边拉力由 F_0 增加到 F_1,而松边拉力由 F_0 减小到 F_2(见图12-10b)。紧边与松边拉力差(F_1-F_2)为传递动力作用的拉力,称为**有效拉力** F,有效拉力 F 大小等于带与小带轮之间形成的摩擦力的总和 $\sum F_f$,即

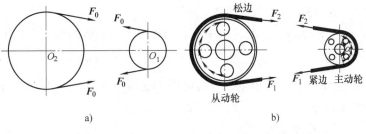

图 12-10 带传动的受力分析

$$F = F_1 - F_2 = \sum F_f \qquad (12\text{-}5)$$

带传动的传递功率、有效拉力和带速之间的关系为

$$P = Fv/1000 \qquad (12\text{-}6)$$

式中,F 为有效拉力(N);v 为带的速度(m/s)。

有效拉力超过带与带轮间的极限摩擦力总和引起带在小带轮上的全面滑动称为**打滑**。当带有打滑趋势时,摩擦力即达到极限值,此时,紧边拉力 F_1 和松边拉力 F_2、最大有效拉力 F_{max} 和预紧力 F_0 之间有下列关系:

$$\frac{F_1}{F_2} = e^{f_v \alpha_1}$$

$$F_{max} = 2F_0 \frac{e^{f_v \alpha_1} - 1}{e^{f_v \alpha_1} + 1} \qquad (12\text{-}7)$$

式中,e 为自然对数的底,e ≈ 2.718;f_v 为当量摩擦系数,$f_v = f \sin(\varphi/2)$;α_1 为小带轮上的包角(rad)。

因此,**带不打滑的条件是**:需传递的有效拉力 F 应小于或等于最大有效拉力 F_{max}。
由式(12-7)分析可知,影响最大有效拉力 F_{max} 的因素有:

(1)初拉力 F_0 最大有效拉力 F_{max} 与初拉力 F_0 成正比。F_0 越大,带传递载荷的能力就越强,但 F_0 不宜过大,否则会因过分拉伸而降低带的寿命,同时作用在轴上的压力也增大。

(2)小带轮包角 α_1 α_1 越大,带与带轮间产生的摩擦力就越大,传递载荷的能力就越强。水平传动时,为了增大带包角,常将松边放在带的上方。

(3)当量摩擦系数 f_v 当量摩擦系数 f_v 越大,F_{max} 也就越大,带传递载荷的能力就越强。当量摩擦系数与带和带轮的材料表面情况有关。

☆ 基础能力训练
如果你家洗衣机的传动带与带轮之间发生了打滑现象,请问你可以采取哪几种措施避免?

12.3.2 带传动中带的应力分析

带工作时所受的应力有工作拉应力、离心拉应力和弯曲应力。

1. 工作拉应力

紧边拉应力　　　　　　　　　　$\sigma_1 = F_1/A$

松边拉应力　　　　　　　　　　$\sigma_2 = F_2/A$

式中，A 为带的横截面积（mm²）；σ_1、σ_2 分别为紧边和松边上的拉应力（MPa）；F_1、F_2 分别为紧边和松边上的拉力（N）。

带在绕过主动轮时，拉应力由 σ_1 逐渐降为 σ_2，在绕过从动轮时，则由 σ_2 又增加至 σ_1。

2. 离心拉应力

带沿圆周运动时，由于离心力作用，引起带的截面上的离心拉应力 σ_c 为

$$\sigma_c = qv^2/A$$

式中，q 为传动带单位长度的质量（kg/m），各种型号 V 带的 q 值见表 12-4；v 为传动带的速度（m/s）。

3. 弯曲应力

绕过大、小带轮上的传动带，由于两带轮直径不相等，带的弯曲变形程度也不同，因而通过两带轮时产生的弯曲应力也不相等。带的弯曲应力为

$$\sigma_{b1} \approx \frac{Eh}{d_{d1}} \qquad \sigma_{b2} \approx \frac{Eh}{d_{d2}}$$

式中，E 为胶带的弹性模量（MPa）；h 为带的高度（mm）；d_{d1}、d_{d2} 分别为小带轮和大带轮的基准直径（mm）；σ_{b1}、σ_{b2} 分别为小带轮和大带轮上带的弯曲应力（MPa）。

上述三部分应力叠加后，可作出应力状态图（见图 12-11）。由图可见，当带经历各个位置时，带中应力不断循环变化，当应力循环次数超过一定数值后，将导致带的疲劳损坏。带的最小应力出现在绕入大带轮处，而最大应力则出现在紧边绕入小带轮处，由此可知最大应力为

$$\sigma_{max} = \sigma_1 + \sigma_{b1} + \sigma_c$$

为保证带具有足够的疲劳强度，带的疲劳强度条件应满足：

$$\sigma_{max} = \sigma_1 + \sigma_{b1} + \sigma_c \leq [\sigma] \qquad (12\text{-}8)$$

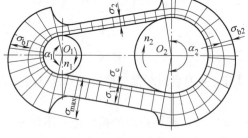

图 12-11　带的应力分布

式中，$[\sigma]$ 为带的许用应力，它是在大小两带轮的包角均为 180°、规定带长和应力循环次数、载荷平稳等条件下通过试验确定的。

12.3.3　V 带传动的失效形式及设计准则

1. V 带传动的失效形式

V 带传动的主要失效形式是带在小带轮上打滑和带的疲劳破坏。而带的疲劳破坏包括脱层、撕裂和拉断。

2. V 带传动的设计准则

V 带传动的设计准则是：在保证带与带轮间不发生打滑的条件下，带在一定时限内不发生疲劳损坏。

3. 原始数据与设计内容

原始数据：已知传动的工作情况，传递的功率 P，两轮的转速 n_1、n_2（或传动比 i）以及空间尺寸要求等。

设计内容：确定 V 带的型号、基准长度 L_d、带的根数 z、传动中心距、带轮的基准直径及带轮结构等。

12.4 带传动的运行与维护

12.4.1 带传动的张紧与调整

带传动运转一定时间后，会因为塑性变形和磨损而松弛。为了确保带传动正常工作，应定期检查带的松弛程度，采取相应的补救措施。常用的张紧方法有调整中心距和采用张紧轮两种。

1. 调整中心距

图 12-12a 所示的装置为移动式张紧装置。通过调节螺钉把电动机移动到所需位置，加大带传动中心距，以达到张紧的目的。这种方式适用于水平布置或倾斜不大的带传动。

图 12-12b 所示的装置为摆动式张紧装置。通过调节螺杆使摆动架绕轴摆动，加大中心距，以达到张紧带的目的。

图 12-12c 所示的装置为自动张紧装置。它是依靠电动机和机架的自重使电动机摆动，实现自动张紧。

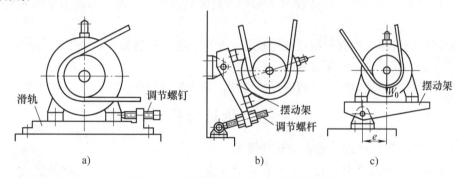

图 12-12 带的张紧方式——调整中心距

2. 采用张紧轮装置

如图 12-13 所示，张紧轮装置分为调位式（见图 12-13a）和摆锤式（见图 12-13b）。张紧轮一般设置在松边的内侧且靠近大带轮处。若设置在外侧，则应使其靠近小带轮，这样可以增加小带轮的包角，提高带的承载能力。

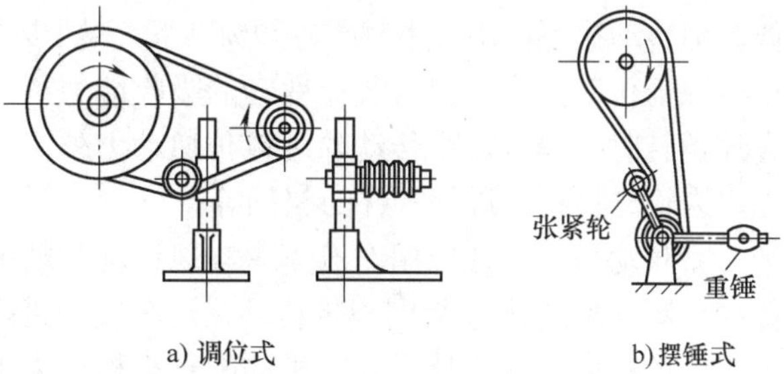

图 12-13 带的张紧方式——张紧轮装置

12.4.2 带传动的安装与维护

带传动在安装和使用时应注意以下几个方面的事项：

1) 新旧 V 带、不同厂家生产的 V 带不能同组混用,以免各带受力不均匀。新带使用前,最好预先拉紧一段时间后再使用。

2) 安装带轮时,应使两带轮轴线保持平行,两轮对应轮槽的中心线应重合,偏斜角度小于 20′(见图 12-14),以防带侧面磨损加剧。

3) 带的张紧程度要适当,可按规定数值安装,但在实践中可根据经验调整(见图 12-15),带的张紧度以大拇指能按下 10~15mm 为宜。

4) V 带在轮槽中的安装位置如图 12-16 所示。V 带的顶面应与带轮的外缘相平齐或略高出一点;底面与轮槽间要留一定间隙。

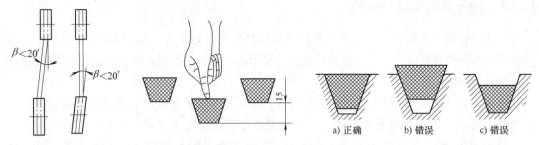

图 12-14 V 带轮的安装位置　　图 12-15 带的张紧程度　　图 12-16 V 带的安装位置

5) 带传动装置外面应加防护罩,以保证安全,还可防止带与酸、碱或油接触而腐蚀传动带。

6) 带传动不需要润滑,禁止往带上加润滑油或润滑脂,应及时清理带轮槽内及传动带上的油污。

7) 定期检查胶带,如有一根松弛或损坏,则应全部更换新带。

8) 带传动工作温度不应超过 60℃。

9) 如果带传动装置需闲置一段时间后再用,则应将带放松。

☆ 综合项目分析

带传动结构简单,传动平稳,能缓冲吸振,可以在大的轴间距和多轴间传递动力,且具有造价低廉、不需润滑、维护容易等特点,因此在近代机械传动中应用十分广泛。摩擦型带传动能过载打滑、运转噪声低,但传动比不准确(滑动率 2% 以下);同步带传动可保证传动同步,但对载荷变动的吸收能力稍差,高速运转时有噪声。带传动除用以传递动力外,有时也用来输送物料、进行零件的整列等。

带传动被广泛地应用在汽车中实现运动和动力的传动。图 12-17 所示为同步带传动在汽车发动机配气机构中的应用,那为什么发动机的配气机构要采用同步带传动呢?

其原因是:发动机的配气机构是发动机的重要组

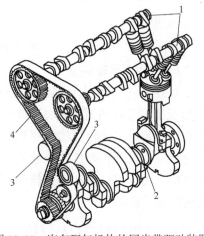

图 12-17 汽车配气机构的同步带驱动装置

1—凸轮轴　2—曲轴　3—张紧轮　4—同步带

成部分，配气机构的功用是按照发动机每一气缸内所进行的工作循环和点火次序的要求，定时开启和关闭各气缸的进、排气门，使新鲜气体得以及时进入气缸，废气得以及时从气缸排出；在压缩与膨胀行程中，保证燃烧室的密封。因此，配气机构要求传动比准确，另外凸轮轴与曲轴之间距离较远，故选用同步带驱动。

带传动在民用产品上也应用广泛，如洗衣机、健身跑步机、缝纫机等。

图 12-18 所示为全自动洗衣机内部结构图。全自动洗衣机由动力部分、执行部分、传动部分、操纵部分和控制部分、支撑及辅助部分组成。**动力部分**是洗衣机的动力源，使洗衣机完成洗衣功能；**执行部分**是洗衣机的滚筒，用于完成洗衣工作；**传动部分**介于动力部分和执行部分之间，其中用于完成运动和动力传递及转换的部分即为带传动部分，洗衣机采用 V 带传动实现动力和运动的传递，可以实现较大的动力传递；**操纵部分和控制部分**则是为了使动力部分、传动部分、执行部分彼此协调工作，并准确可靠地完成洗衣机的相关功能的装置；**支撑及辅助部分**用于安装和支撑动力部分、传动部分和操作部分等。

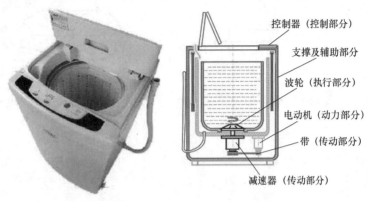

图 12-18 全自动洗衣机内部结构图

归纳总结

1．为了正确分析应用在生产和生活中的带传动，需掌握常用带传动的工作原理、运动特性及结构特点。

2．为了能实现预期的运动，了解带传动的主要失效形式以及运行与维护方面的知识。

思考与练习 12

12-1 带传动有哪些类型？各有什么特点？

12-2 回答下列问题：

1）带传动打滑的原因是什么？为什么打滑一般发生在小带轮上？弹性滑动能否避免？

2）在带及带轮材料相同、表面摩擦状况也相同的条件下，为什么 V 带比平带传动能力大？

3）通过提高 V 带轮槽工作面的表面粗糙度参数值以增大 V 带传动的传动能力，该做法是否合理？

4）制作带轮一般采用什么材料？带轮的结构有哪几种？

12-3 带传动一般应放在机械传动的高速级还是低速级？为什么？

12-4 带传动的失效形式有哪些？

12-5 图 12-19 所示为带式输送机装置。小带轮直径 d_{d1}=140mm，大带轮直径 d_{d2}=400mm，鼓轮直径 D=250mm。为提高生产率，在载荷不变条件下，要提高输送带速度 v，设电动机功率和减速器的强度足够，忽略中心距变化，下列哪种方案更为合理？

1）大轮直径减小到 280mm；2）小轮直径增大到 200mm；3）鼓轮直径增大到 350mm。

12-6 图 12-20 所示为带传动及张紧装置，试指出其不合理之处，并改正之。

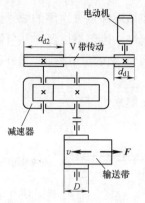

图 12-19 带式输送机装置

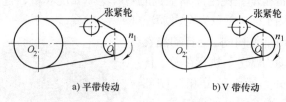

图 12-20 带传动及张紧装置

第五模块

联接与轴系零部件

第13单元 联　　接

能力目标

能识别各种常用联接方式及应用工况。
能根据应用工况正确选用合适的联接方式和预紧、防松方法。

学习目标

掌握键联接、销联接、螺纹联接的类型、特点和应用。
学会查阅键、销和螺纹等标准件的技术标准，并能根据工作要求选用标准联接件。

学习重点和难点

键、销、螺纹联接的类型和应用。
普通平键的尺寸选择和验算。

项目背景

机器是零部件通过联接实现的有机组合体。由于使用、结构、制造、安置、运输和维修等方面的原因，机械中广泛使用各种联接。

联接的方法很多，如图13-1所示为减速器结构图，减速器由许多零部件组成。为了保证加工精度和安装精度，箱体与箱盖采用销定位；箱体与箱盖采用螺纹联接，轴与轴上零件（如齿轮、带轮）采用键联接。由图13-1分析可知，联接就是为实现某种功能，使两个或两个以上的零件相互接触，并保证一定的位置关系。通过本单元学习，应能较全面掌握联接的种类及其使用条件，并能根据技术标准合理选用标准联接件。

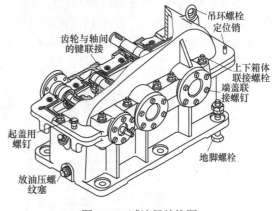

图13-1　减速器结构图

联接按是否可拆，分为两大类：

(1) 不可拆联接　当拆开联接时，至少要破坏或损伤联接中的一个零件，如焊接、铆接、粘接或过盈配合联接等。

(2) 可拆联接　当拆开联接时，无需破坏或损伤联接中的任何零件，如键联接、销联接和螺纹联接等。

本单元只对可拆联接的类型及应用进行介绍。

项目要求

由图13-1可知，联接是机械中常用的结构。为了正确分析各种联接的工作原理和结构特性，要求能够掌握联接的基本类型、应用、结构特点等基础知识。

知识准备

13.1 键联接

如图 13-1 所示的键联接,主要用于轴和轴上零件(如齿轮、带轮)之间的周向固定,用以传递转矩,有的键也兼有轴向固定作用。键是标准件,设计时可根据使用要求由标准中选择,并进行验算。

13.1.1 键联接的类型和应用

键联接按键在联接中的松紧状态,分为松键联接和紧键联接两类。松键联接包括普通平键联接、导向平键联接、滑键联接和半圆键联接四种;紧键联接包括楔键联接和切向键联接两种。

1. 松键联接

(1) 普通平键联接 图 13-2 所示为普通平键联接,键的两侧面为工作面,工作时依靠键的侧面与键槽接触传递转矩,键的上表面与键槽底之间留有间隙。这种键联接结构简单、对中性好,但不能承受轴向载荷,零件的轴向固定需其他件来完成。该类键应用最为广泛,主要用于轴毂间无相对轴向运动的静联接。

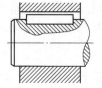

扫描看动画

图 13-2 普通平键联接

普通平键按键的结构可分为 A 型(圆头)、B 型(平头)和 C 型(单圆头),其结构形式和标注如图 13-3 所示。A 型键槽由端铣刀加工(见图 13-4a),键在槽中固定较好,但槽对轴的应力集中影响较大。B 型键槽用盘铣刀加工(见图 13-4b),克服了 A 型键槽的缺点,槽对轴的应力集中影响较小,但不利于键的固定,尺寸大的键要用紧定螺钉压紧在键槽中。C 型平键常用于轴的端部联接,轴上键槽常用端铣刀铣通。

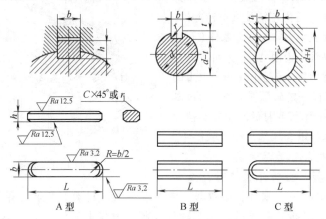

标记示例

圆头普通平键(A 型),$b=16\text{mm}$,$h=10\text{mm}$,$L=100\text{mm}$ 的标记为:GB/T 1096 键 16×10×100

平头普通平键(B 型),$b=16\text{mm}$,$h=10\text{mm}$,$L=100\text{mm}$ 的标记为:GB/T 1096 键 B16×10×100

单圆头普通平键(C 型),$b=16\text{mm}$,$h=10\text{mm}$,$L=100\text{mm}$ 的标记为:GB/T 1096 键 C16×10×100

图 13-3 普通平键的类型和标注

(2) 导向平键联接 导向平键是一种较长的平键(见图 13-5a),用螺钉 2 固定在轴槽中,为了便于拆装，在键上制有起键螺钉孔 1。键与轮毂采用间隙配合，轮毂可沿键做轴向滑移。该键常用于变速器中的滑移齿轮与轴的联接。

图 13-6 所示为牛头刨床齿轮变速机构，轴Ⅱ上的齿轮 4、5、6、7 和轴Ⅲ上的齿轮 10 采用普通平键实现周向定位；轴Ⅰ的滑移齿轮组 1、2、3 轮和轴Ⅲ滑移齿轮组 8、9 轮借助导向平键与不同齿轮的啮合而达到变速的目的。

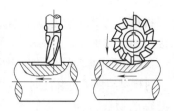

a) 端铣刀加工键槽   b) 盘铣刀加工键槽

图 13-4 键槽的加工

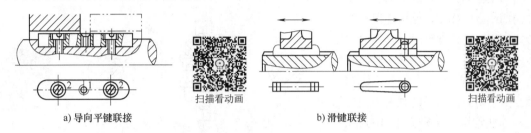

a) 导向平键联接   b) 滑键联接

图 13-5 导向平键联接与滑键联接

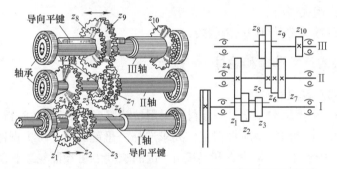

图 13-6 导向平键的应用实例——牛头刨床齿轮变速机构

（3）滑键联接 当轴上零件滑移距离较大时，常将键（见图 13-5b）固定在轮毂上，轮毂带动滑键在轴槽中做轴向移动。该键常用于变速器中的滑移齿轮与轴的联接。

（4）半圆键联接 半圆键是一种半圆形板状零件，工作情况与普通平键相同，安装时键可在键槽内绕自身的几何中心转动，以适应轮毂键槽的斜度（见图 13-7）。半圆键常用于静联接，键的侧面为工作面。这种联接的优点是工艺性较好，缺点是轴

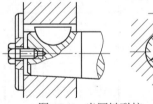

图 13-7 半圆键联接

上键槽较深，对轴的削弱较大，故主要用于轻载荷或锥形轴端的联接中。

2．紧键联接

（1）楔键联接 楔键联接的结构如图 13-8 所示，分为普通楔键和钩头楔键两种。普通楔键（见图 13-8a）容易制造，钩头楔键（见图 13-8b）装拆方便。楔键的上表面和轮毂槽底面均具有 1∶100 的斜度。键楔入键槽靠上、下表面的摩擦力传递转矩，并可承受较小的轴向力。

这类键由于装配楔紧时破坏了轴与轮毂的对中性，在冲击、振动和承受变载荷时易产生松动。因此楔键联接仅适用于定心精度要求不高、低速和载荷平稳的场合，如某些农业、建

筑机械等。为安全起见，楔键联接应加装防护罩。

（2）切向键联接 切向键是由一对楔键组成的，装配时将切向键沿轴的切线方向楔紧在轴与轮毂之间（见图13-9）。切向键的上、下面为工作面，工作面上的压力沿轴的切线方向作用，能传递很大的转矩。用一对切向键时，只能单向传递转矩；要双向传递转矩时，须采用两对互成120°分布的切向键。由于切向键对轴的强度削弱较大，因此常用于直径大于100mm的轴上。对中要求不高而载荷很大的重型机械，如矿山用大型绞车的卷筒、齿轮与轴的联接等常采用切向键联接。

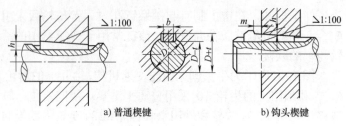

图13-8 楔键联接
a) 普通楔键　b) 钩头楔键

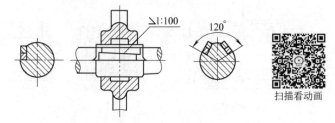

图13-9 切向键联接

13.1.2 平键联接的尺寸选择和验算

1. 平键的材料及其尺寸选择

平键是标准件，根据标准规定，平键材料采用抗拉强度不低于590MPa的钢，通常为45钢。设计键联接时，平键的类型应根据工作要求选择。平键的尺寸可根据键配合处轴径 d 从标准（见表13-1）中查取键的宽度 b 和高度 h，键的长度 L 可参照轮毂长度从标准中选取，一般应略短于轮毂长度，并符合标准中规定的长度系列。

表13-1 普通平键和键槽的剖面尺寸（摘自GB/T 1095—2003、GB/T 1096—2003）

（单位：mm）

轴径	平键		键槽									
			宽度 $b_1 = b$					深度			倒角或圆角	
				极限偏差				轴 t		毂 t_1		
d	$b \times h$	L	松联接		正常联接		紧密联接	公称尺寸	极限偏差	基本尺寸	极限偏差	最小	最大
			轴 H9	毂 D10	轴 N9	毂 JS9	轴和毂 P9						
6~8	2×2	6~20	+0.025 0	+0.060 +0.020	−0.001 −0.029	±0.0125	−0.006 −0.031	1.2	+0.1 0	1	+0.1 0	0.16	0.25
>8~10	3×3	6~36						1.8		1.4			
>10~12	4×4	8~45	+0.030 0	+0.078 +0.030	0 −0.030	±0.015	−0.012 −0.042	2.5		1.8			
>12~17	5×5	10~56						3.0		2.3			
>17~22	6×6	14~70						3.5		2.8		0.25	0.40
>22~30	8×7	18~90	+0.036 0	+0.098 +0.040	0 −0.036	±0.018	−0.015 −0.051	4.0		3.3			
>30~38	10×8	22~110						5.0		3.3			
>38~44	12×8	28~140						5.0	+0.2 0	3.3	+0.2 0	0.40	0.60
>44~50	14×9	36~160	+0.043 0	+0.120 +0.050	0 −0.043	±0.0215	−0.018 −0.061	5.5		3.8			
>50~58	16×10	45~180						6.0		4.3			
>58~65	18×11	50~200						7.0		4.4			

（续）

轴径	平键		键槽									
			宽度 $b_1 = b$				深度				倒角或圆角	
			极限偏差				轴 t		毂 t_1			
d	$b \times h$	L	松联接		正常联接		紧密联接					
			轴 H9	毂 D10	轴 N9	毂 JS9	轴和毂 P9	公称尺寸	极限偏差	基本尺寸	极限偏差	最小	最大
>65～75	20×12	56～220						7.5		4.9			
>75～85	22×14	63～250	+0.052	+0.149	0	±0.026	−0.022	9.0		5.4		0.60	0.80
>85～95	25×14	70～280	0	+0.065	−0.052		−0.074	9.0		5.4			
>95～110	28×16	80～320						10.0		6.4			
L 系列	6，8，10，12，14，16，18，20，22，25，28，32，36，40，45，50，56，63，70，80，90，100，110，125，140，160，180，200，220，250，280，320，360，400，450，500												

注：在工作图中，轴槽深用（$d-t$）或 t 标注，毂槽深用（$d+t_1$）或 t_1 标注。

2．平键联接的失效和强度验算

普通平键联接属于静联接，抗压与抗剪强度计算在第 4 单元中已介绍过，据前面所学知识可知，其受力情况如图 13-10 所示。

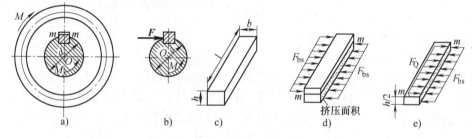

图 13-10 平键的受力分析

工作时，键承受挤压和剪切。由于标准平键具有足够的抗剪强度，故设计时平键联接只需验算抗压强度，计算式为

$$\sigma_{bs} = \frac{2T/d}{lh/2} = \frac{4T}{dhl} \leqslant [\sigma_{bs}] \tag{13-1}$$

式中，T 为轴传递的转矩（N·mm）；d 为轴的直径（mm）；h 为键的高度（mm）；l 为键的计算长度（mm），A 型键 $l=L-b$，B 型键 $l=L$，C 型键 $l=L-b/2$；$[\sigma_{bs}]$ 为键联接的许用挤压应力（MPa），见表 13-2。

表 13-2 键联接的许用挤压应力　　（单位：MPa）

许用值	轮毂材料	载荷性质		
		静载荷	轻微冲击	冲击
$[\sigma_{bs}]$	钢	125～150	100～120	60～90
	铸铁	70～80	50～60	30～45

项目 13-1 图 13-11a 所示为减速器的输出轴，轴与齿轮采用键联接，已知传递的转矩 $T=600\text{N·m}$，齿轮材料为铸钢，有轻微冲击，试选择键联接的类型和尺寸。

分析：1) 键的类型与尺寸选择。

齿轮传动要求齿轮与轴对中好，以免啮合不良，故联接选用平键联接。

选 A 型平键，根据轴的直径 $d=75\text{mm}$ 及轮毂长度 $l=80\text{mm}$，由表 13-1 查得键的尺寸为：$b=20$mm、$h=12$mm、初选 $L=70$mm，其标记为：GB/T 1096 键 20×12×70。

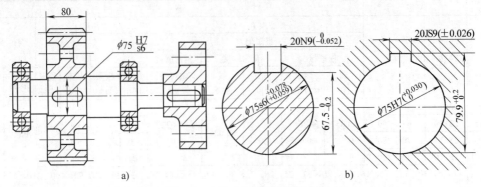

图 13-11 减速器输出轴联接图

2）验算平键联接的抗压强度。

A 型平键有效工作长度 $l=L-b=70$mm-20mm$=50$mm。由表 13-2 查得许用挤压应力 $[\sigma_{bs}]=100$MPa，由式（13-1）得键的抗压强度计算式为

$$\sigma_{bs}=\frac{4T}{dhl}=\frac{4\times 6\times 10^5}{75\times 12\times 50}\text{MPa}=53.3\text{MPa}\leqslant[\sigma_{bs}]$$

所以平键联接的抗压强度验算合格。

3）相配合的键槽尺寸。

由表 13-1 查得轴槽深 $t=7.5$mm，毂槽深 $t_1=4.9$mm。根据所得尺寸，可绘键槽工作图。

在设计使用中若单个键的强度不够，可采用双键按 180°对称布置或者与过盈配合结合使用。考虑载荷分布不均匀性，在强度校核中应按 1.5 个键进行计算。

13.2 花键联接

花键联接是由圆周均布多个键齿的花键轴与带有相应键齿槽的轮毂所组成的一种联接（见图 13-12a）。花键键齿的侧面为工作面，工作时有多个键齿同时传递转矩，所以花键联接的承载能力比平键联接高得多。花键联接的导向性好，齿根处的应力集中较小，适用于传递载荷大、定心精度要求高的静联接和动联接的大批量生产的产品中，如飞机、汽车、机床等。但由于花键需专用设备加工，制造成本高，不适用于小批量生产的一般产品。

按齿形不同，花键可分为矩形花键（见图 13-12b）和渐开线花键（见图 13-12c）两类，目前都已标准化。

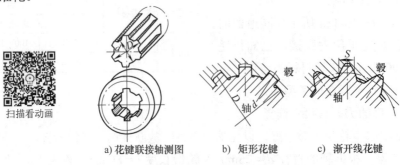

a) 花键联接轴测图　　b) 矩形花键　　c) 渐开线花键

图 13-12 花键联接

矩形花键 齿侧为直线,加工方便。标准中规定,用热处理后磨削过的小径定心,定心精度高,定心稳定性好和导向性能好,应用广泛。

渐开线花键 齿廓为渐开线,可用加工齿轮的方法加工,工艺性好,联接强度高,寿命长,适用于载荷较大、定心精度要求高和尺寸较大的联接。

13.3 销联接

销主要用来确定零件间的相互位置,即起定位作用(称为定位销,见图 13-13a),也可用于轴与轮毂或其他零件的联接,并传递不大的载荷(称为联接销,见图 13-13b),有时还可用作安全装置中的过载剪断零件(称为安全销,见图 13-13c)。

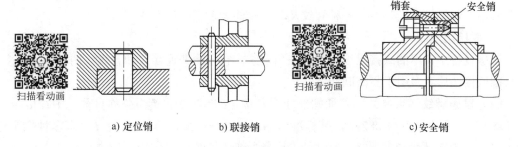

a) 定位销　　　　　b) 联接销　　　　　c) 安全销

图 13-13　不同用途的销联接

定位销一般不承受载荷或只承受很小载荷,其直径按结构要求确定,用于平面定位时数目不得少于 2 个。联接销能承受很小载荷,常用于轻载或非动力传输结构。安全销的直径应按销的抗剪强度计算,当过载 20%~30%时即应被剪断。

销的材料一般选用 Q235、35 钢或 45 钢。

常用销可分为圆柱销、圆锥销、开口销三类。它们各有不同的性能特点和适用条件。销是标准件,设计时应查阅有关手册,常用销的类型、特点和适用条件见表 13-3。

表 13-3　常用销的类型、特点和适用条件

类	型	图　形	标　准	特点和应用
圆柱销	圆柱销		GB/T 119.2—2000	多次装拆后会降低定位精度和联接的紧固,只能传递不大的载荷。内螺纹圆柱销多用于不通孔,螺纹供拆卸用。弹性圆柱销用于冲击、振动的场合
	内螺纹圆柱销		GB/T 120.2—2000	
	弹性圆柱销		GB/T 879.1—2000	
圆锥销	圆锥销		GB/T 117—2000	有 1:50 的锥度,便于安装。定位精度比圆柱销高。在联接件受横向力时能自锁。螺纹供拆卸用
	内螺纹圆锥销		GB/T 118—2000	

(续)

类 型		图 形	标 准	特点和应用
圆锥销	螺尾圆锥销		GB/T 881—2000	有 1∶50 的锥度，便于安装。定位精度比圆柱销高。在联接件受横向力时能自锁。螺纹供拆卸用
开口销			GB/T 91—2000	工作可靠，拆卸方便，用于锁定其他紧固件

13.4 螺纹联接的类型和应用

螺纹联接是利用螺纹零件构成的可拆联接，其结构简单，装拆方便，成本低、互换性强，广泛应用于各类机械设备中。各种螺纹及其联接件大多都已标准化。

1. 联接用螺纹

机械设备中常用的联接螺纹大多为三角螺纹，它分为普通螺纹和管螺纹两种。前者多用于紧固联接，后者多用于紧密联接。

(1) 普通螺纹（米制） 普通螺纹牙型角 $\alpha = 60°$，大径 d 为公称直径，中径 $d_2 = d - 0.6495P$，小径 $d_1 = d - 1.0825P$，其标准为 GB/T 196—2003。同一大径 d 可有多种螺距 P，螺距最大的为粗牙螺纹（见图 13-14a），其余为细牙螺纹，它们均已标准化。

1) 粗牙螺纹：粗牙螺纹是螺距最大的普通螺纹，广泛用于各种联接。

2) 细牙螺纹：与相同大径 d 的粗牙螺纹相比，细牙螺纹螺距小，小径和中径较大，升角小，自锁性好，所以细牙螺纹多用于强度要求较高的薄壁零件或受变载、冲击及振动的不常装拆的联接中。例如，轴上零件固定用的圆螺母就是细牙螺纹。

(2) 管螺纹 管螺纹是用于管子联接的螺纹，其螺纹牙分布在圆锥体上。管螺纹牙型角 α 有 55°（见图 13-14b、c）和 60°两种（见图 13-14d），可以是圆柱螺纹（GB/T 7307—2001，见图 13-14b），也可以是锥螺纹（GB/T 7306—2000，见图 13-14c；GB/T 12716—2011，见图 13-14d），且有米制和英制之分。英制管螺纹的公称直径是管子孔径，米制管螺纹的公称直径是螺纹大径。

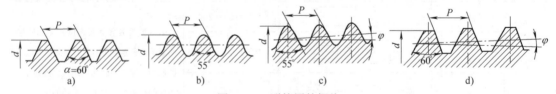

图 13-14 联接用的螺纹

55°非密封管螺纹采用圆柱螺纹，广泛用于水、煤气和润滑管路系统中，若需联接密封，常需在螺旋副间填充密封物，或在密封面之间加密封垫。55°密封管螺纹采用锥螺纹，联接密封性好、不用填料，适用于密封要求较高（如高温、高压系统等）的管道联接中。

2. 螺纹联接的基本类型

螺纹联接的基本类型有螺栓联接（普通螺栓联接、铰制孔用螺栓联接）、双头螺柱联接、螺钉联接和紧定螺钉联接等，它们的结构、特点及应用见表13-4。

3．螺纹联接件

常用的标准螺纹联接件（紧固件）有螺栓、螺钉、双头螺柱、螺母、垫圈等。它们大多已标准化，设计时应尽量按标准选用。

表 13-4　螺纹联接的基本类型

类型	螺栓联接	双头螺柱联接	螺钉联接	紧定螺钉联接
结构	普通螺栓联接　　铰制孔用螺栓联接			
特点及应用	螺栓穿过被联接件的通孔，与螺母组合使用，结构简单、装拆方便，适用于被联接件厚度不大且能够从两面进行装配的场合	将螺柱上螺纹较短的一端旋入并紧固在被联接件之一的螺纹孔中，不再拆下，适用于被联接件之一较厚不宜制作通孔及需经常拆卸，联接紧固或紧密程度要求较高的场合	螺钉穿过较薄被联接件的通孔，直接旋入较厚被联接件的螺纹孔中，不用螺母，结构紧凑，适用于被联接件之一较厚，受力不大，且不经常装拆，联接紧固或紧密程度要求不太高的场合	紧定螺钉旋入一被联接件的螺纹孔中，用螺钉的尾部顶住另一被联接件的凹坑中，以固定两零件的相对位置，可传递不大的力或转矩

（1）螺栓 按加工精度不同分为普通螺栓（见图 13-15a）和铰制孔用螺栓（见图 13-15b）。螺栓头部形状有多种形式，最常用的是六角形，螺栓杆部分可制出一段螺纹或全螺纹（见图 13-15）。

（2）双头螺柱 两端都制有螺纹，两端螺纹长度可以相同或不同，拧入被联接件孔的一端称为座端，另一端称为螺母端。图 13-16a 所示为等长双头螺柱，使用时不分座端和螺母端。图 13-16b 所示为不等长双头螺柱，较为常用，b_m 为座端长度，b 为螺母端长度。

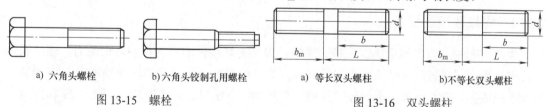

a) 六角头螺栓　　　b) 六角头铰制孔用螺栓　　　a) 等长双头螺柱　　　b) 不等长双头螺柱

图 13-15　螺栓　　　　　　　　　　　　图 13-16　双头螺柱

（3）螺钉 螺钉通常分为联接螺钉、紧定螺钉以及特殊螺钉（如吊环螺钉、自攻螺钉等）。

螺钉的结构形状与螺栓类似，但头部形式更多。其中内六角圆柱螺钉可施加较大的拧紧力矩，联接强度高，可以代替六角头螺栓，多用于要求结构紧凑的场合。而圆头和十字头螺钉，则不能施加太大的拧紧力矩，此类螺钉的直径一般不超过 10mm。

紧定螺钉的头部有各种形状（见图 13-17a），可以适应不同的拧紧程度的要求。螺钉的尾部要顶住被联接件之一的表面或相应的凹坑，所以尾部也有各种形状（见图 13-17b），且要有足够的强度。

（4）螺母　螺母的类型很多，最常用的是六角螺母（见图 13-18a～c），六角螺母的厚度不同分为标准螺母（见图 13-18a）、薄螺母（见图 13-18b）和厚螺母（见图 13-18c）。薄螺母用于要求减轻重量且不经常拆卸的场所。厚螺母用于经常装拆、易于磨损之处。圆螺母（见图 13-18d）常用于轴上零件的轴向固定。

（5）垫圈　放置在螺母与被联接件之间，作用是增大被联接件的支承面积以减小接触处的压强，防止拧紧螺母时擦伤被联接件的表面。常用垫圈有平垫圈和弹簧垫圈等。平垫圈分为普通型（见图 13-19a）和倒角型（见图 13-19b）两种。平垫圈与螺栓、螺柱、螺钉配合使用。弹簧垫圈（见图 13-19c）与螺母等配合使用，可起到防松作用。

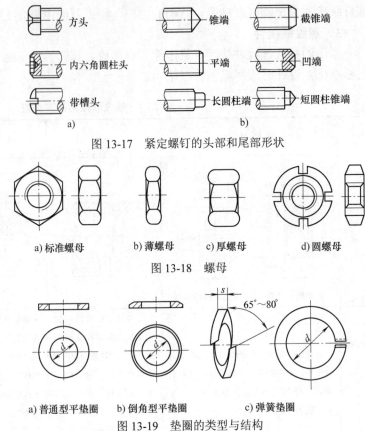

图 13-17　紧定螺钉的头部和尾部形状

图 13-18　螺母

图 13-19　垫圈的类型与结构

☆ 基础能力训练

请仔细观察自行车，写出下列各处采用什么联接，并分析采用不同联接的原因：1）车架各部分；2）脚踏轴与曲拐；3）曲拐与链轮；4）曲拐与中轴；5）车轮轴与车架。

13.5　螺纹联接的预紧与防松

13.5.1　螺纹联接的预紧

生产实际中，为了增强螺纹联接的刚性，提高被联接件的密封性和防松能力，螺纹联接一般需预紧，即在装配时必须将螺母或螺钉拧紧，使螺杆产生一定的轴向预紧力 F_P。预紧力的大小应适当，若太小则达不到预紧目的，若太大又易使螺纹联接失效。预紧力 F_P 和拧紧力矩 T 的大小有关，对于常用的粗牙钢制螺纹联接可近似按下式计算：

$$T \approx 0.2 F_p d \tag{13-2}$$

式中，d 为螺纹的公称直径（mm）；F_P 为预紧力（N）。

装配时常用测力矩扳手和定力矩扳手控制预紧力的大小。

13.5.2　螺纹联接的防松方法

常用的螺纹联接件都采用单线螺纹，自锁性好，在静载荷、工作温度变化不大时，螺纹联接拧紧后一般不会松脱。但在冲击、振动或变载荷作用下,以及在高温或温度变化较大时,联接有可能逐渐松脱,引起联接失效,从而影响机器的正常运转,甚至导致严重的事故,因此,联接时必须采取有效的防松措施。螺纹联接常用的防松方法见表 13-5。

表 13-5　螺纹联接常用的防松方法

分类	方法一	方法二
摩擦力防松	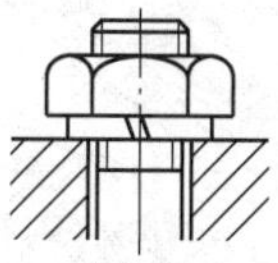 **弹簧垫圈** 弹簧垫圈材料为弹簧钢,装配后垫圈被压平,其反弹力使螺纹间保持压紧力和摩擦力。结构简单、应用广泛	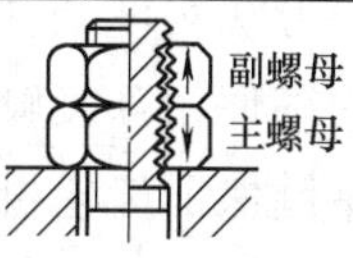 **对顶螺母** 利用两螺母的对顶作用使螺栓始终受到附加的垃力和附加的摩擦力。结构简单,用于低速重载场合,外廊尺寸大,应用不如弹簧垫圈普遍
利用机械方法防松	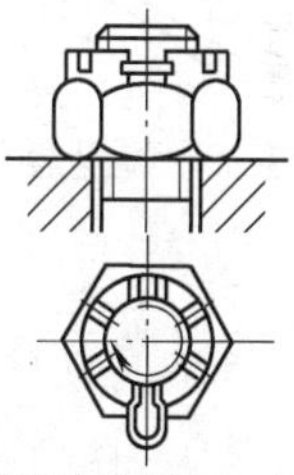 **槽形螺母和开口销** 在旋紧槽形螺母后,螺栓被钻孔。销钉在螺母槽内插入孔中,使螺母和螺栓不能产生相对转动。安全可靠,应用较广	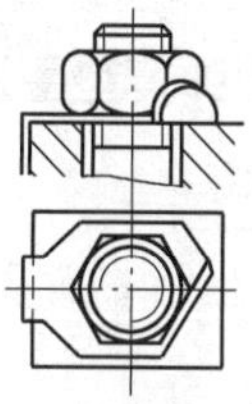 **止动垫圈** 在旋紧螺母后,止动垫圈一侧被折转;垫圈另一侧折于固定处,则可固定螺母与被联接件的相对位置;要求有固定垫圈的结构
	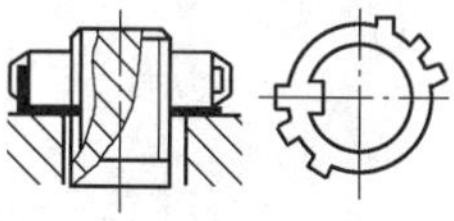 **圆螺母和止动垫圈** 将垫圈内翅插入螺栓(轴)的槽内,而外翅翻入圆螺母的沟槽中,使螺母和螺杆没有相对运动。常用于滚动轴承的固定	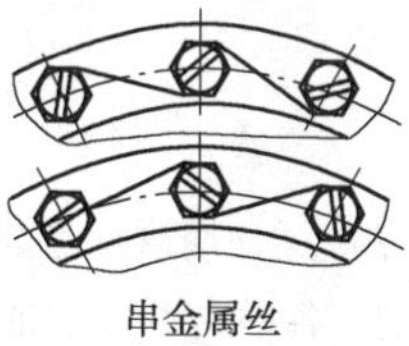 **串金属丝** 螺钉紧固后,在螺钉头部小孔中串入金属丝,但应注意串孔方向为旋紧方向。常用于无螺母的螺钉联接
其他方法防松	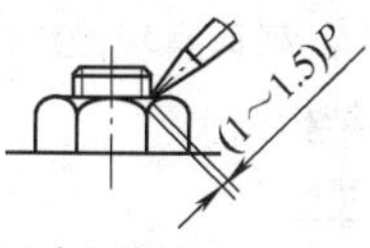 **冲点防松** 用冲头冲 2~3 点	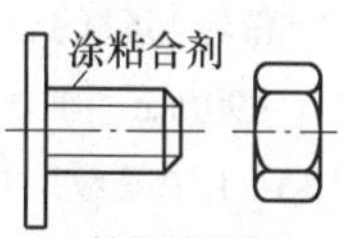 **粘结法防松** 用粘合剂涂于螺纹旋合表面,拧紧螺母后粘合剂能自行固化,防松效果良好

☆ **基础能力训练**

请查阅相关资料,了解汽车发动机的工作原理,并从汽车发动机对气缸密闭性要求考虑,分析为什么气缸与气缸盖用螺栓联接时,需要对其进行预紧?气缸采用螺栓联接时采用何种防松措施?

☆ 综合项目分析

减速器是原动机和工作机之间独立的闭式传动装置，用来降低转速和增大转矩，以满足工作需要。图 13-20 所示为减速器结构图，其采用多种联接方法实现某种功能，使两个或两个以上的零件相互接触。如：①减速器利用**普通平键**保证齿轮机构在传递运动和动力时，不与轴产生周向相对运动；②为了保证轴承座孔的加工精度和安装精度，在箱体联接凸缘的长度方向适当的位置安装两个**圆锥定位销**进行定位；③上下箱体采用**普通螺栓**和**圆螺母**联接，在螺母和联接件之间采用**弹簧垫圈**进行防松。

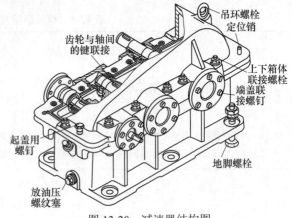

图 13-20 减速器结构图

归纳总结

1．在生产和生活中为了能正确分析和选用各种联接，需掌握常用典型联接的结构特点及应用范围。

2．机械设备中许多零部件采用了键联接，为了保证键联接具有足够强度，需掌握键联接的选用计算。

3．机械设备中许多零部件采用螺栓联接需要考虑预紧和防松，以保证其正常工作，因此需要掌握螺纹联接的预紧与防松的方法。

思考与练习 13

13-1 产品中广泛使用联接是为了：1）便于制造；2）便于拆装；3）便于运输；4）便于维修。对于上述 4 种应用目的，各举出 1~2 产品实例来验证说明。

13-2 任选下列一种产品（设施）进行实物调查，指出 5~6 处联接部位，并说明采用的联接方法：1）电脑桌；2）公用电话亭；3）健身器材或设施；4）家用电器。

13-3 试设计一带轮与轴的普通平键联接。已知传递的功率为 $P = 14.5\text{kW}$，转速 $n = 450\text{r/min}$，轴径 $d = 85\text{mm}$，轮毂宽 $b = 90\text{mm}$，轴、键的材料均为钢，带轮材料为铸铁，载荷有轻微冲击。

13-4 分析图 13-21 中螺纹联接有哪些不合理之处？画出正确的结构图。

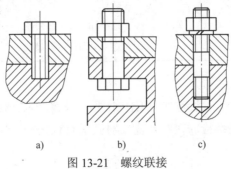

a)   b)   c)

图 13-21 螺纹联接

第14单元 轴

能力目标

能识别不同工况下轴的类型,并能明确其承载特点。
能根据应用工况、制造工艺以及装配工艺等要求,完成简单的轴结构设计。

学习目标

能根据轴的受载情况正确识别轴的类型。
了解制造轴的主要材料及热处理方法。
掌握轴的结构设计及其强度、刚度要求。

学习重点和难点

轴的结构设计、轴的强度及刚度要求。

项目背景

轴是组成机器的重要零件之一,其主要功能是用来支承回转零件(如齿轮、带轮、电动机转子等),并传递运动和转矩。图14-1所示为普通汽车的传动系示意图,变速器和驱动桥中采用轴支承齿轮、传动轴传递动力、半轴支承轴承和齿轮。通过本单元相关内容的学习,学会轴的材料选择、轴的结构设计,以保证轴具有良好工艺性、承载能力及装拆性能。

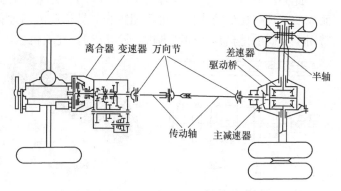

图14-1 普通汽车的传动系示意图

项目要求

由图14-1可知,轴是机械传动中极为普遍的传动件。为了正确分析各种轴承载特点和结构特性,要求能够掌握轴的基本类型、失效形式和设计准则、结构设计的基本方法和要求。

知识准备

14.1 轴的认知

14.1.1 轴的分类

轴的类型比较多,可以根据其形状、受载情况和轴的结构等对轴进行分类。
按轴的功用和承载不同,轴可以分为三种类型:

(1)转轴 既承受弯矩又承受扭矩的轴称为**转轴**,如图14-2所示减速器中的轴。

(2)传动轴 只承受扭矩而不承受弯矩的轴称为**传动轴**,例如图14-3a所示连接汽轮机与发电机的轴、图14-3b所示汽车变速器与后桥之间的轴。

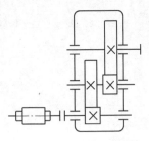
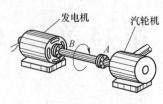
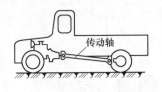

图 14-2 减速器中的转轴　　　a) 连接汽轮机与发电机的轴　　b) 汽车变速器与后桥之间的轴

图 14-3 传动轴示例

(3) 心轴 只承受弯矩而不承受扭矩的轴称为**心轴**。心轴按其是否转动分为转动心轴（图 14-4a 所示的火车轴）和固定心轴（图 14-4b 所示的自行车前轴）。

按轴线几何形状的不同，轴还可以分为**直轴**（见图 14-5）和**曲轴**（见图 14-6）。曲轴常用于往复式发动机、内燃机及空气压缩机中。

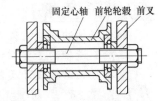

a) 火车轴示意图　　b) 自行车前轴示意图

图 14-4 心轴案例

此外，还有一种钢丝软轴（见图 14-7），又称为钢丝**挠性轴**。它是由多组钢丝分层卷绕而成的，具有良好的挠性，可将扭矩和旋转运动灵活地传到所需的任何位置（见图 14-8），常用于小型手持机具（如刮削机、铰孔机）、建筑机械以及医疗器械中。

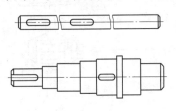

图 14-5 直轴　　　图 14-6 曲轴　　　图 14-7 钢丝软轴的绕制

☆ **基础能力训练**

1. 试利用所学的知识，分析图 14-9a 所示的自行车前轴、中轴、后轴承受的载荷，并判断各轴属于哪种类型。

2. 图 14-9b 所示为古代的脚踏式水车，是古代排灌器具。请查阅资料了解其工作原理，并分析水车中安置脚踏板的轴承受了何种载荷，属于何种类型的轴。

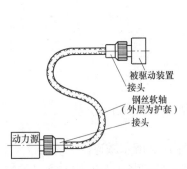

图 14-8 钢丝软轴的应用　　　a) 自行车外形结构图　　b) 古代的脚踏式水车示意图

图 14-9 轴的类型案例分析

14.1.2 轴的材料选择

轴的材料应满足强度、刚度、耐磨性、耐腐蚀性等方面的要求，并且对应力集中的敏感性低。另外，选择轴的材料时还应该考虑易于加工和经济性的因素。轴的材料主要是碳素结构钢和合金结构钢。

一般而言，碳素结构钢对应力集中的敏感性较低且价格相对低廉，经热处理后可改善其综合力学性能，因此应用广泛。常用的优质碳素结构钢有 35、40、45 和 50 钢等，尤以 45 钢应用最多。碳素结构钢一般应经过调质或正火处理，以改善其力学性能。受载较小或不重要的轴，可用 Q235、Q275 等普通碳素结构钢。

合金结构钢具有较高的力学性能和良好的热处理性能，但对应力集中比较敏感，价格较贵，因此在承受重载荷或较重载荷时，轴的尺寸和重量受到一定的限制。要求轴颈具有较高耐磨性以及在高温、低温条件下工作的轴，宜采用合金钢制造。由于在常温下，碳素结构钢和合金钢的弹性模量相差不多，故不能选用合金钢来提高轴的强度和刚度。

球墨铸铁吸振性好，对应力集中不敏感且价格低廉，故适用于制造形状复杂的轴，如凸轮轴、曲轴等。

轴的毛坯一般采用轧制圆钢和锻件，轴的常用材料及其力学性能见表 14-1。

表 14-1 轴的常用材料及其力学性能

材料牌号	热处理	毛坯直径 /mm	硬度/HBW	抗拉强度 σ_b	屈服强度 σ_S	弯曲疲劳极限 σ_{-1}	剪切疲劳极限 τ_{-1}	许用弯曲应力 $[\sigma_{-1}]$	备注
				MPa					
45	正火	≤100	170～217	590	295	255	140	55	应用最广泛
	回火	>100～300	162～217	570	285	245	135		
	调质	≤200	217～225	640	355	275	155	60	
40Cr	调质	≤100	241～286	735	540	355	200	70	用于载荷较大而无很大冲击的重要轴
		>100～300		685	490	335	185		
40CrNi	调质	≤100	270～300	900	735	430	260	75	用于很重要的轴
		>100～30	240～270	785	570	370	210		
38SiMnMo	调质	≤100	229～286	735	590	365	210	70	用于重要的轴，性能接近 40CrNi
		>100～300	217～269	685	540	345	195		
38CrMoAl	调质	≤160	293～321	930	785	440	280	75	用于要求高的耐腐蚀性、高强度且热处理变形很小的轴
		>60～100	277～302	835	685	410	270		
		>100～160	241～277	785	590	375	220		
20Cr	渗碳 淬火 回火	15	表面 56～62HRC	850	550	375	215	60	用于要求强度、韧性均较高的轴（如齿轮、蜗轮轴）
		30		650	400	280	160		
		≤60		640	390	305	160		
1Cr18Ni9Ti	淬火	≤100	≤192	530	195	190	115	45	用于高、低温及强腐蚀条件下工作的轴
		>100～200		490		180	110		
QT400-10			156～197	400	300	145	125		用于制造复杂外形的轴
QT450-5			170～207	450	330	160	140		
QT600-3			190～270	600	370	215	185		

14.1.3 轴的失效形式和计算准则

轴工作时主要承受弯矩和扭矩，且多为交变应力作用，其主要失效形式为疲劳破坏。轴的设计一般要解决两方面问题：

(1) 具有足够的工作能力 轴应具有足够的强度、刚度和振动稳定性，以保证轴能正常工作。对于转速不高的轴，只要保证强度和刚度要求就能满足工作需要。

(2) 具有合理的结构形状 根据装配和加工等的具体要求，在进行轴的设计中，合理定出其各部分的结构和形状尺寸，使轴上零件能可靠地固定和便于装拆。

14.2 轴的结构设计

14.2.1 轴的结构组成

图 14-10 所示为一齿轮减速器中的输入轴。轴上与传动零件（带轮、齿轮或联轴器等）相配合的部分称为**轴头**，其直径应与轮毂直径相一致，并满足 GB/T 2822—2005；与轴承配合的部分称为**轴颈**，其直径应符合轴承内径标准；连接轴颈与轴头的非配合部分统称为**轴身**。

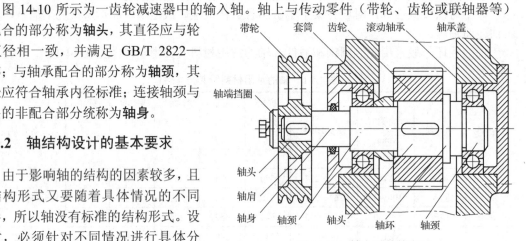

图 14-10 轴上零件的布置

14.2.2 轴结构设计的基本要求

由于影响轴的结构的因素较多，且其结构形式又要随着具体情况的不同而异，所以轴没有标准的结构形式。设计时，必须针对不同情况进行具体分析。轴结构设计的基本要求是：

(1) 固定要求 轴和轴上零件要有准确的工作位置。

(2) 工艺要求 轴应便于加工，轴上零件要易于装拆。

(3) 疲劳强度要求 尽量减少应力集中。

(4) 尺寸要求 轴各部分的直径和长度的尺寸要合理。

14.2.3 轴径的初步确定

在开始设计轴时，通常轴上零件的位置和跨距均未确定，所以无法按弯扭组合强度条件来计算轴的直径。一般先根据工作要求选择轴的材料、用类比法或按扭转强度初步确定轴的直径（最小直径）后，再进行轴的结构设计。

1. 类比法

类比法是参考同类型的机器设备，比较轴传递的功率、转速及工作条件等，来初步确定轴的结构和尺寸。例如，在一般减速器中，与电动机相连的高速端输入轴的基本直径 $d_1 = (0.8 \sim 1.2)d$，式中 d 为电动机轴端直径。而各级低速轴直径可按同级齿轮中心距 a 估算，一般取 $d_2 = (0.3 \sim 0.4)a$。配有联轴器的轴，以联轴器直径为最小直径。

2. 按扭转强度计算

对于圆截面传动轴，由第 4 单元式（4-18）的圆轴扭转强度计算公式可得：

$$\tau = \frac{T}{W_P} = \frac{9.55 \times 10^6 P}{0.2 d^3 n} \leqslant [\tau] \tag{14-1}$$

式中，τ、$[\tau]$ 分别为轴的扭转切应力和许用扭转切应力（MPa）；T 为轴危险截面上的转矩（N·mm）；P 为轴传递的功率（kW）；W_P 为轴的抗扭截面系数（mm³），$W_P = 0.2 d^3$；n 为轴的转速（r/min）；d 为轴的直径（mm）。

对于转轴，也可用上式初步估算轴的直径，但为了补偿弯矩对轴的强度影响，必须把轴的许用扭转切应力$[\tau]$适当降低。由上式可写出轴的直径计算公式为

$$d \geqslant \sqrt[3]{\frac{9.55 \times 10^6 P}{0.2 [\tau] n}} = A \sqrt[3]{\frac{P}{n}} \tag{14-2}$$

式中，A 为由轴的材料和受载情况所确定的常数，见表 14-2。

表 14-2 轴常用的几种材料的$[\tau]$和 A 值

轴的材料	Q235，20	35	45	35SiMn，38SiMnMo，2Cr13，40Cr	1Cr18Ni9Ti
$[\tau]$/MPa	12～20	20～30	30～40	40～52	15～25
A	160～135	135～118	118～107	107～98	148～125

注：当作用在轴上的弯矩比扭矩小或只受扭矩时，A 取较小值，否则取较大值。

由式（14-2）求得的 d 值，还需按结构要求圆整成标准直径，作为转轴的最小直径。

14.2.4 轴上零件的固定

为了保证机器正常工作，零件在轴上应该是定位准确，固定可靠。定位是针对安装而言，以保证零件确定的安装位置；固定是针对工作而言，使零件在运转过程中保持原来的位置不变。作为结构措施，两者均是既具有定位作用，又具有固定作用，故在此都作为固定方法来讨论。

1. 轴上零件的轴向固定

轴上零件轴向固定的目的是为了防止轴上零件在轴向力的作用下发生轴向窜动，常用的固定方式有轴肩（或轴环）、套筒、圆螺母、轴端挡圈、轴承端盖、圆锥面和止动垫圈等，见表 14-3。

表 14-3 轴上零件的轴向定位和固定方法

定位和固定	简　图	特点与应用
轴肩、轴环		简单可靠，可承受较大的轴向力，是最方便有效的方法
圆锥面		适用于轴端，轴上零件装拆较方便，有较高的定心精度，并能承受冲击振动，但锥面加工较复杂

（续）

定位和固定	简　图	特点与应用
轴端挡圈	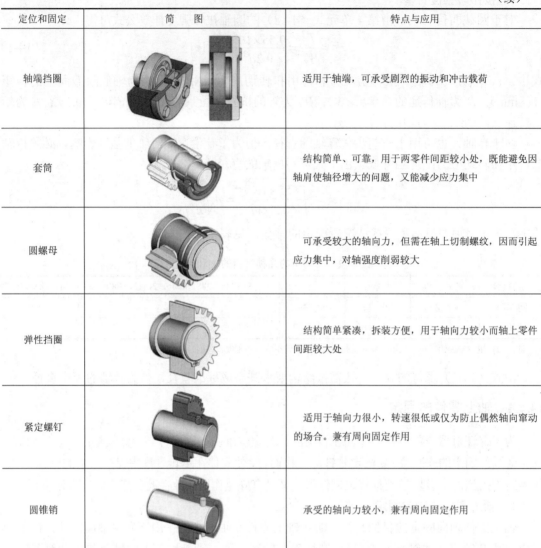	适用于轴端，可承受剧烈的振动和冲击载荷
套筒		结构简单、可靠，用于两零件间距较小处，既能避免因轴肩使轴径增大的问题，又能减少应力集中
圆螺母		可承受较大的轴向力，但需在轴上切制螺纹，因而引起应力集中，对轴强度削弱较大
弹性挡圈		结构简单紧凑，拆装方便，用于轴向力较小而轴上零件间距较大处
紧定螺钉		适用于轴向力很小，转速很低或仅为防止偶然轴向窜动的场合。兼有周向固定作用
圆锥销		承受的轴向力较小，兼有周向固定作用

利用轴肩或轴环实现轴上零件的轴向定位和固定时，为使轴上零件的端面与轴肩贴紧，轴肩处圆角半径 R 必须小于零件孔端的圆角半径 R_1 或倒角 C_1（见图 14-11a），否则无法贴紧（见图 14-11b）。在轴的结构设计中，轴肩、轴环尺寸、零件孔端圆角半径及倒角必须满足国家标准（见表 14-4）。与滚动轴承相配的尺寸，可查轴承标准中的装配尺寸。

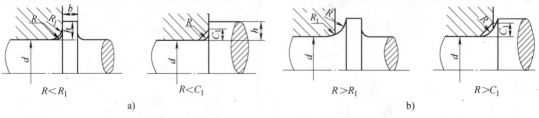

图 14-11　轴上零件的定位

表 14-4　零件孔端圆角半径 R_1、及倒角 C_1 及轴肩最小高度 h_{min}　　　　（单位：mm）

轴径 d	10~18	>18~30	>30~50	>50~80	>80~120	>120~180
R	0.8	1.0	1.6	2.0	2.5	3.0
R_1 或 C_1（孔）	1.6	2.0	3.0	4.0	5.0	6.0
h_{min}	2	2.5	3.5	4.5	5.5	6.5

非定位轴肩是为了加工和装配方便而设置的，其高度没有严格规定，一般为 1~2mm。

为了保证零件在轴上可靠固定，当采用圆螺母、套筒、轴端挡圈对轴上零件进行固定时，与轴上零件相配轴段的长度应比轮毂长度短 2~3mm。

2．轴上零件的周向固定

轴上零件周向固定的目的是防止轴上零件与轴产生相对运动。常用的固定方式有键联接、花键联接和轴与零件的过盈配合等。减速器中齿轮、带轮等零件与轴的配合，常采用普通平键和过盈配合的联接方式实现周向固定，因为这样可传递更大的转矩。

传递小转矩时，可采用紧定螺钉或销以同时实现轴向和周向固定。

14.2.5　轴的结构工艺性

为了便于零件的装拆，常将轴设计成阶梯形。图 14-12 为轴的结构图，可依次把齿轮、套筒、左端滚动轴承、轴承盖、带轮和轴端挡圈从轴的左端装入，这样当零件往轴上装配时，既不擦伤配合表面，又使装配方便；右端滚动轴承从轴的右端装入。为保证轴结构具有良好的结构工艺性，轴的结构设计时应注意：

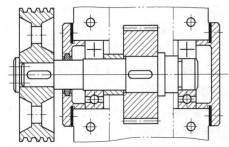

图 14-12　轴的结构图

1）为使相配合零件容易导入，且不划伤相配零件，轴端应车制成 45°的倒角。

2）为使左、右端滚动轴承易于拆卸、套筒与轴肩高度均应小于滚动轴承内圈的厚度。

3）为了便于加工，轴上要求磨削与车削螺纹处，要留有砂轮越程槽（见图 14-13a）和螺纹退刀槽（见图 14-13b），以保证完整的加工。

4）当轴上有多个键槽时，应将它们布置在同一加工直线上（见图 14-12），以免加工键槽时多次装夹。

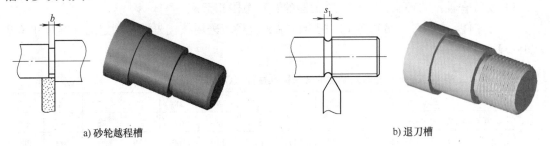

a) 砂轮越程槽　　　　　　　　　　　　b) 退刀槽

图 14-13　退刀槽与越程槽

5）为了测量和磨削轴的外圆，在轴的端部应制有定位中心孔（见图 14-14），其结构尺寸见 GB/T 145—2001。

6）对于过盈联接，其轴头要制出引导装配的锥度（见图14-15），图中 $c \geqslant 0.01d + 2\text{mm}$。

☆ **基础能力训练**

图14-16所示为轴的结构图，从轴的结构工艺性上考虑，该结构是否合理？请指出错误之处并修改。

图14-14 带有定位中心孔的轴端

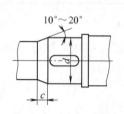
图14-15 具有引导装配的锥度的轴头

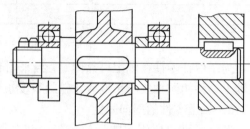
图14-16 滚动轴承装配图

14.2.6 轴的疲劳强度

进行轴的结构设计时，应尽量减少应力集中，以提高轴的疲劳强度。由于合金结构钢对应力集中比较敏感，所以在结构设计时更应加以注意。

在轴截面突然变化的部位都会造成应力集中。为了改善轴的疲劳强度，在阶梯轴截面尺寸变化处应该采取圆角过渡，圆弧半径不宜过小（见图14-17a）。在重要的结构中，可采用中间环（见图14-17b）或凹切圆角（见图14-17c），以增大轴肩圆角半径，缓和应力集中。

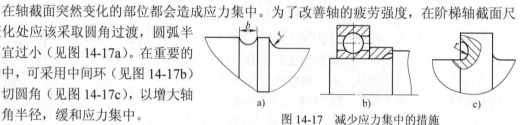
图14-17 减少应力集中的措施

14.2.7 轴的直径和长度

轴的直径和长度必须满足强度和刚度条件。此外，还要根据具体情况来确定轴的实际直径和长度。

1）与滚动轴承相配合的轴颈直径必须符合滚动轴承内径的标准系列。

2）轴上车制螺纹部分的直径必须符合外螺纹大径的标准系列。

3）安装联轴器的轴头直径应与联轴器的孔径范围相适应。

4）与零件（如齿轮、带轮等）相配合的轴头直径应采用按优先数系制定的标准尺寸（见表14-5）。

表14-5 按优先数系制定的轴头标准直径（GB/T 2822—2005） （单位：mm）

12	14	16	18	20	22	24	25	26	28	30	32	34	36
38	40	42	45	48	50	53	56	60	67	71	75	80	85
90	95	100	105	110	120	130	140	150	160	170	180	190	200

设计阶梯轴时，各段直径由估算的最小基准直径开始，按定位、固定的结构需要，逐段放大。阶梯轴各轴段长度以给定或选定的齿轮、轴承宽度为基础，按箱体结构需要，在草图上拟定。

项目 14-1 图 14-18 所示为一轴的结构设计，其中有些设计错误，请指出错误，并将错误之处改正。

分析：①轴承盖的端面处应减少加工面，即只在轴承盖的外缘有切削加工面，而中心为铸造表面；②左端轴承端盖与箱体间无密封调整垫片，导致密封性不好，易发生润滑油泄漏，同时不能调整轴承与轴承盖凸缘之间的间隙；③轴肩超高轴承内圈高度，致使轴承无法拆卸；④同③；⑤齿轮轴轴头过长，出现过定位，导致齿轮定位不可靠；⑥键太长，致使左端定位套筒不能装入；⑦同②；⑧同①；⑨轴与轴承盖直接接触，且无密封圈；⑩与齿轮配合处键槽不在同一母线上；⑪联轴器轴头太长，联轴器右端与端盖直接接触，定位不可靠；⑫联轴器与右端轴承盖相接触。

正确的轴系结构设计如图 14-19 所示。

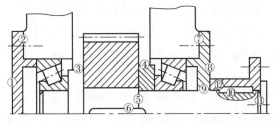

图 14-18 错误的轴系结构设计

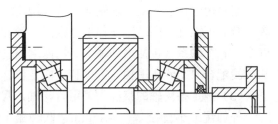

图 14-19 正确的轴系结构设计

☆ 综合项目分析

减速器低速轴的设计计算在机器的结构强度设计计算中具有典型代表意义。图 14-20 所示为带式输送机传动图，减速器低速轴的传递功率为 $P_3 = 3.65\text{kW}$，大齿轮的转速为 $n_3 = 71.60\text{r/min}$，大齿轮分度圆直径 $d_2 = 320\text{mm}$，压力角 $\alpha = 20°$，轮毂宽为 $b_2 = 72\text{mm}$，减速器单向转动，轴承采用 6200 型。试分析带式输送机中减速器的低速轴。

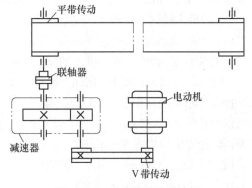

图 14-20 带式输送机传动图

分析：

1. 选择轴的材料和热处理方法，并确定许用应力

选用轴的材料为 45 钢，正火处理，查表 14-1 可知抗拉强度 $\sigma_b = 590\text{MPa}$、许用弯曲应力 $[\sigma_{-1}] = 55\text{MPa}$。

2. 按扭转强度估算轴的最小直径

减速器低速轴传递的扭矩为

$$T_3 = 9550 P_3 / n_3 = (9550 \times 3.65 / 71.60)\text{N} \cdot \text{m} = 486.84\text{N} \cdot \text{m}$$

单级齿轮减速器的低速轴为转轴，输出端与联轴器相接，从结构要求考虑，输出端轴头应最小。由式（14-2）计算得

$$d \geq A \sqrt[3]{\frac{P_3}{n_3}} = \left(115 \times \sqrt[3]{\frac{3.65}{71.60}}\right)\text{mm} = 42.64\text{mm}$$

式中，A 可由表 14-2 查取，$A = 115$。

考虑键槽的影响以及联轴器孔径系列标准，选取最小轴径 $d_{min} = 45\text{mm}$。

3．轴的结构设计

轴结构设计时，需同时考虑轴系中相配零件的尺寸以及轴上零件的固定方式。

（1）联轴器的选取　考虑减缓冲击作用，可选用弹性套柱销联轴器。按转矩 $T_3 = 486.84\text{N} \cdot \text{m}$、$d_{min} = 45\text{mm}$，查附表 1、附表 2 选用弹性套柱销联轴器的规格为：LT7 联轴器 J45×84　GB/T 4323—2002。

（2）确定轴上零件的布置和固定方式　因为是单级齿轮减速器，可将齿轮布置在箱体内壁的中央，轴承对称布置在齿轮的两边，轴外伸端安装联轴器，为了满足轴向零件的定位，应将该轴设计成阶梯轴。

齿轮用轴环和套筒实现轴向定位和固定，用平键联接和过盈配合 H7/p6 实现周向固定。轴头有装配锥度。两端滚动轴承分别用套筒和轴肩实现轴向定位，以过渡配合 k6 实现周向固定。整个轴系（包括滚动轴承）用两端滚动轴承端盖实现轴向定位；联轴器用轴肩、平键和过渡配合 H7/k6 实现轴向定位和周向定位。

（3）确定各段轴的直径　采用阶梯轴，尺寸由小到大、由两端至中央的顺序确定。

外伸端最小直径 $d_{min} = 45\text{mm}$，联轴器定位轴肩高 $h_{min} = 3.5\text{mm}$（查表 14-4），直径为 52mm；与轴承配合轴颈直径为 55mm，同时按题意选 6211 型轴承，按轴承安装尺寸要求由附表 4 查得轴肩和套筒外径为 64mm，圆角半径 $r = 1.5\text{mm}$；取与齿轮相配的轴头直径为 60mm，定位轴环 $h = 5\text{mm}$（查表 14-4），直径为 70mm，其余圆角均为 $r = 1.5\text{mm}$。

（4）确定轴的各段长度　轮毂宽为 72mm，因此取轴头长度为 70mm；轴承呈对称分布，查附表 4 得轴承的宽度为 21mm，故轴颈长度为 21mm。齿轮端面至轴承端面间距各取 20mm，因此轴的跨距为 $L = 133\text{mm}$。按箱体结构需要，轴身伸出长度为 66mm。联轴器配合段轴头长度为 80mm。由此，轴的总长度为 300mm。与齿轮和联轴器配合的平键长按 13.1.2 进行选择计算，计算得出平键尺寸分别为 GB/T 1096　键 18×11×50、GB/T 1096　键 14×9×56。轴系的结构草图如图 14-21 所示。

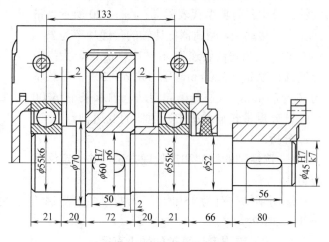

图 14-21　轴系结构草图

4．轴的强度校核和绘制轴的工作图（略）

归纳总结

1．为了正确分析应用在生产中的轴类零件，需掌握各种典型轴的承载特点及结构特点。

2．为了保证轴具有足够的承载能力和合理的结构形状，需掌握轴的承载分析、结构设计方法和要求。

思考与练习 14

14-1 回答下列问题:
(1) 轴上零件的周向和轴向定位和固定方式有哪些?各适用于什么场合?
(2) 轴头和轴颈的区别是什么?与轴上零件相配合,区别又是什么?
(3) 在轴的材料中,哪种应用最普遍?为什么?
(4) 轴的结构要素有哪些?可查哪些标准?
(5) 轴的哪些直径应符合零件标准和标准尺寸,哪些直径可随结构而定?
(6) 为什么多级齿轮减速器高速轴的直径总比低速轴的直径小?

14-2 儿童游乐场的一种由电动机带动的游乐器械中,有一根传动轴传递的额定功率 $P = 3\text{kW}$,转速 $n = 960\text{r/min}$,试设计计算轴的外径。轴的材料为:
(1) 45 钢,实心轴。
(2) 40Cr,内径外径比值为 $\alpha = (d_1/d) = 0.8$ 的钢管。

14-3 试分析图 14-22a、b、c 中的结构错误,说明理由并画出正确的结构图。

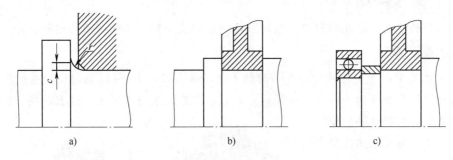

图 14-22 轴系结构图

14-4 图 14-23 所示的轴系结构图存在若干错误,请将错误之处标出,说明原因,并绘制正确的结构草图。

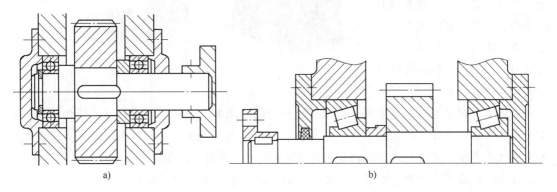

图 14-23 轴系结构图

第15单元 轴 承

能力目标

能识别各种常用轴承的类型及应用工况。
能根据机械工作要求选配合适的滚动轴承,并能对其拆装和保养。

学习目标

了解滑动轴承的特点和应用场合。
了解滑动轴承的典型结构、轴瓦材料。
掌握滚动轴承的类型、代号的含义、寿命的概念。
熟练掌握滚动轴承的组合设计。
了解轴承润滑方式和密封方式。

学习重点和难点

滑动轴承的类型、轴瓦的材料、滚动轴承的选择及应用、滚动轴承的组合设计。

项目背景

轴承是机器中用于支持做旋转运动的轴(包括轴上零件),保持轴的旋转精度和减小轴与支承间的摩擦和磨损的一种支承部件,应用十分广泛。图15-1所示减速器的高、低速轴均采用轴承支承,可保证轴的旋转精度,并减少与支承间的摩擦、磨损。轴承的选用是否正确,对机器的工作可靠性、寿命、承载能力及效率都有很大的影响。本单元将介绍不同类型轴承的使用范围、滚动轴承的选择计算及滚动轴承的组合设计等内容。

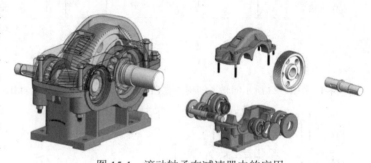

图15-1 滚动轴承在减速器中的应用

根据工作时的摩擦性质不同,轴承可分为滑动轴承和滚动轴承。滑动轴承结构简单、易于安装,且具有工作平稳、无噪声、耐冲击和承载能力强等优点,所以在汽轮机、精密机床和重型机械中被广泛地应用。滚动轴承的摩擦阻力小,载荷、转速及工作温度的适用范围广,且已标准化,设计、使用、维护都很方便,因此在一般机器中应用较广。

项目要求

如图15-1所示减速器中轴承用于支持做旋转运动的轴(包括轴上零件),其作用是保持轴的旋转精度和减小轴与支承间的摩擦和磨损。为了实现这样的作用,要求根据工况不同会选配不同类型的轴承和组合设计方式。

知识准备

15.1 滑动轴承的类型与结构

15.1.1 滑动轴承的类型

1）滑动轴承按承受载荷的方向不同，可分为径向滑动轴承（主要承受径向载荷）和推力滑动轴承（只承受轴向载荷），分别如图 15-2a、b 所示。

① 径向滑动轴承用于承受径向载荷，常用滑动轴承的结构形式及其尺寸已经标准化（JB/T 2561—2007），应尽量选用标准形式。径向滑动轴承的结构有整体式、剖分式和调心式。

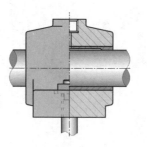
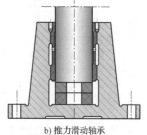

a) 径向滑动轴承　　b) 推力滑动轴承

图 15-2　滑动轴承

图 15-3 所示为整体式滑动轴承，其结构简单、制造方便，但轴套磨损后轴承间隙无法调整，装拆时轴或轴承需轴向移动，故只适用于低速、轻载和间歇工作的场合。

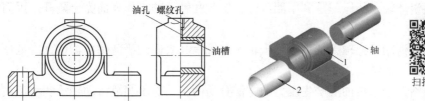

图 15-3　整体式滑动轴承

1—轴承座　2—轴瓦

图 15-4 所示为剖分式滑动轴承，由轴承座 1 和轴承盖 2、联接螺栓 3 和剖分式轴瓦 4 组成。为防止轴承座与轴承盖间相对横向错动，提高安装的对心精度，接合面要做成阶梯形或设止动销钉。这种结构装拆、间隙调整和更换新轴瓦都很方便，故应用广泛。

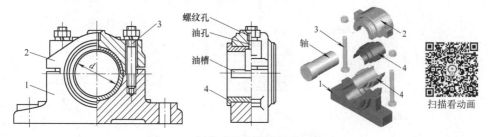

图 15-4　剖分式径向滑动轴承

1—轴承座　2—轴承盖　3—联接螺栓　4—剖分式轴瓦

图 15-5 所示为调心式滑动轴承，其轴承盖 1 与轴瓦 2 和轴承座 3 之间以球面形成配合，使得轴瓦和轴相对于轴承座可在一定范围内摆动，从而避免在安装误差或轴的弯曲变形较大时，造成轴径与轴瓦端部的局部接触所引起的剧烈偏磨和发热。调心式滑动轴承用于支承挠度较大或多支点的长轴。

② 推力滑动轴承主要承受轴向载荷,如图 15-6 所示。它由轴承座 1、防止轴瓦转动的止动销钉 2、止推轴瓦 3 和径向轴瓦 4 等组成。止推轴瓦与轴承座做成球面配合,起自动调位作用,径向轴瓦 4 有一定的承受径向载荷的能力。

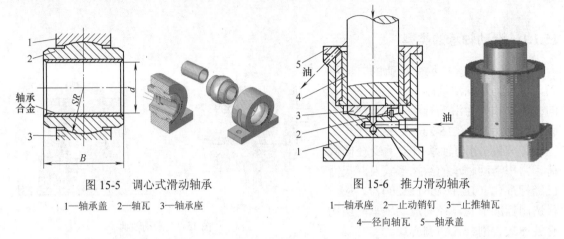

图 15-5　调心式滑动轴承

1—轴承盖　2—轴瓦　3—轴承座

图 15-6　推力滑动轴承

1—轴承座　2—止动销钉　3—止推轴瓦
4—径向轴瓦　5—轴承盖

2)根据其滑动表面润滑状态的不同,轴承可分为液体摩擦滑动轴承和不完全液体摩擦滑动轴承。

液体摩擦滑动轴承的原理是利用液压油将轴颈和轴承的工作表面完全隔开,因而能极大地减少摩擦磨损。

不完全液体滑动摩擦轴承依靠吸附于轴颈和轴承孔表面的极薄油膜,达到降低摩擦、减少磨损的目的。

液体摩擦滑动轴承按油液产生压力的方法分为两类:静压润滑滑动轴承和动压润滑滑动轴承。

静压润滑滑动轴承(见图 15-7a)是利用油泵将液压油,通过节流器调压后,输入轴承各油腔内,从而将轴托起,形成液体润滑。这种轴承适用于高速、高精度要求的场合,但结构复杂、成本高。**动压润滑滑动轴承**(见图 15-7b)是利用相对运动使轴承间隙中形成液压油膜,并将工作表面分开的轴承。

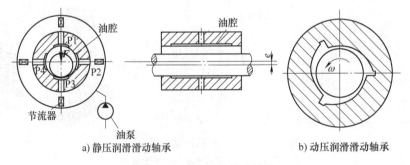

a)静压润滑滑动轴承　　　　b)动压润滑滑动轴承

图 15-7　液体润滑滑动轴承

15.1.2　轴瓦的结构

轴瓦是与轴颈表面直接接触的零件,常用的有整体式(见图 15-8)和剖分式(见图 15-9)

两种结构。

整体式轴瓦又称**轴套**，如图 15-8 所示，用于整体式滑动轴承。图 15-8a 为光滑轴套，图 15-8b 为带纵向油沟的轴套；剖分式轴瓦用于剖分式滑动轴承，如图 15-9 所示。为了改善轴瓦表面的摩擦性质，常在其内表面上浇铸一层或两层减摩材料（称为轴承衬），如巴氏合金，其厚度一般为 0.5～0.6mm 不等，即轴瓦做出双金属结构或三金属结构，如图 15-10 所示。

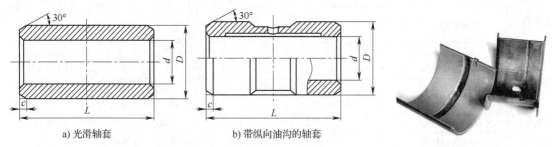

a) 光滑轴套　　　　　b) 带纵向油沟的轴套

图 15-8　整体式轴瓦（轴套）　　　　图 15-9　剖分式轴瓦

为防止轴瓦在轴承中产生轴向移动和周向转动，可将其两端做出凸缘，用于轴向定位。也可用定位销或用螺钉将其固定在轴承座上，如图 15-11 所示。

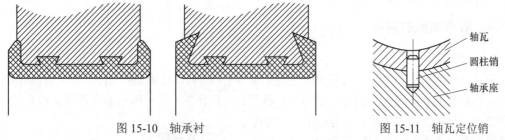

图 15-10　轴承衬　　　　图 15-11　轴瓦定位销

为了使润滑油能顺利导入轴承，并能分布到整个摩擦表面而保持较好的润滑状态，常在轴瓦的非承载区开设油孔和油槽，如图 15-12 所示。油槽的长度均较轴承宽度短，常为轴瓦长的 80%，以免润滑油流出。

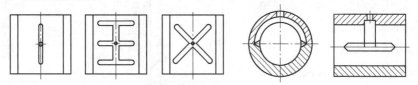

图 15-12　油槽（非承载轴瓦）

15.1.3　轴承的材料

滑动轴承的主要失效形式为磨损和胶合，有时也会有疲劳损伤、刮伤等，因此对轴承材料的要求是：具有良好的减摩、耐磨性和磨合性；良好的抗胶合能力、足够的强度及可塑性等；此外还应具备良好的导热性和稳定性，对润滑油的吸附能力强，易加工和价格便宜等。

轴瓦和轴承衬材料直接影响轴承的性能，应根据使用要求、经济性要求合理选择。目前常用的轴瓦材料为金属材料，如轴承合金和铸铁等。轴瓦和轴承衬材料牌号和性能见表 15-1。

表 15-1 轴瓦和轴承衬材料的牌号和性能

轴承材料		最大许用值①			最高工作温度/℃	硬度②/HBW	应用场合
		[p]/MPa	[v]/m·s	[pv] MPa·m·s⁻¹			
锡基轴承合金	ZSnSb11Cu6	25 (40)	平稳载荷		150	$\dfrac{150}{20\sim30}$	用于高速、重载下工作的重要轴承。变载荷下易疲劳、价格高
			80	20 (100)			
	ZSnSb8Cu4	20	冲击载荷				
			60	15			
铅基轴承合金	ZPbSb16Sn16Cu2	12	12	10 (50)	150	$\dfrac{200}{50\sim100}$	用于中速、中载的轴承。不宜受显著的冲击载荷作用
	ZPbSb15Sn5Cu3Cd2	5	8	5			
铸造锡青铜	ZCuSn10Pb1	15	10	15 (25)	280	$\dfrac{300}{40\sim280}$	用于中速、中载条件下的轴承
	ZCuSn5Pb5Zn5	8	3	15			
铸造铝青铜	ZCuAl9Fe4Ni4Mn2	15 (30)	4 (10)	12 (60)	280	$\dfrac{200}{80\sim150}$	用于润滑充分的低速、重载的轴承
	ZCuAl10Fe3Mn2	20	5	15			
铸铁	HT150, HT200, HT250	2~4	0.5~1	1~4	150	$\dfrac{150}{20\sim30}$	用于低速、轻载、不重要的轴承

① 括号内为极限值,其余为一般值(润滑良好)。
② 分子为最小轴颈硬度,分母为合金硬度。

15.1.4 滑动轴承的润滑

1. 润滑剂

滑动轴承润滑的目的在于降低摩擦功耗,减少磨损,同时还起到冷却、吸振、防锈等作用。润滑剂有润滑油、润滑脂和固体润滑剂(如石墨、二硫化钼)等。轴承能否正常工作和选用的润滑剂正确与否有很大关系,滑动轴承大多用润滑油润滑。在压强大、有冲击、交变载荷及工作温度较高时宜用大黏度润滑油,在轴颈运动速度较高时宜用小黏度润滑油。压强大、低速或不便加油、要求不高时可用润滑脂。

2. 润滑方法和装置

滑动轴承润滑的方法有间歇供油润滑和连续供油润滑两种。采用何种供油方式主要决定于轴承的工作状态。间歇供油润滑用于低速、轻载或间歇工作等不重要场合的轴承,一般采用手工油壶或油枪向油孔进行间歇供油。

连续供油润滑一般用于载荷和速度较高的轴承。连续供油常见的方法有滴油润滑、油环润滑、飞溅润滑和压力供油润滑等。图 15-13 所示为几种

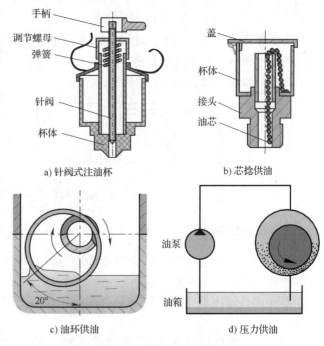

a) 针阀式注油杯　　b) 芯捻供油
c) 油环供油　　d) 压力供油

图 15-13　连续供油润滑装置

连续供油润滑装置。

采用润滑脂润滑时，只能间歇供润滑脂，广泛采用黄油杯，旋拧杯盖即可将装在杯中的润滑脂压送到轴承内。

☆ **基础能力训练**

请查阅相关资料，分析日常生活或生产中哪些设备采用了滑动轴承作为旋转零件的支承？它们又采用了何种润滑方式？

15.2 滚动轴承的类型、性能与代号

滚动轴承是现代机器中广泛应用的部件之一。在机械设计中，主要根据滚动轴承的使用条件和工作状况，选择合适的轴承类型和型号，并做好轴承的组合设计。

15.2.1 滚动轴承的类型和性能

1. 滚动轴承的构造

滚动轴承一般由外圈 1、内圈 2、滚动体 3 和保持架 4 组成，如图 15-14 所示。内圈装在轴颈上随轴一起转动，外圈装在轴承座孔内不动。滚动体由保持架均匀隔开，可避免在滚动过程中的碰撞和磨损。常见的滚动体形状如图 15-15 所示。

图 15-14　滚动轴承的构造
1—外圈　2—内圈　3—滚动体　4—保持架

图 15-15　滚动体的形状

2. 滚动轴承的类型

（1）按承受载荷的方向（公称接触角）分类　滚动体与轴承圈滚道接触处的法线方向与轴承径向平面（垂直于轴线的平面）之间的夹角 α 称为**公称接触角**，简称**接触角**。它标志轴承承受轴向载荷和径向载荷能力的分配关系，是轴承的性能参数。轴承按承受载荷方向的分类，也是按公称接触角的分类（见表 15-2）。

表 15-2　轴承按公称接触角的分类表

轴承种类	向 心 轴 承		推 力 轴 承	
	径向接触	角接触	角接触	轴向接触
公称接触角 α	α = 0°	0° < α ≤ 45°	45° < α < 90°	α = 90°
图例 （以球轴承为例）				

1) **向心轴承**：其公称接触角为 $0°\leqslant\alpha\leqslant 45°$。其中 $\alpha=0°$ 时，称为径向接触轴承，主要承受径向载荷；$0°<\alpha\leqslant 45°$，称为**角接触向心轴承**，主要承受径向载荷，也可承受一定的轴向载荷。

2) **推力轴承**：其公称接触角为 $45°<\alpha\leqslant 90°$。其中：轴向推力轴承 $\alpha=90°$，它只能承受轴向载荷；$45°<\alpha<90°$，称为**角接触推力轴承**，主要承受轴向载荷，也可承受较小径向载荷。

（2）**按滚动体的形状分类** 图 15-15 所示的滚动体可分为以下两类。

1) **球轴承**：滚动体是球形，它与轴承套圈或垫圈之间是点接触，摩擦小，但承载能力和承受冲击能力也小；由于球的质量轻，离心力也小，因而球轴承的极限转速也高。

2) **滚子轴承**：滚动体是滚子，其形状有圆柱形、圆锥形、鼓形和滚针等。滚子与轴承套圈或垫圈之间是线接触，摩擦大，但承载能力和承受冲击能力也大，由于滚子的质量大，离心力也大，因而滚子轴承的极限转速也低。

（3）**按调心能力分类** 轴承外圈滚道做成球面时，内、外圈可以相对偏转，偏转后内、外圈轴心线间的夹角 θ 称为**倾斜角**。倾斜角的大小标志轴承自动调整轴心线位置的能力，是轴承的性能参数。具有自动调整轴心线位置能力的轴承称为**调心轴承**。调心轴承可以补偿轴的变形等形成的角偏差。

滚动轴承的主要类型、特性及应用见表 15-3。

表 15-3 滚动轴承的主要类型、特性及应用

轴承名称	类型代号	简 图	图 例	主 要 特 性 及 应 用
双列角接触球轴承	0	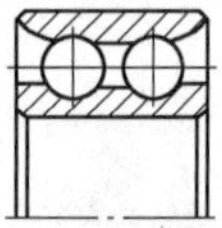	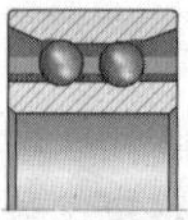	能同时承受径向载荷和双向的轴向载荷，具有相当于一对角接触轴承背靠背安装的特性
调心球轴承	1		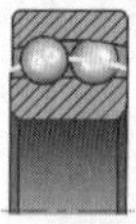	主要承受径向载荷，也可以承受不大的轴向载荷；允许倾斜角小于 2°～3°，能够自动调心。适用于多支点传动轴、刚性较小的轴及难以对中的轴
调心滚子轴承	2	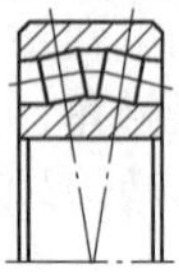	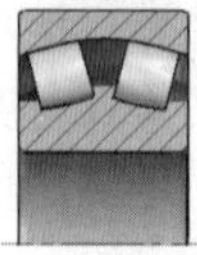	与调心球轴承的特性基本相同，允许倾斜角小于 1°～2.5°，承载能力大。常用于其他轴承不能胜任的重载和冲击载荷的场合，如重型机床、大型立式电动机轴的支承等
圆锥滚子轴承	3	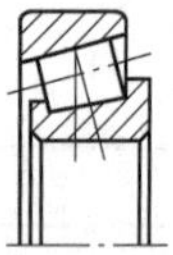	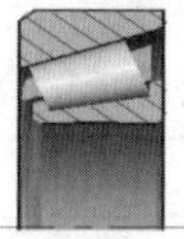	能够同时承受径向载荷和单向轴向载荷，承载能力大；内、外圈可分离，安装调整方便，一般应成对使用。适用于径向和轴向载荷都较大的场合，如斜齿轮、锥齿轮、蜗杆蜗轮轴及机床主轴的支持等
双列深沟球轴承	4	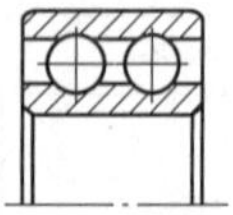	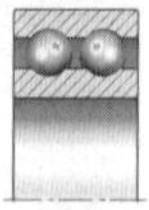	具有深沟球轴承的特性，比深沟球轴承的承载能力和刚性更大，可用于比深沟球轴承要求更高的场合
推力球轴承	5	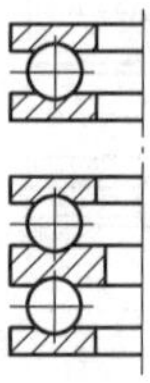	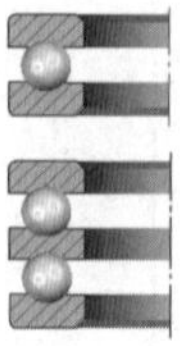	套圈可以分离；只能承受轴向载荷，51000 型（上图）承受单向轴向载荷，51900 型（下图）承受双向轴向载荷；极限转速低。常用于起重机吊钩、蜗杆轴和立式车床主轴的支承等

（续）

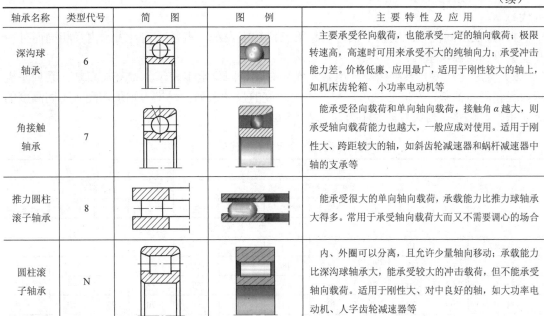

轴承名称	类型代号	简图	图例	主要特性及应用
深沟球轴承	6			主要承受径向载荷，也能承受一定的轴向载荷；极限转速高，高速时可用来承受不大的纯轴向力；承受冲击能力差。价格低廉、应用最广，适用于刚性较大的轴上，如机床齿轮箱、小功率电动机等
角接触轴承	7			能承受径向载荷和单向轴向载荷，接触角 α 越大，则承受轴向载荷能力也越大，一般应成对使用。适用于刚性大、跨距较大的轴，如斜齿轮减速器和蜗杆减速器中轴的支承等
推力圆柱滚子轴承	8			能承受很大的单向轴向载荷，承载能力比推力球轴承大得多。常用于承受轴向载荷大而又不需要调心的场合
圆柱滚子轴承	N			内、外圈可以分离，且允许少量轴向移动；承载能力比深沟球轴承大，能承受较大的冲击载荷，但不能承受轴向载荷。适用于刚性大、对中良好的轴，如大功率电动机、人字齿轮减速器等

15.2.2　滚动轴承的代号及其组成

GB/T 272—1993 规定了滚动轴承代号的表示方法，并要求打印在轴承端面上。一般用途的滚动轴承代号由基本代号、前置代号和后置代号构成，其排序见表 15-4。

表 15-4　滚动轴承代号构成

前置代号	基本代号				后置代号
	×	×	×	××	
成套轴承分部件代号	类型代号	尺寸系列代号		内径代号	内部结构、公差等级及材料
		宽度系列代号	直径系列代号		

1. 基本代号（滚针轴承除外）

基本代号由轴承的内径代号、直径系列代号、宽度系列代号和类型代号构成。

（1）内径代号　用基本代号右起第一、二位数字表示。轴承内径代号的含义见表 15-5。对于内径小于 10mm 和大于 500mm 的轴承表示方法，可参阅 GB/T 272—1993。

表 15-5　轴承内径代号

内径代号	00	01	02	03	04~99
轴承内径尺寸/mm	10	12	15	17	数字×5
内径为 22mm、28mm、32mm 的轴承直接用公称内径毫米数直接表示，但要在尺寸系列之间用 "/" 分隔					
内径大于 500mm 的轴承直接用公称内径毫米数直接表示，但要在尺寸系列之间用 "/" 分隔					
示例 1	深沟球轴承 6200，内径 d=10mm				
示例 2	调心滚子轴承 23208，内径 d=40mm				
示例 3	调心滚子轴承 230/500，内径 d=500mm				
示例 4	深沟球轴承 62/22，内径 d=22mm				

(2) 尺寸系列代号 用基本代号右起第三、四位数字表示,包括直径系列代号和宽度系列代号。

1) **直径系列代号**:用基本代号右起第三位数字表示。直径系列是表示内径相同而外径和宽度不同的轴承系列。

2) **宽度(高度)系列代号**:用基本代号右起第四位数字表示。宽度(高度)系列是表示内径相同的轴承,对向心轴承,配有不同宽度的尺寸系列;对推力轴承,配有不同高度的尺寸系列。尺寸系列代号的表示方法见表 15-6。

表 15-6 尺寸系列代号

直径系列代号	向 心 轴 承							推 力 轴 承			
	宽度系列代号							高度系列代号			
	窄 0	正常 1	宽 2	特宽 3	特宽 4	特宽 5	特宽 6	特低 7	低 9	正常 1	正常 2
	尺寸系列代号										
超特轻 7	—	17	—	37	—	—	—	—	—	—	—
超轻 8	08	18	28	38	48	58	68	—	—	—	—
超轻 9	09	19	29	39	49	59	69	—	—	—	—
特轻 0	00	10	20	30	40	50	60	70	90	10	—
特轻 1	01	11	21	31	41	51	61	71	91	11	—
轻 2	02	12	22	32	42	52	62	72	92	12	22
中 3	03	13	23	33	—	—	63	73	93	13	23
重 4	04	—	24	—	—	—	—	74	94	14	24
特重 5	—	—	—	—	—	—	—	—	95	—	—

(3) 类型代号 用基本代号右起第五位数字或字母表示。表 15-3 中列出了常见滚动轴承的类型代号。类型代号为"0"时省略不标。

2. 前置代号、后置代号

前置代号、后置代号是轴承在结构形状、尺寸、公差、技术要求等有改变时,在基本代号左、右添加的补充代号。其排列见表 15-7,具体内容十分复杂,可查阅有关手册。

表 15-7 前置代号、后置代号排列

前置代号	基本代号	轴 承 代 号							
		后 置 代 号							
		1	2	3	4	5	6	7	8
成套轴承分部件		内部结构	密封与防尘套圈变型	保持架及其材料	轴承材料	公差等级	游隙	配置	其他

(1) 前置代号 用于表示轴承的分部件,用字母表示。其代号及含义见表 15-8。

表 15-8 前置代号

代号	含 义	示 例	代号	含 义	示 例
L	可分离轴承的可分离内圈或外圈	LNU207 LN207	K	滚子和保持架组件	K81107
R	不带可分离内圈或外圈的轴承(滚针轴承仅适用于 NA 型)	RNU207 RNA6904	WS	推力圆柱滚子轴承轴圈	WS81107
			GS	推力圆柱滚子轴承座圈	GS81107

（2）后置代号 后置代号用字母（或加数字）表示。其中：第一组为内部结构代号，表示轴承内部结构变化的情况，见表 15-9。第五组为公差等级代号。滚动轴承的公差等级规定为 0、6、6X、5、4、2 六级，分别用 /P0、/P6、/P6X、/P5、/P4、/P2 表示，精度等级按以上次序由低到高。其中"/P0"在轴承代号中省略不标，见表 15-10。

表 15-9 内部结构代号

代 号	含 义	示 例
C	角接触球轴承 公称接触角 $\alpha=15°$	7005C
	调心滚子轴承 C 型	23122C
AC	角接触球轴承 公称接触角 $\alpha=25°$	7210AC
B	角接触球轴承 公称接触角 $\alpha=40°$	7210B
	圆锥滚子轴承 接触角加大	32310B
E	加强型	N207E

表 15-10 轴承公差等级代号

代 号	含 义	示 例
/P0	公差等级符合标准规定的 0 级（可省略不标注）	6205
/P6	公差等级符合标准规定的 6 级	6205/P6
/P6X	公差等级符合标准规定的 6X 级	6205/P6X
/P5	公差等级符合标准规定的 5 级	6205/P5
/P4	公差等级符合标准规定的 4 级	6205/P4
/P2	公差等级符合标准规定的 2 级	6205/P2

项目 15-1 滚动轴承代号释义：(1) N 304＿＿ (2) 23224/P52 (3) 32310B＿＿ (4) 7210AC

(1) N304＿＿

"N"：类型代号，为圆柱滚子轴承。

"3"：直径系列代号（宽度"0"，在"3"之前，表示窄系列，不标出），表示中系列。

"04"：内径代号，表示 $d=20$ mm。

右起第一个"＿"：轴承公差等级为 P0 级（不标出）。

右起第二个"＿"：径向游隙为 0 组（不标出）。

(2) 23224/P52

左起第一个"2"：类型代号，为调心滚子轴承。

"3"：宽度系列代号，表示特宽 3 系列。

左起第二个"2"：直径系列代号，表示轻系列。

"24"：内径代号，表示 $d=120$ mm。

"P5"：轴承公差等级为 P5 级。

右起第一个"2"：径向游隙为 2 组。

(3) 32310B＿＿

左起第一个"3"：类型代号，为圆锥滚子轴承。

"2"：宽度系列代号，表示宽系列。

左起第二个"3"：直径系列代号，表示中系列。

"10"：内径代号，表示直径 $d = 50$mm。

"B"：接触角加大，$\alpha = 40°$。

右起第一个"_"：轴承公差等级为P0级（不标出）。

右起第二个"_"：径向游隙为0组（不标出）。

（4）7210AC

左起第一个"7"：类型代号，为角接触轴承。

左起第二个"0"：为宽度系列（不标出）。

左起第三个"2"：直径系列，表示轻系列。

"10"：内径代号，表示直径 $d = 50$mm。

"AC"：公称接触角 $\alpha = 25°$。

☆ 思考与分析

在旋转或摆动的游乐设施（儿童和成人的）、健身器材（健身房内的和室外社区的）上都装有轴承，它们承受的转速高低、载荷大小、载荷方向（径向或轴向）各不相同。进行一次游乐园、社区健身房场所的实地调研、观察分析后，指出设施（器材）中应安装向心滑动轴承、滚动轴承的部位各3处，安装推力轴承的部位2处，并简述理由。

15.2.3 滚动轴承的失效形式

1. 疲劳点蚀

图15-16所示的向心轴承承受径向载荷 F_r，当内圈转动时，滚动体随着滚动，于是内、外圈与滚动体的接触点不断发生变化，它们表面层接触应力 σ_H 也随着做周期性变化，周期性变化的接触应力促使内、外圈与滚动体的表面层产生疲劳裂纹，并逐渐扩展到表面，形成疲劳点蚀，使滚动轴承丧失旋转精度，产生噪声、冲击和振动。通常，疲劳点蚀是滚动轴承的主要失效形式。图15-17所示为发生疲劳点蚀的内圈和滚动体。

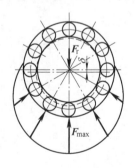

a) 内圈发生疲劳点蚀　　b) 滚动体发生疲劳点蚀

图15-16　向心轴承载荷变化分析　　图15-17　滚动轴承的疲劳点蚀

2. 塑性变形

如图15-18所示，当轴承转速很低或做间歇摆动时，一般不会产生疲劳损坏。但若承受很大静载荷或冲击载荷，则会使轴承滚道或套圈与滚动体接触处的局部产生塑性变形（滚道表面形成变形凹坑），从而使轴承在运转中产生剧烈振动和噪声，以至不能正常工作。

a) 保持架发生塑性变形　　　　　　b) 外圈滚道发生塑性变形

图 15-18　滚动轴承的塑性变形

3．磨损

如图 15-19 所示，由于使用、维护不当或密封、润滑不良等原因，可能引起轴承的磨料磨损。轴承在高速运转时，还可产生胶合磨损。所以，要限制轴承最高转速，并采取良好的润滑和密封措施。

a) 内圈滚道磨损　　　　　　b) 保持架磨损

图 15-19　滚动轴承磨损

15.3　滚动轴承的组合设计

为保证轴承在机器中正常工作，除合理选择轴承类型、尺寸外，还应正确地进行轴承的组合设计，处理好轴承与其周围零件之间的关系。即要解决轴承的轴向位置固定、轴承与其他零件的配合、间隙调整、装拆和润滑密封等一系列问题。

15.3.1　滚动轴承组合的轴向固定

轴承组合的轴向固定主要解决的问题是：轴承的轴向固定、轴承与其他零件的配合等问题。滚动轴承的内圈和外圈都需要进行轴向定位，使轴上零件在工作时不致发生轴向窜动。为了方便起见，先介绍单个轴承的轴向固定。

图 15-20 所示为轴承内圈轴向固定方法：图 15-20a 为利用轴肩单向固定，它能承受大的单向轴向力；图 15-20b 为利用轴肩和轴用弹性挡圈双向固定，挡圈能承受的轴向力不大；图 15-20c 为利用轴肩和轴端挡板双向固定，挡板能承受中等的轴向力；图 15-20d 为利用轴肩和圆螺母、止动垫圈双向固定，能承受大的轴向力。

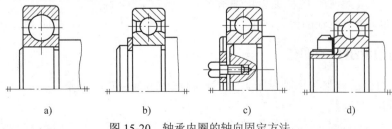

a)　　　　　b)　　　　　c)　　　　　d)

图 15-20　轴承内圈的轴向固定方法

图 15-21 所示为轴承外圈轴向固定方法：图 15-21a 为利用轴承端盖单向固定，能承受大的轴向力；图 15-21b 为利用孔用弹性挡圈和孔内凸肩双向固定，挡圈能承受的轴向力不大；图 15-21c 为利用止动环单向固定，能承受大的轴向力。

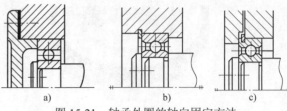

图 15-21 轴承外圈的轴向固定方法

常见的轴向固定组合方式有：两端固定方式，一端固定一端游动和两端游动三种方式。

1．两端固定

如图 15-22a 所示，轴的两个支点分别限制轴的不同方向的单向移动，两个支点合起来便可限制轴的双向移动，这种固定方式称为**两端固定**。它适用于工作温度变化不大的短轴。为了补偿轴受热伸长，对于深沟球轴承（6类），可在轴承外圈与轴承盖之间，留出热补偿间隙 $c = 0.2 \sim 0.4 \mathrm{mm}$（见图 15-22b），间隙量常用垫片或调整螺钉调节。对于内部间隙可以调整的角接触轴承，在此处可以不留间隙，而是将间隙留在轴承内部。

2．一端固定一端游动

如图 15-23 所示，轴的两个支点中只有一个支点（左端）限制轴的双向移动，另一个支点则可做轴向移动，这种固定方式称为一端固定一端移动。可做轴向移动的轴承称为游动轴承，常采用 N、6 类轴承。它适用于温度变化较大或轴承支承跨度较大的轴。

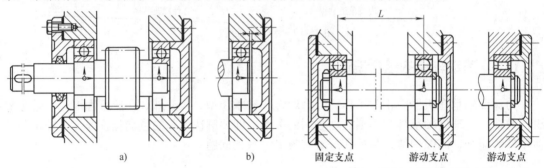

图 15-22 两端固定组合方式

图 15-23 一端固定一端移动的组合方式

3．两端游动

要求能左右双向游动的轴，可采用两端游动的轴系结构。如图 15-24 所示人字齿轮传动的高速主动轴，为了自动补偿轮齿两侧螺旋角的误差，使轮齿受力均匀，采用允许轴系左右少量轴向游动的结构，故两端都选用圆柱滚子轴承。与其相啮合的低速齿轮轴系则必须两端固定，以便两轴都得到轴向定位。

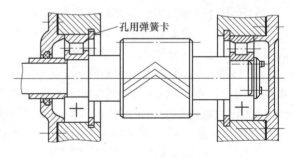

图 15-24 两端游动的组合方式

15.3.2 滚动轴承组合的调整

滚动轴承组合的调整包括轴承间隙的调整和轴承组合位置的调整。

1．轴承间隙的调整

轴承间隙的大小将影响轴承的旋转精度、传动零件工作的平稳性，故轴承间隙必须能够调整。轴承间隙调整的方法有：

1）靠加减轴承盖与机座间垫片的厚度（见图 15-25a）或轴承盖与机座间的调整环的厚度（见图 15-25b）进行间隙调整。

2）利用螺钉推动轴承外圈压盖移动滚动轴承外圈进行间隙调整，调整后用螺母锁紧（见图 15-25c）。

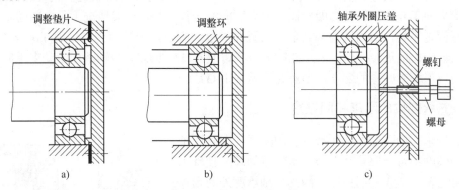

图 15-25 轴承间隙的调整

2．轴承的预紧

轴承预紧的目的是提高轴承的精度和刚度，以满足机器的要求。在安装轴承时需施加一定的轴向预紧力，以消除轴承内部的原始游隙，并使套圈与滚动体产生预变形，在承受外载荷后仍不出现游隙，这种方法称为**轴承的预紧**。预紧的方法有：

1）在一对轴承内圈或外圈之间加金属垫片（见图 15-26a）。

2）磨窄外圈或内圈（见图 15-26b）。

3．轴承组合位置的调整

轴承组合位置调整的目的，是使轴上零件（如齿轮、带轮等）具有准确的工作位置。如蜗杆传动，要求蜗轮的中间平面必须通过蜗杆轴线；直齿锥齿轮传动，要求两锥齿轮的锥顶点必须重合，方能保证正确啮合。

图 15-27 所示为小锥齿轮轴的轴承组合结构，轴承装在轴承套杯内，通过加减套杯与箱体间垫片 2 的厚度来调整轴承套杯的轴向位置，即可调整小锥齿轮的轴向位置。而轴承盖与套杯间的垫片 1 是用来调整轴承间隙的。

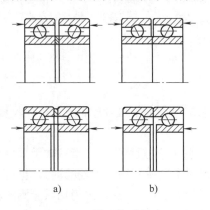

图 15-26 轴承的预紧

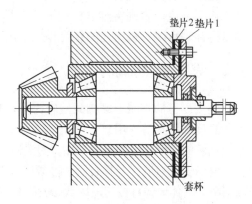

图 15-27 小锥齿轮轴的轴承组合结构

15.3.3 滚动轴承的配合

滚动轴承是标准件，为了便于互换及适应大量生产，轴承内圈与轴的配合采用基孔制，轴承外圈与轴承座孔的配合则采用基轴制。

选择配合时，应考虑载荷的方向、大小和性质，以及轴承类型、转速和使用条件等因素。当外载荷方向不变时，转动套圈应比固定套圈的配合紧一些，一般情况下是内圈随轴一起转动，外圈固定不转，故内圈与轴常取具有过盈的过渡配合，如轴的公差采用 k6、m6；外圈与座孔常取较松的过渡配合，如座孔的公差采用 H7、J7 或 Js7。当轴承做游动支承时，外圈与座孔应取保证有间隙的配合，如座孔公差采用 G7。

15.3.4 支承部位的刚度和同轴度

轴和轴承座的刚度不够而产生大的变形，或者两轴承孔的同轴度不符合要求时，都会卡住滚动体，使轴承不能正常运转，造成早期损坏。因此，轴承座处的箱体应具有一定的壁厚或采用加强肋（见图 15-28a），以提高轴承座的刚度。箱体上同一轴线的两轴承孔应一次镗出，以提高两轴承孔的同轴度。如果两轴承孔直径不同，则可在直径较小的轴承处加衬套，以使两轴承孔直径相同，以便一次镗孔（见图 15-28b）。

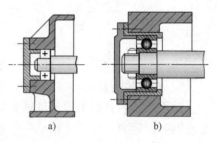

图 15-28 提高轴承座孔的刚度和同轴度

15.3.5 滚动轴承的装拆

滚动轴承的配合通常较紧，为便于装配并防止损坏轴承，应采取合理的装配方法。轴承安装有热套法和冷压法。所谓**热套法**，就是将轴承放入油池中，加热至 80～100℃，然后套装在轴上。冷压法如图 15-29a 所示，需有专用压套，用压力机压入。

拆卸轴承时，可采用专用工具。图 15-29b 所示为常见的拆卸滚动轴承的情况。为便于拆卸，轴承的定位轴肩高度应低于轴承内圈高度，否则将难以放置拆卸工具的钩头。加力于外圈以拆卸轴承时，机座孔的结构也应留出拆卸高度。

a) 轴承的安装　　b) 轴承的拆卸

图 15-29 轴承的安装与拆卸

15.4 滚动轴承的润滑

润滑的主要目的是减小摩擦与减轻磨损，滚动接触部位如能形成油膜，还具有吸收振动、降低工作温度和噪声等作用。

滚动轴承的润滑剂可以是润滑脂、润滑油或固体润滑剂。一般情况下，滚动轴承采用润滑脂润滑，但当轴承附近已经具有润滑油源时（如变速器内本来就有润滑齿轮的油），也可采用润滑油润滑。具体选择可按速度因数 dn 值来定，d 为轴承内径（mm）；n 为轴承套圈的转速（r/min）。dn 值间接地反映了轴径的圆周速度，当 $dn < (1.5 \sim 2) \times 10^5$ mm·r/min 时，一般滚动轴

承可采用润滑脂润滑,超过这一范围宜采用润滑油润滑。

因润滑脂不易流失,故便于密封和维护,且一次充填润滑脂可运转较长时间,但是转速较高时,润滑脂润滑功率损失较大。润滑脂在轴承中的填充量不要超过轴承内空隙的 1/3~1/2,否则轴承容易过热。润滑油润滑的优点是比润滑脂润滑摩擦阻力小,并能散热,主要用于高速或工作温度较高的轴承。

如图 15-30 所示,润滑油的黏度可按轴承的速度因数 dn 和工作温度 t 来确定。油量不宜过大。当采用浸油润滑时,要注意油面高度不要超过轴承中最低滚动体的中心,否则搅油损失大,轴承温升较高。高速时则应采用滴油润滑或油雾润滑。在润滑油的选择上,原则是:轴承载荷大、温度高、转速较低时选用黏度高的油,反之选用黏度低的油。

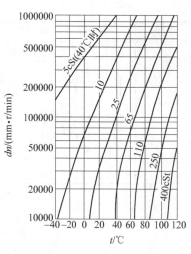

图 15-30 润滑油黏度的选择

15.5 轴承的密封与维护

轴承的密封是为了防止外部尘埃、水分及其他杂物进入轴承,并防止轴承内润滑剂流失。轴承的密封方法很多,通常可归纳为接触式密封、非接触式密封及组合式密封三大类。常用的滚动轴承密封类型见表 15-11。

表 15-11 常用的滚动轴承密封类型

密封类型	图例	适用场合	说明
接触式密封	毛毡圈密封	脂润滑。要求环境清洁,轴颈圆周速度 v 不大于 4~5m/s,工作温度不超过 90℃	矩形断面的毛毡圈 1 被安装在梯形槽内,它对轴产生一定的压力而起到密封作用
	密封圈密封 a) b)	脂或油润滑。轴颈圆周速度 $v<7$m/s,工作温度为 -40~100℃	密封圈用皮革、塑料或耐油橡胶制成,有的具有金属骨架,有的没有骨架,密封圈是标准件。图 a 密封唇朝里,目的是防漏油;图 b 密封唇朝外,主要目的是防灰尘、杂质进入
非接触式密封	间隙密封	脂润滑。干燥清洁环境	靠轴与盖间的细小环形间隙密封,间隙越小越长,效果越好,间隙 δ 取 0.1~0.3mm

(续)

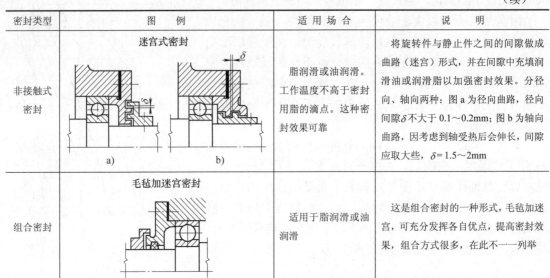

密封类型	图例	适用场合	说明
非接触式密封	迷宫式密封 a) b)	脂润滑或油润滑。工作温度不高于密封用脂的滴点。这种密封效果可靠	将旋转件与静止件之间的间隙做成曲路(迷宫)形式,并在间隙中充填润滑油或润滑脂以加强密封效果。分径向、轴向两种:图 a 为径向曲路,径向间隙 δ 不大于 $0.1\sim0.2$mm;图 b 为轴向曲路,因考虑到轴受热后会伸长,间隙应取大些,$\delta=1.5\sim2$mm
组合密封	毛毡加迷宫密封	适用于脂润滑或油润滑	这是组合密封的一种形式,毛毡加迷宫,可充分发挥各自优点,提高密封效果,组合方式很多,在此不一一列举

☆ 综合项目分析

轴承是机器中用于支持做旋转运动的轴(包括轴上零件),保持轴的旋转精度和减小轴与支承间的摩擦和磨损的一种支承部件,应用十分广泛。

齿轮减速器是原动机和工作机之间的独立的闭式传动装置,用来降低转速和增大转矩,以满足工作需要。如图 15-31 所示减速器的高、低速轴上均采用滚动轴承支承,试分析轴承的选用、轴承的组合设计、润滑方式。

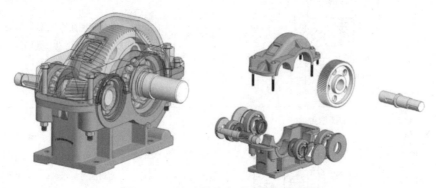

图 15-31 滚动轴承在减速器中的应用

分析:图 15-31 所示为一级直齿圆柱齿轮减速器,小齿轮与轴制成一体,称**齿轮轴**,这种结构常用于齿轮分度圆直径与轴的直径相差不大的情况下;当 $d_f - d > (6\sim7)m$ 时,采用齿轮与轴分开为两个零件的结构,如低速轴与大齿轮。两轴上只有一个直齿圆柱齿轮,支点间距离不大,轴主要受径向载荷的作用,因此,两轴均采用了深沟球轴承,利用轴肩、轴套和轴承盖做两端向固定。为了补偿轴受热伸长,在轴承盖与轴承外圈之间留出热补偿间隙,间隙量用垫片调节。轴承是利用齿轮旋转时溅起箱座中的润滑油进行润滑。当浸油齿轮圆周速度因数 $dn < (1.5\sim2)\times10^5$ mm·r/min 时,滚动轴承可采用润滑脂润滑,为避免可能溅起的稀油

冲掉润滑脂，应采用挡油环将其分开。为防止润滑油流失和外界灰尘进入箱内，在轴承端盖和外伸轴之间装有密封元件。

归纳总结

1．为了正确分析应用在生产中的各种轴承，需掌握各种典型轴承结构特点和应用工况。

2．轴承的作用是为了保持轴的旋转精度和减小轴与支承间的摩擦、磨损，保证轴承具有一定的工作寿命。因此要求能根据工况不同会选配不同类型轴承和组合设计方式。

思考与练习 15

15-1 滑动轴承分为哪几种类型，各有什么特点？

15-2 滑动轴承对材料的选择有什么要求？

15-3 轴瓦各部分结构有什么功用？开油槽要注意什么问题？

15-4 怎样确定滑动轴承的润滑方式和润滑剂的类型？

15-5 滚动轴承的主要类型有哪些？各有什么特点？

15-6 为什么深沟球轴承能承受轴向载荷？

15-7 为什么角接触轴承和调心轴承通常要成对使用？

15-8 试说明下列滚动轴承代号的意义：

  6205 7308C N409/P6 30206/P4 32310B 23224/P52 7210AC NU207E

15-9 滚动轴承的失效形式有哪几种？

15-10 滚动轴承的组合设计要考虑哪些因素？

15-11 滚动轴承组合轴向固定最常用的有哪三种？各适用于什么场合？

15-12 在什么情况下要调整轴的轴向位置？有哪些调整方法？

第 16 单元　联轴器与离合器

能力目标

能识别各种常用联轴器、离合器的类型并了解其工作特性和应用工况。
能依据机械传动的使用要求选择合适的联轴器和离合器。

学习目标

了解联轴器和离合器的功用。
掌握联轴器的类型、特点及应用。
掌握联轴器的选用。
了解离合器的类型、特点及应用。

学习重点和难点

联轴器的类型、特点、应用及选用。

项目背景

在机械传动中，常需将机器中不同机构的轴联接起来，以传递运动和动力。将两轴直接联接起来以传递运动和动力的联接称为**轴间联接**。轴间联接通常采用联轴器和离合器来实现。

图 16-1a 所示为一带式输送机，其中电动机的输出轴与带传动的输入轴、减速器的输出轴与输送带卷筒轴都是采用联轴器联接，以实现运动和动力的传递。图 16-1b 所示为机械压力机，该机械采用了离合器实现工件的冲压。

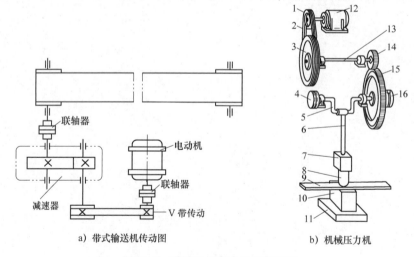

a) 带式输送机传动图　　　　b) 机械压力机

图 16-1　联轴器与离合器应用实例

1—小带轮　2—V 带　3—大带轮　4—制动器　5—曲轴　6—连杆　7—滑块　8—凸模　9—坯料
10—凹模　11—机架　12—电动机　13—传动轴　14—小齿轮　15—大齿轮　16—离合器

联轴器和离合器的类型很多，其中多数已标准化、系列化，在机械设计中可供选用。学完本单元的内容后，你会了解到联轴器、离合器的基本类型、结构特点、应用场合，并能根据工作要求正确选择联轴器和离合器。

项目要求

由图 16-1 可知，机械在传动过程中都会用到轴间联接，为了正确分析并选用联轴器和离合器，要求能够掌握联轴器、离合器的基本类型、应用、工作特性等知识，以帮助分析和解决轴间联接方面的工程实际问题。

知识准备

16.1 联轴器

联轴器是一种固定联接装置，主要功用是将轴与轴（或轴与旋转零件）联成一体，使其一同运转并将转矩传递给另一轴。联轴器在运转时，两轴不能分离，必须停车后，经过拆卸才能分离。有时也可作为传动系统中的安全装置，以防止机械过载。

16.1.1 联轴器的类型及特点

联轴器所联接的两轴，由于制造及安装误差、承载后变形、温度变化和轴承磨损等原因，常常不能保证严格对中，即两轴线之间出现某种程度的相对位移和偏移，如图 16-2 所示。如图 16-2a、b 所示为同轴向和平行轴向，图 16-2c、d 所示为相交轴向或在工作中有相对位移的地方。

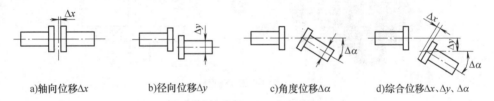

a) 轴向位移 Δx   b) 径向位移 Δy   c) 角度位移 Δα   d) 综合位移 Δx、Δy、Δα

图 16-2 联轴器联接两轴的偏移形式

联轴器按有无弹性元件可分为刚性联轴器和弹性联轴器两类。

（1）刚性联轴器 刚性联轴器无弹性元件，不能缓冲吸振，因此适用于两轴能严格对中并在工作中不发生相对位移的地方。刚性联轴器按能否补偿轴线的偏移又可分为固定式刚性联轴器和可移式刚性联轴器。常用的固定式刚性联轴器有凸缘联轴器、套筒联轴器和夹壳联轴器等；常用的可移式刚性联轴器有齿式联轴器、十字滑块联轴器和万向联轴器等。

（2）弹性联轴器 弹性联轴器有弹性元件，工作时具有缓冲吸振作用，并能补偿由于振动等原因引起的偏移。因此，适用于载荷多变、频繁起动、经常正反转以及两轴不能严格对中或两轴有偏斜的传动中。常见的类型有弹性套柱销联轴器、弹性柱销联轴器和梅花形联轴器等。

1. 刚性联轴器

只有在载荷平稳、转速稳定，能保证被联接两轴轴线相对偏移极小的情况下，才可选用刚性联轴器。

观察图 16-3～图 16-8，了解刚性联轴器的结构特点和工作原理，并能根据工作条件选用联轴器的类型。

(1) 凸缘联轴器 凸缘联轴器由两个带凸缘的半联轴器用螺栓联接而成,半联轴器与两轴之间用键联接(见图16-3)。凸缘联轴器结构简单,制造方便,成本较低,拆装、维护方便,传递转矩较大,但要求两轴具有较高的对中性,一般常用于载荷平稳、中高速或传动精度要求较高的场合,是应用广泛的一种刚性联轴器,这种联轴器已经标准化(GB/T 5843—2003)。

图16-3所示为这类联轴器的两种结构。图16-3a是一般型(GY型),两半联轴器用铰制孔螺栓联接,通过螺栓杆与螺栓孔配合对中,依靠螺栓杆的剪切及其与孔的挤压传递转矩,装拆时轴不需做轴向移动。图16-3b是对中榫型(GYS型),它由两半联轴器上对中榫与凹槽相配合而对中,用普通螺栓联接,依靠接合面间的摩擦力传递转矩,对中精度高,装拆时,轴必须做轴向移动。

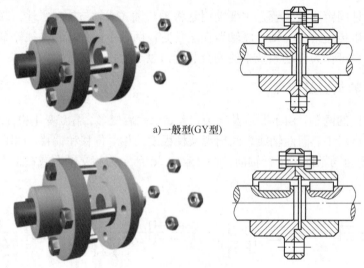

a)一般型(GY型)

b)对中榫型(GYS型)

图16-3 凸缘联轴器

(2) 套筒联轴器 套筒联轴器由套筒、键(见图16-4a)或销(见图16-4b)等组成。对于用销联接的套筒联轴器,过载时销会被剪断,因此可用作安全联轴器。

其结构简单,径向尺寸小,组成零件少,制造方便。但在拆装时轴需做较大的轴向移动。套筒联轴器适用于载荷不大、工作平稳、两轴能严格对中且径向尺寸受限制的场合,常用于机车传动中。这种联轴器目前没有标准。

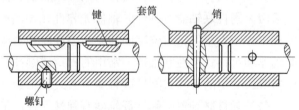

a) 用键和紧定螺钉联接套筒和轴　　b) 用销联接套筒和轴

图16-4 套筒联轴器

(3) 夹壳联轴器 夹壳联轴器由纵向剖分的两半筒形夹壳和联接它们的螺栓所组成,靠夹壳与轴之间的摩擦力或键来传递转矩(见图16-5)。由于这种联轴器是剖分结构,在装卸时不用移动轴,所以使用起来很方便。夹壳材料一般为铸铁,少数用钢。

夹壳联轴器主要用于低速、工作平稳的场合。

(4) 齿式联轴器 齿式联轴器由两个带有外齿的半联轴器1、4和两个带有内齿的凸缘外壳2、3组成(见图16-6)。

图 16-5　夹壳联轴器　　　　　　　　　　图 16-6　齿式联轴器

1、4—带外齿的半联轴器　2、3—带内齿的凸缘外壳

齿式联轴器能够传递很大的转矩，工作可靠，安装精度不高，具有补偿综合偏移的能力，并允许有较大的偏移量，但结构复杂、质量大、制造成本高，一般多用于起动频繁，经常正、反转传递运动要求准确的场合。齿式联轴器常用于重型机械中。

（5）**十字滑块联轴器**　十字滑块联轴器利用中间滑块 2 与两半联轴器 1、3 端面的径向槽配合以实现两轴联接（见图 16-7a）。滑块沿径向滑动补偿径向偏移 Δy，并能补偿角偏移 $\Delta \alpha$（见图 16-7b），结构简单、制造方便。适用于轴线相对位移较大、无剧烈冲击且转速较低的场合。

联轴器和中间盘的常用材料为 45 钢或铸钢 ZG310-570，工作表面淬火硬度为 48～58HRC。

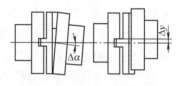

a) 十字滑块联轴器结构图　　b) 十字滑块联轴器补偿的偏移量

图 16-7　十字滑块联轴器

1、3—半联轴器　2—中间滑块

（6）**万向联轴器**　万向联轴器由中间联接件十字轴联接两边的半联轴器，两轴线间夹角 α 可达到 40°～45°。单十字万向联轴器（见图 16-8a）工作时，即使主动轴 1 做等角速度转动，其从动轴 2 也可做变角速度转动，从而会引起动载荷。为避免这种现象，可采用两个万向联轴器，使两次角速度变动的影响相互抵消，从而使主动轴 1 与从动轴 2 同步转动（见图 16-8b）。

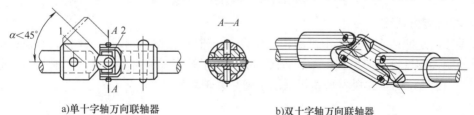

a) 单十字轴万向联轴器　　　　　b) 双十字轴万向联轴器

图 16-8　万向联轴器

万向联轴器结构紧凑、维护方便，广泛用于汽车、拖拉机和切削机床等机器的传动系统中。

图 16-9 所示汽车行驶时，由于道路的不平会引起变速器输出轴和后桥输入轴相对位置的变化，只有采用双十字轴万向联轴器才能实现两轴之间的运动传递。

2. 弹性联轴器

观察图 16-10 及图 16-11，了解弹性联轴器的结构和工作原理，并能根据工作条件选用联轴器的类型。

(1) 弹性套柱销联轴器　弹性套柱销联轴器的结构与凸缘联轴器相似，如图 16-10 所示。不同之处是用带有弹性套的柱销代替了螺栓联接。这种联轴器制造简单、拆装方便、成本较低，但弹性套容易磨损，寿命较短，适用于载荷平稳，需正、反转或起动频繁，传递中小转矩的轴。柱销材料多采用 45 钢。

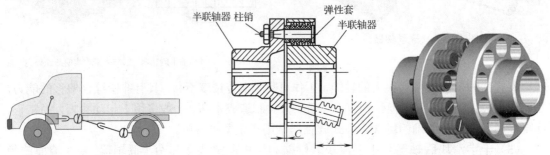

图 16-9　联轴器在汽车后桥中的应用　　　　图 16-10　弹性套柱销联轴器

(2) 弹性柱销联轴器　弹性柱销联轴器（见图 16-11）与弹性套柱销联轴器结构相似，只是柱销材料为尼龙，柱销形状一端为柱形，另一端制成腰鼓形，以增大角度位移的补偿能力。为防止柱销脱落，柱销两端装有挡板，用螺钉固定。

弹性柱销联轴器结构简单，能补偿两轴间的相对位移，并具有一定的缓冲、吸振能力，应用广泛，可代替弹性套柱销联轴器。但因尼龙对温度敏感，使用时温度受到一定的限制。

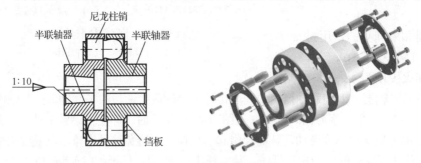

图 16-11　弹性柱销联轴器

☆ **基础能力训练**

联轴器广泛应用于各种矿山机械、环保设备、机床、化工、仪表、风机、水泵、造纸、注塑、印刷、钢铁设备等机械中。请查阅相关资料了解辊式板材矫正机的功能及工作原理，观察图 16-12 所示的辊式板材矫正机采用了何种联轴器？

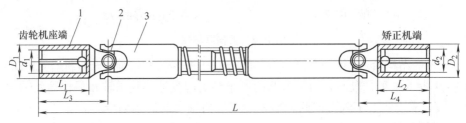

图 16-12　辊式板材矫正机

1、3—叉头　2—十字轴

16.1.2 联轴器的选择

联轴器大多已标准化，需要时可直接从标准中选取。选用联轴器步骤为选择类型，选择型号，然后进行必要的参数校验。

1. 联轴器类型的选择

应根据机器的工作特点和要求，结合各类联轴器的性能，并参照同类机器的使用经验来选择联轴器的类型。两轴对中性要求较高，轴的刚度又较大时，可选用套筒联轴器或凸缘联轴器；两轴对中较困难，轴的刚度又较小时，应选用对轴的偏移具有补偿能力的联轴器；所传递的转矩较大时，应选用凸缘联轴器或齿轮联轴器；轴的转速较高且有振动时，应选用弹性联轴器；两轴相交一定角度时，应选用十字轴万向联轴器。

2. 联轴器型号的选择

联轴器的型号是根据所传递的转矩、轴的直径和转速，从联轴器标准中选择。选择的型号应满足以下条件：

1）计算转矩 T_c 应小于等于所选型号的额定转矩 T_n，即

$$T_c \leqslant T_n \tag{16-1}$$

2）转速 n 应小于等于所选型号的许用转速 $[n]$，即

$$n \leqslant [n] \tag{16-2}$$

3）确定轴孔直径，被联接两轴的直径应在所选型号联轴器的孔径范围内。

考虑工作机起动、制动、变速时的惯性力和冲击载荷等因素，应按计算转矩 T_c 选择联轴器。计算转矩 T_c 和工作转矩 T 之间的关系为

$$T_c = KT \tag{16-3}$$

式中，T_c 为计算转矩（N·m）；K 为工作情况系数，见表 16-1，一般刚性联轴器选用较大的值，弹性联轴器选用较小的值；T 为联轴器所传递的工作转矩（N·m）。

表 16-1 工作情况系数 K

原动机	工作机械	K
电动机	带式输送机、鼓风机、连续转动的金属切削机床	1.25～1.5
	链式运输机、刮板运输机、螺旋运输机、离心泵、木工机械	1.5～2.0
	往复运动的金属切削机床	1.5～2.0
	往复式泵、往复式压缩机、球磨机、破碎机、冲剪机	2.0～3.0
	起重机、升降机、轧钢机	3.0～4.0
涡轮机	发电机、离心泵、鼓风机	1.2～1.5
往复式发动机	发电机	1.5～2.0
	离心泵	3～4
	往复式工作机	4～5

项目 16-1 功率 $P = 11\text{kW}$、转速 $n = 970\text{r/min}$ 的电动起重机中，联接直径 $d = 42\text{mm}$ 的主、从动轴，试选择联轴器的类型和型号。

分析：1）选择联轴器类型。

电动起重机的载荷为冲击载荷，为了缓和振动和冲击，选用弹性套柱销联轴器。

2）选择联轴器型号。

计算转矩，由表 16-1 查取 $K = 3.5$，按式（16-1）计算

$$T_c = KT = K \times 9550 \frac{P}{n} = 3.5 \times 9550 \times \frac{11}{970} \text{N} \cdot \text{m} = 379 \text{N} \cdot \text{m}$$

按计算转矩、转速和轴径，查附表 2 选用 LT7 型弹性套柱销联轴器，其公称转矩为 $T_n = 500 \text{N} \cdot \text{m}$，许用转速 $[n] = 3600 \text{r/min}$，允许轴径有 40mm、42mm、45mm、48mm，满足 $T_c \leq T_n$，$n \leq [n]$ 和联接直径 $d = 42$mm 的要求，故适用。

☆ **基础能力训练**

图 16-1a 所示为一带式输送机用于传输，其中电动机的输出轴与带传动的输入轴、减速器的输出轴与输送带卷筒轴都是采用联轴器联接，以传递运动和动力。请根据所学知识选择适当的联轴器联接电动机的输出轴与带传动的输入轴、减速器的输出轴与输送带卷筒轴，并说明选择的理由。

16.2 离合器

离合器是一种能随时将两轴接合或分离的可动联接装置。离合器工作可靠，接合、分离迅速而平稳，操纵灵活、省力，调节和修理方便，外形小、重量轻；摩擦式离合器还具有良好的散热能力；有的离合器也具有安全保护功能。

离合器的类型很多，按实现两轴接合和分离的过程可分为操纵离合器、自动离合器；按离合的工作原理可分为牙嵌式离合器、摩擦式离合器等。

常用的离合器有以下几种：

1. 牙嵌式离合器

图 16-13 所示为牙嵌式离合器，它由两个端面带齿的半离合器组成。半离合器 1 用平键和主动轴相联接，另一半离合器 2 通过导向平键 3 与从动轴联接，利用操纵杆移动操纵滑环 4 可使离合器接合或分离，对中环 5 固定在半离合器 1 上，使从动轴能在环中自由转动，保证两轴对中。操纵滑环的移动可用杠杆、液压、气动或电磁吸力等操纵机构控制。

牙嵌式离合器的齿形有矩形、梯形和锯齿形（见图 16-14）。矩形齿无轴向分力，接合困难，磨损后无法补偿，冲击也较大，故使用较少；梯形齿强度高，传递转矩大，能自动补偿齿面磨损后造成的间隙，接合面间有轴向分力，容易分离，因而应用最为广泛；锯齿形齿只能单向工作，反转时由于有较大的轴向分力，会迫使离合器自行分离。

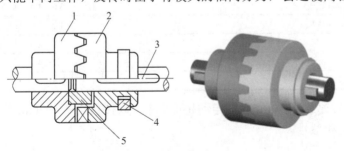

图 16-13 牙嵌式离合器
1、2—半离合器 3—平键 4—操纵滑环 5—对中环

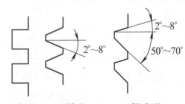

a）矩形 b）梯形 c）锯齿形

图 16-14 牙嵌式离合器的牙型

牙嵌式离合器的特点是结构简单、尺寸紧凑、工作可靠、承载能力大、传动准确。为了防止牙齿因受冲击载荷而断裂，离合器的接合必须在两轴转速差很小或停转时进行。

2．摩擦式离合器

摩擦式离合器是利用主、从动半离合器摩擦盘接触面间的摩擦力传递转矩。为提高传递转矩的能力，通常采用多盘摩擦离合器。它能在不停车或两轴有较大转速差时进行平稳接合，且可在过载时因摩擦盘间打滑而起到过载保护作用。

图16-15a所示为**多盘摩擦式离合器**，它有两组摩擦盘：一组为外摩擦盘5（见图16-15b），以其外齿插入主动轴1上的外鼓轮2内缘的纵向槽中，盘的孔壁则不与任何零件接触，故外摩擦盘5可与主动轴1一起转动，并可在轴向力推动下沿轴向移动；另一组为内摩擦盘6（见图16-15c），以其孔壁凹槽与从动轴3上的套筒4的凸齿相配合，而盘的外缘不与任何零件接触，故内摩擦盘6可与从动轴3一起转动，也可在轴向力推动下做轴向移动。另外在套筒4上开有三个纵向槽，其中安置可绕销轴转动的曲臂压杆8；当滑环7向左移动时，曲臂压杆8通过压板9将所有内、外摩擦盘紧压在调节螺母10上，离合器即进入接合状态。调节螺母10可调节摩擦盘之间的压力。内摩擦盘也可做成碟形（见图16-15d），当承压时，可被压平而与外盘贴紧；松脱时，由于内盘的弹力作用可以迅速与外盘分离。

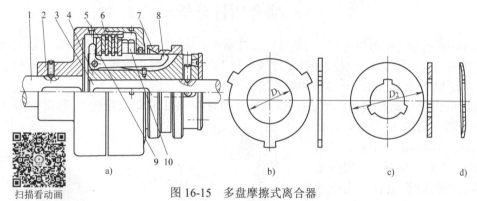

图16-15 多盘摩擦式离合器

1—主动轴 2—外鼓轮 3—从动轴 4—套筒 5—外摩擦盘 6—内摩擦盘
7—滑环 8—曲臂压杆 9—压板 10—调节螺母

多盘式摩擦离合器由于摩擦面增多，传递转矩的能力较高，径向尺寸相对较小，但结构较为复杂。图16-16所示为摩擦式离合器在汽车上的应用实例。

3．滚柱超越离合器

图16-17所示为滚柱**超越离合器**，由星轮1、外圈2、滚柱3和弹簧顶杆4组成。滚柱的数目一般为3~8个，星轮和外圈都可作为原动件，当星轮为主动件并做顺时针转动时，滚柱受摩擦力作用被楔紧在星轮与外圈之间，从而带动外圈一起回转，离合器为接合状态；当星轮逆时针转动时，滚柱被推到楔形空间的宽敞部分而不再楔紧，离合器为分离状态。滚柱超越离合器只能传递单向转矩，故也称为**定向离合器**。

若外圈随星轮做顺时针同向转动，同时外圈转速大于星轮转速时，离合器也将处于分离状态，外圈可超越星轮的转速顺时针方向自由转动，故又称其为**超越离合器**。超越离合器的这种定向及超越作用，使其广泛应用于车辆、飞机、机床及轻工机械中。

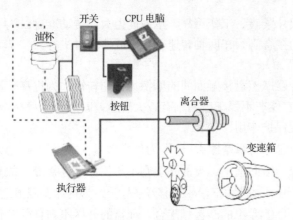

图 16-16 摩擦式离合器在汽车上的应用案例

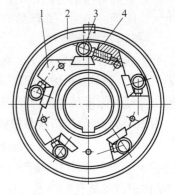

图 16-17 滚柱超越离合器
1—星轮 2—外圈 3—滚柱 4—弹簧顶杆

☆ **基础能力训练**

汽油发动机由电动机起动。当发动机正常运转后,电动机自动脱开,由发动机直接带动发电机,请选择电动机与发动机、发动机与发电机之间各采用什么类型的离合器,并画出示意图。

☆ 综合项目分析

图 16-18 所示为机械压力机,它是一种通过曲柄滑块机构将电动机 12 的旋转运动转换为滑块 7 的直线往复运动,实现对坯料进行成形加工的锻压机械。机械压力机动作平稳,工作可靠,广泛用于冲压、挤压、模锻和粉末冶金等工艺。

机械压力机传动路线为:动力由电动机 12 通过 V 带 2 驱动大带轮 3(通常兼作飞轮),经过齿轮副(齿轮 14、15)和离合器 16 带动曲柄滑块机构,使滑块 7 和凸模 8 直线下行。锻压工作完成后滑块回程上行,离合器 16 自动脱开,同时曲轴 5 上的制动器 4 接通,使滑块 7 停止在上止点附近。

在电动机不切断电源情况下,滑块的动与停是通过操纵脚踏开关控制离合器 16 和制动器 4 实现的。踩下脚踏开关,制动器松闸,离合器接合,将传动系统与曲柄滑块机构连通,动力输入,滑块运动;当需要滑块停止运动时,松开脚踏开关,离合器分离,将传动系统与曲柄滑块机构脱开,同时运动惯性被制动器有效地制动,使滑块运动及时停止。

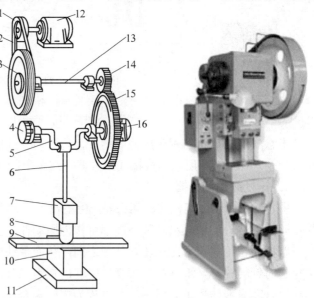

图 16-18 机械压力机
1—小带轮 2—V 带 3—大带轮 4—制动器 5—曲轴 6—连杆
7—滑块 8—凸模 9—坯料 10—凹模 11—机架 12—电动机
13—传动轴 14—小齿轮 15—大齿轮 16—离合器

机械压力机常采用刚性离合器，刚性离合器可分为转键式和滚柱式。滚柱式离合器安全性较好，但由于技术原因目前压力机较少使用。机械压力机常用转键式离合器，请查阅相关资料，了解机械压力机所采用的转键式离合器的结构特点及工作原理。

归纳总结

1．为了正确分析生产中应用的联轴器和离合器，需掌握各种典型联轴器和离合器的结构特点和应用工况。

2．当各种机械设备在预期工况工作采用联轴器和离合器实现轴间连接时，必须选用合适的联轴器和离合器。因此，掌握联轴器和离合器相关参数的分析和计算，是完成预期的工作任务的基础。

思考与练习 16

16-1　普通自行车正蹬时前进，倒蹬时不起作用，请分析这里用的是哪种离合器？带倒蹬闸的自行车用的是哪种离合器？

16-2　汽车司机用手搬动操纵杆使汽车变速（换挡）时，为什么用脚去操纵离合器？这里用的是哪种离合器？

16-3　试选择图16-19所示辗轮式混砂机的联轴器A和B的类型。已知混砂机由电动机1、减速器2、小锥齿轮轴3、大锥齿轮轴4及辗轮轴5等组成。

16-4　某发动机需用电动机起动，当发动机运行正常后，两机脱开，试问发动机与电动机间该采用哪种离合器为宜？

16-5　试选择图16-20所示行车机构中，电动机Ⅰ与减速器Ⅱ、减速器Ⅱ与轮轴Ⅲ、以及两轮轴与中间传动轴Ⅳ之间所需联轴器A、B、C、D的类型。

16-6　如图16-21所示，定向离合器处于图示状态时，假设主动轴与外环1相联，从动轴与星轮2相联。
（1）主动轴顺时针转动；（2）主动轴逆时针转动；（3）主、从动轴都逆时针转动，主动轴转速快。试问这三种情况中，哪种情况主动轴才能带动从动轴？

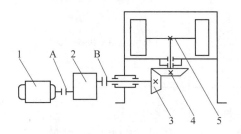
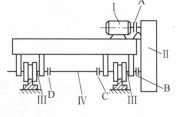
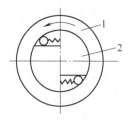

图16-19　辗轮式混砂机的联轴器　　　图16-20　行车机构　　　图16-21　定向离合器
　　1—电动机　2—减速器　3—小锥齿轮轴
　　4—大锥齿轮轴　5—辗轮轴

16-7　电动机经减速器驱动水泥搅拌机工作。已知电动机功率 $P = 11\text{kW}$，转速 $n = 970\text{r/min}$，电动机轴的直径和减速器输入轴的直径均为42mm。试选择电动机与减速器之间的联轴器。

16-8　电动机与离心泵之间用联轴器相联。已知电动机功率 $P = 22\text{kW}$，转速 $n = 970\text{r/min}$，电动机外伸轴的直径为48mm，水泵轴直径为42mm，试选择联轴器的类型与型号。

附 录

附表 1　联轴器轴孔和键槽的形式、代号及系列尺寸（摘自 GB/T 3852—2017）

名　称	型式及代号	图　示	备　注
圆柱形轴孔	Y 型	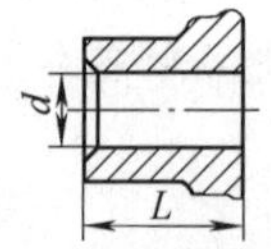	限用于长圆柱形轴伸电动机端
有沉孔的短圆柱形轴孔	J 型	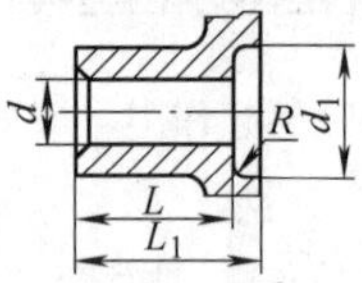	推荐使用
有沉孔的长圆锥形轴孔	Z 型	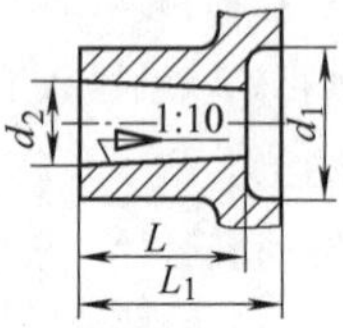	
圆锥形轴孔	Z_1 型	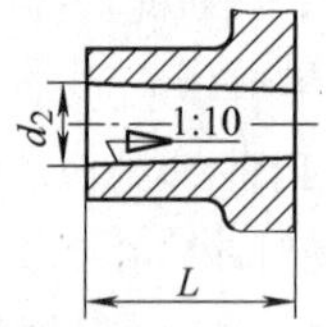	
平键单键槽	A 型	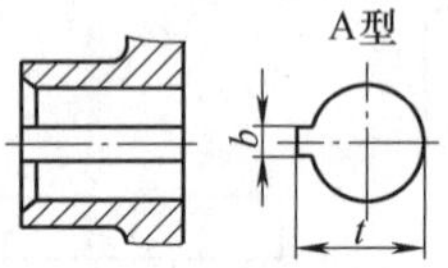	b、t 尺寸见 GB/T 1095—2003
120°布置平键双键槽	B 型	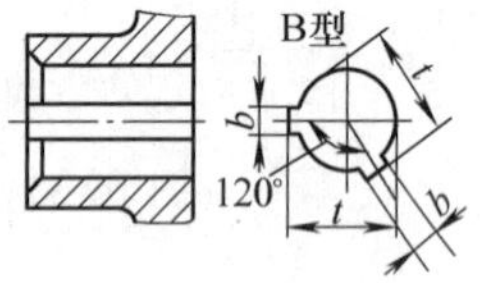	b、t 尺寸见 GB/T 1095—2003
圆锥形轴孔平键单键槽	C 型	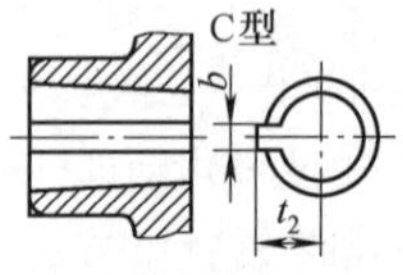	

附表2 弹性套柱销联轴器（摘自 GB/T 4323—2017）

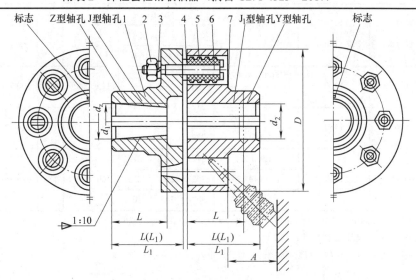

1、7—半联轴器 2—螺母 3—垫圈 4—挡圈 5—弹性套 6—柱销

LT 型（原 TL 型）弹性套柱销联轴器基本性能参数和主要尺寸 （单位：mm）

型号	公称转矩 T_n/(N·m)	许用转速 $[n]$/(r/min)	轴孔直径 $d_1、d_2、d_z$	轴孔长度 Y型 L	轴孔长度 J、J_1、Z型 L_1	轴孔长度 Z型 L	$L_{推荐}$	D	A	质量 m/kg	转动惯量 I/(kg·m²)
LT1	6.3	8800	9	20	14	—	25	71	18	0.82	0.0005
			10 11	25	17						
			12 14	32	20						
LT2	16	7600	12 14				35	80		1.20	0.0008
			16 18 19	42	30	42					
LT3	31.5	6300	16 18 19				38	95	35	2.20	0.0023
			20 22	52	38	52					
LT4	63	5700	20 22 24				40	106		2.84	0.0037
			25 28	62	44	62					
LT5	125	4600	25 28				50	130		6.05	0.0120
			30 32 35	82	60	82			45		
LT6	250	3800	32 35 38				55	160		9.57	0.0280
			40 42								
LT7	500	3600	40 42 45 48	112	84	112	65	190		14.01	0.0550
LT8	710	3000	45 48 50 55 56				70	224		23.12	0.1340
			60 63	142	107	142			65		
LT9	1000	2850	50 55 56	112	84	112	80	250		30.69	0.2130
			60 63 65 70 71	142	107	142					
LT10	2000	2300	63 65 70 71 75				100	315	80	61.40	0.6600
			80 85 90 95	172	132	172					

（续）

型号	公称转矩 T_n/(N·m)	许用转速 $[n]$/(r/min)	轴孔直径 d_1、d_2、d_z	轴孔长度 Y型 L	轴孔长度 J、J_1、Z型 L_1	轴孔长度 J、J_1、Z型 L	$L_{推荐}$	D	A	质量 m/kg	转动惯量 I/(kg·m²)
LT11	4000	1800	80 85 90 95	172	132	172	115	400	100	120.70	2.1220
			100 110	212	167	212					
LT12	8000	1450	100 110 120 125	212	167	212	135	475	130	210.34	5.3900
			130	252	202	252					
LT13	16000	1150	120 125	212	167	212	160	600	180	419.36	17.5800
			130 140 150	252	202	252					
			160 170	302	242	302					

注：1. 表中联轴器质量、转动惯量是按材料为铸钢、无孔、$L_{推荐}$计算的近似值。
    2. 短时过载不得超过公称转矩 T_n 的 2 倍。
    3. 轴孔形式及长度 L、L_1 可根据需要选取，优先选用 $L_{推荐}$。

附表3 弹性柱销联轴器（摘自 GB/T 5014—2017）

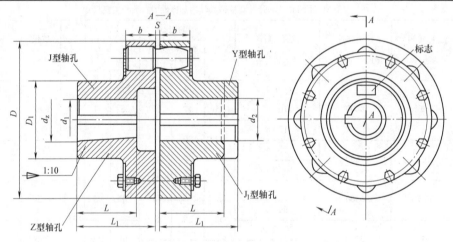

LX型弹性柱销联轴器结构图

LX型弹性柱销联轴器基本性能参数和主要尺寸

型号	公称转矩 T_n/(N·m)	许用转速 $[n]$/(r/min)	轴孔直径 d_1、d_2、d_z	轴孔长度 Y型 L	轴孔长度 J、J_1、Z型 L	轴孔长度 J、J_1、Z型 L_1	D	D_1	b	S	转动惯量 I/(kg·m²)	质量 m/kg
LX1	250	8500	12	32	27	—	90	40	20	2.5	0.002	2
			14									
			16	42	30	42						
			18									
			19									
			20	52	38	52						
			22									
			24									

（续）

型号	公称转矩 T_n/(N·m)	许用转速 $[n]$/(r/min)	轴孔直径 d_1、d_2、d_z	轴孔长度 Y型 L	轴孔长度 J、J_1、Z型 L	轴孔长度 J、J_1、Z型 L_1	D	D_1	b	S	转动惯量 I/(kg·m²)	质量 m/kg
LX2	560	6300	20				120	55	28	2.5	0.009	5
			22	52	38	52						
			24									
			25	62	44	62						
			28									
			30									
			32	82	60	82						
			35									
LX3	1250	4750	30				160	75	36	2.5	0.026	8
			32	82	60	82						
			35									
			38									
			40									
			42	112	84	112						
			45									
			48									
LX4	2500	3870	40				195	100	45	3	0.109	22
			42									
			45									
			48	112	84	112						
			50									
			55									
			56									
			60	142	107	142						
			63									
LX5	3150	3450	50				220	120	45	3	0.191	30
			55	112	84	112						
			56									
			60									
			63									
			65	142	107	142						
			70									
			71									
			75									
LX6	6300	2720	60				280	140	56	4	0.543	53
			63									
			65	142	107	142						
			70									
			71									
			75									

附表 4 深沟球轴承（摘自 GB/T 276—2013）

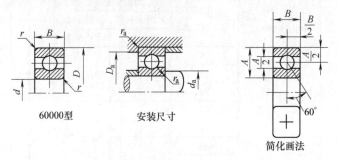

60000型　　安装尺寸　　简化画法

标记示例：滚动轴承　6210 GB/T 276—2013

F_a/C_{0r}	e	Y	径向当量动载荷	径向当量静载荷
0.014	0.19	2.30		
0.028	0.22	1.99		
0.056	0.26	1.71		
0.084	0.28	1.55	当 $\dfrac{F_a}{F_r} \leq e$ 时，$P_r = F_r$	$P_{0r} = F_r$
0.11	0.30	1.45		$P_{0r} = 0.6F_r + 0.5F_a$
0.17	0.34	1.31	当 $\dfrac{F_a}{F_r} > e$ 时，$P_r = 0.56F_r + YF_a$	取上列两式计算结果的较大值
0.28	0.38	1.15		
0.42	0.42	1.04		
0.56	0.44	1.00		

轴承代号	基本尺寸/mm				安装尺寸/mm			基本额定动载荷 C_r	基本额定静载荷 C_{0r}	极限转速/(r/min)		原轴承代号
	d	D	B	$r_{s\min}$	$d_{a\min}$	$D_{a\max}$	$r_{as\min}$	kN		脂润滑	油润滑	
（1）0 尺寸系列												
6000	10	26	8	0.3	12.4	23.6	0.3	4.58	1.98	20000	28000	100
6001	12	28	8	0.3	14.4	25.6	0.3	5.10	2.38	19000	26000	101
6002	15	32	9	0.3	17.4	29.6	0.3	5.58	2.85	18000	24000	102
6003	17	35	10	0.3	19.4	32.6	0.3	6.00	3.25	17000	22000	103
6004	20	42	12	0.6	25	37	0.6	9.38	5.02	15000	19000	104
6005	25	47	12	0.6	30	42	0.6	10.0	5.85	13000	17000	105
6006	30	55	13	1	36	49	1	13.2	8.30	10000	14000	106
6007	35	62	14	1	41	56	1	16.2	10.5	9000	12000	107
6008	40	68	15	1	46	62	1	17.0	11.8	8500	11000	108
6009	45	75	16	1	51	69	1	21.0	14.8	8000	10000	109
6010	50	80	16	1	56	74	1	22.0	16.2	7000	9000	110
6011	55	90	18	1.1	62	83	1	30.2	21.8	6300	8000	111
6012	60	95	18	1.1	67	88	1	31.5	24.2	6000	7500	112
6013	65	100	18	1.1	72	93	1	32.0	24.8	5600	7000	113
6014	70	110	20	1.1	77	103	1	38.5	30.5	5300	6700	114
6015	75	115	20	1.1	82	108	1	40.2	33.2	5000	6300	115

（续）

轴承代号	基本尺寸/mm				安装尺寸/mm			基本额定动载荷 C_r	基本额定静载荷 C_{0r}	极限转速 /(r/min)		原轴承代号
	d	D	B	r_{smin}	d_{amin}	D_{amax}	r_{asmin}	kN		脂润滑	油润滑	
（1）0 尺寸系列												
6016	80	125	22	1.1	87	118	1	47.5	39.8	4800	6000	116
6017	85	130	22	1.1	92	123	1	50.8	42.8	4500	5600	117
6018	90	140	24	1.5	99	131	1.5	58.0	49.8	4300	5300	118
6019	95	145	24	1.5	104	136	1.5	57.8	50.0	4000	5000	119
6020	100	150	24	1.5	109	141	1.5	64.5	56.2	3800	4800	120
（0）2 尺寸系列												
6200	10	30	9	0.6	15	25	0.6	5.10	2.38	19000	26000	200
6201	12	32	10	0.6	17	27	0.6	6.82	3.05	18000	24000	201
6202	15	35	11	0.6	20	30	0.6	7.65	3.72	17000	22000	202
6203	17	40	12	0.6	22	35	0.6	9.58	4.78	16000	20000	203
6204	20	47	14	1	26	41	1	12.8	6.65	14000	18000	204
6205	25	52	15	1	31	46	1	14.0	7.88	12000	16000	205
6206	30	62	16	1	36	56	1	19.5	11.5	9500	13000	206
6207	35	72	17	1.1	42	65	1	25.5	15.2	8500	11000	207
6208	40	80	18	1.1	47	73	1	29.5	18.0	8000	10000	208
6209	45	85	19	1.1	52	78	1	31.5	20.5	7000	9000	209
6210	50	90	20	1.1	57	83	1	35.0	23.2	6700	8500	210
6211	55	100	21	1.5	64	91	1.5	43.2	29.2	6000	7500	211
6212	60	110	22	1.5	69	101	1.5	47.8	32.8	5600	7000	212
6213	65	120	23	1.5	74	111	1.5	57.2	40.0	5000	6300	213
6214	70	120	24	1.5	79	116	1.5	60.8	45.0	4800	6000	214
6215	75	130	25	1.5	84	121	1.5	66.0	49.5	4500	5600	215
6216	80	140	26	2	90	130	2	71.5	54.2	4300	5300	216
6217	85	150	28	2	95	140	2	83.2	63.8	4000	5000	217
6218	90	160	30	2	100	150	2	95.8	71.5	3800	4800	218
6219	95	170	32	2.1	107	158	2.1	110	82.8	3600	4500	219
6220	100	180	34	2.1	112	168	2.1	122	92.8	3400	4300	220
（0）3 尺寸系列												
6300	10	35	11	0.6	15	30	0.6	7.65	3.48	18000	24000	300
6301	12	37	12	1	18	31	1	9.72	5.08	17000	22000	301
6302	15	42	13	1	21	36	1	11.5	5.42	16000	20000	302
6303	17	47	14	1	23	41	1	13.5	6.58	15000	19000	303
6304	20	52	15	1.1	27	45	1	15.8	7.88	13000	17000	304
6305	25	62	17	1.1	32	55	1	22.2	11.5	10000	14000	305

（续）

轴承代号	基本尺寸/mm				安装尺寸/mm			基本额定动载荷 C_r	基本额定静载荷 C_{0r}	极限转速 /(r/min)		原轴承代号
	d	D	B	r_{smin}	d_{amin}	D_{amax}	r_{asmin}	kN		脂润滑	油润滑	
（0）3 尺寸系列												
6306	30	72	19	1.1	37	65	1	27.0	15.2	9000	12000	306
6307	35	80	21	1.5	44	71	1.5	33.2	19.2	8000	10000	307
6308	40	90	23	1.5	49	81	1.5	40.8	24.0	7000	9000	308
6309	45	100	25	1.5	54	91	1.5	52.8	31.8	6300	8000	309
6310	50	110	27	2	60	100	2	61.8	38.0	6000	7500	310
6311	55	120	29	2	65	110	2	71.5	44.8	5300	6700	311
6312	60	130	31	2.1	72	118	2.1	81.8	51.8	5000	6300	312
6313	65	140	33	2.1	77	128	2.1	93.8	60.5	4500	5600	313
6314	70	150	35	2.1	82	138	2.1	105	68.0	4300	5300	314
6315	75	160	37	2.1	87	148	2.1	112	76.8	4000	5000	315
6316	80	170	39	2.1	92	158	2.1	122	86.5	3800	4800	316
6317	85	180	41	3	99	166	2.5	132	96.5	3600	4500	317
6318	90	190	43	3	104	176	2.5	145	108	3400	4300	318
6319	95	200	45	3	109	186	2.5	155	122	3200	4000	319
6320	100	215	47	3	114	201	2.5	172	140	2800	3600	320
（0）4 尺寸系列												
6403	17	62	17	1.1	24	55	1	22.5	10.8	11000	15000	403
6404	20	72	19	1.1	27	65	1	31.0	15.2	9500	13000	404
6405	25	80	21	1.5	34	71	1.5	38.2	19.2	8500	11000	405
6406	30	90	23	1.5	39	81	1.5	47.5	24.5	8000	10000	406
6407	35	100	25	1.5	44	91	1.5	56.8	29.5	6700	8500	407
6408	40	110	27	2	50	100	2	65.5	37.5	6300	8000	408
6409	45	120	29	2	55	110	2	77.5	45.5	5600	7000	409
6410	50	130	31	2.1	62	118	2.1	92.2	55.2	5300	6700	410
6411	55	140	33	2.1	67	128	2.1	100	62.5	4800	6000	411
6412	60	150	35	2.1	72	138	2.1	108	70.0	4500	5600	412
6413	65	160	37	2.1	77	148	2.1	118	78.5	4300	5300	413
6414	70	180	42	3	84	166	2.5	140	99.5	3800	4800	414
6415	75	190	45	3	89	176	2.5	155	115	3600	4500	415
6416	80	200	48	3	94	186	2.5	162	125	3400	4300	416
6417	85	210	52	4	103	192	3	175	138	3200	4000	417
6418	90	225	54	4	108	207	3	192	158	2800	3600	418
6420	100	250	58	4	118	232	3	222	195	2400	3200	420

注：1. 表中 C_r 值适用于轴承为真空脱气轴承钢材料。如为普通电炉钢，则 C_r 值降低；如为真空重熔或电渣重熔轴承钢，则 C_r 值提高。

2. r_{smin} 为 r 的单向最小倒角尺寸；r_{asmin} 为 r_a 的单向最大倒角尺寸。

参 考 文 献

[1] 曾德江，黄均平. 机械基础（工程力学分册）[M]. 北京：机械工业出版社，2010.
[2] 曾德江，黄均平. 机械基础（机械原理与零件分册）[M]. 北京：机械工业出版社，2010.
[3] 李力，向敬忠. 机械设计基础[M]. 北京：清华大学出版社，2007.
[4] 孙建东，李春书. 机械设计基础[M]. 北京：清华大学出版社，2007.
[5] 李海萍. 机械设计基础[M]. 苏州：苏州大学出版社，2004.
[6] 周玉丰. 机械设计基础[M]. 2版. 北京：机械工业出版社，2015.
[7] 邵刚. 机械设计基础[M]. 北京：电子工业出版社，2005.
[8] 胡家秀. 机械基础[M]. 2版. 北京：机械工业出版社，2014.
[9] 曾宗福. 机械基础[M]. 2版. 北京：化学工业出版社，2007.
[10] 刘孝民，黄卫萍. 机械设计基础[M]. 广州：华南理工大学出版社，2006.
[11] 刘跃南. 机械基础[M]. 北京：高等教育出版社，2005.
[12] 胡家秀. 机械设计基础[M]. 3版. 北京：机械工业出版社，2017.
[13] 李继庆，李育锡. 机械设计基础[M]. 北京：高等教育出版社，2006.
[14] 熊军. 数控机床原理与结构[M]. 北京：人民邮电出版社，2007.
[15] 隋明阳. 机械设计基础[M]. 2版. 北京：机械工业出版社，2008.
[16] 陈霖，甘露萍. 机械设计基础[M]. 北京：人民邮电出版社，2008.